JN217181

よくわかる 最新SAP&Dynamics 365

2大パッケージを使いこなす現場の知恵

ERP導入コンサルタント 村上均 著　池上裕司 監修

秀和システム

■使用バージョン

本書は、SAP ECC 6.0ならびにMicrosoft Dynamics 365 for Operationsをベースに解説を行っています。

■注意

■商標

はじめに

●デジタル・クラウド時代に何が求められ、何が解決されるのか

ERP(エンタープライズ・リソース・プランニング)という言葉が世の中に出てきてから、20年以上になろうとしています。大企業を中心にERPパッケージの導入が進み、企業経営に役に立つシステムとして普及してきました。

そして、ここ数年、デジタル・クラウド化が進み、さらなる成長が期待されています。

しかし、「導入当初に期待していたほど効果が出ていない」「コストがかかる」「使いにくい」「リアルタイムに情報が把握できない」など、ユーザーから改善要望が聞かれることが多くなりました。

本来のERPシステムの良さが十分に理解されずに、標準装備されている機能が眠ったままだったり、ERPシステムを利用するユーザー間で考え方が相違していて、効果が発揮されずにいるケースが見受けられます。

今一度、ERPシステムが本来、持っているコンセプトや使い方、全体最適化の意味を理解し直すことで、ERPシステムを使いこなし、企業経営に役立つシステムとして利用し続けて欲しいとの想いから本書を執筆いたしました。

現在、たくさんのERPパッケージが存在していますが、本書では、私が長年、仕事としてきたSAP社およびMicrosoft社のERPパッケージを中心に記載しています。なお、Microsoft　Dynamicsは、Dynamics AXとして提供されておりましたが、2016年11月にDynamics 365 for operationsへ、2017年7月にDynamics 365 Finance and Operationsへと名称が変更されております。

●この本の読み方

本書では、ERPシステムを購買業務、在庫管理業務、生産管理業務、販売業務、会計業務等を対象とした統合基幹業務システムと定義し、ERPシステムを使いこなすための150項目の悩みを取り上げています。

ERPの基礎知識のほか、ユーザーの方、経営者・監査人の方、情報システム部門の方、SIerの方に分けて、それぞれの立場の方々から、たびたび検討事項として挙がる項目、および過去に多くのご質問をいただいたものを中心に、抜粋して解決方法を例示しています。

記載した解決方法のほかに、より良い解決方法が存在するものもあるかもしれません。ここでは、例示ということでご理解いただきたいと思います。

ご自身が今置かれている立場の部分だけを読んでいただいても結構ですし、ほかの立場の人の悩みも読んでいただき、悩みを知ることで、ほかの人はどのようなことで悩み、そしてどのような視点で物事を捉えているのだろうか、という疑問に答えることになるかもしれません。

ERPシステムは、基幹業務の全体最適化を目指しています。そのため、組織としてのチームワーク力がなければ実現することができません。悩みを共有することで共通の認識ができ、関係する人々が全体観を持てるようになれば幸いです。

本書を活用して、皆さまが利用されているERPシステムが、組織により良い成果をもたらし続けることを願ってやみません。

著者記す

目次

第1章 ERPの基礎知識

1-1 ERPとは

1-2 ERPの仕組み

1-3 ERPパッケージの比較

2-3　その他

第3章　経営者、監査の悩み解決

3-1　経営

3-2　監査

第4章　情シスの悩み解決

4-1　運用管理

4-2　カスタマイズと追加開発

4-3 トラブル対応

第5章 SIerの悩み解決

5-1 開発

5-2 保守

5-3 その他

Column

第1章

ERPの基礎知識

第1章では、「そもそもERPとは何か？」「ERPの仕組みはどうなっているのか？」「ERPパッケージにはどのようなものがあって、それぞれの特長は何なのか？」、そして「もしERPパッケージを導入する場合の手順は、どうやって進めていくのか？」といったERPの基礎知識を理解していただきます。

01 ERPとは何か？

ワンポイント

- Enterprise Resource Planningの略
- 会社の基幹業務システムのこと
- 情報はつながって価値を生み出している
- 大福帳のイメージ
- マスターやデータベースを一元管理するシステムのこと

会社の基幹業務システム

ERP(Enterprise Resource Planning：**企業資源計画**)とは、会社の基幹となる業務(購買、在庫、生産、販売、会計など)で必要な情報を一元管理し、計画的に効率の良い経営を目指すという考え方のことです(図1)。

情報はつながることで価値を生む

例えば、お客様からある製品の見積依頼、または注文をもらった時に、

・その製品の在庫が、どの倉庫にどれだけあるのか？
・何時までに、何個納品できるのか？
・もしなかったら、何時までに生産できるのか？
・生産に必要な部品の在庫がなかった場合は、事前に発注しておく。

といった情報が1つの巨大なデータベース(大福帳)で管理されていて、即座にお客様に納期を回答できるような効率的な仕組みにする考え方です(図2)。

情報を一元管理することにより、必要なものを必要なだけ生産したり、できるだけ適正な在庫を持っておくことで、会社のお金(投資資金)を効率的に運用していくことができるようになります。

図1　ERPの考え方

購買
生産
情報を一元管理
在庫
データベース
（大福帳）
販売
会計

図2　情報はつながることで価値を生む

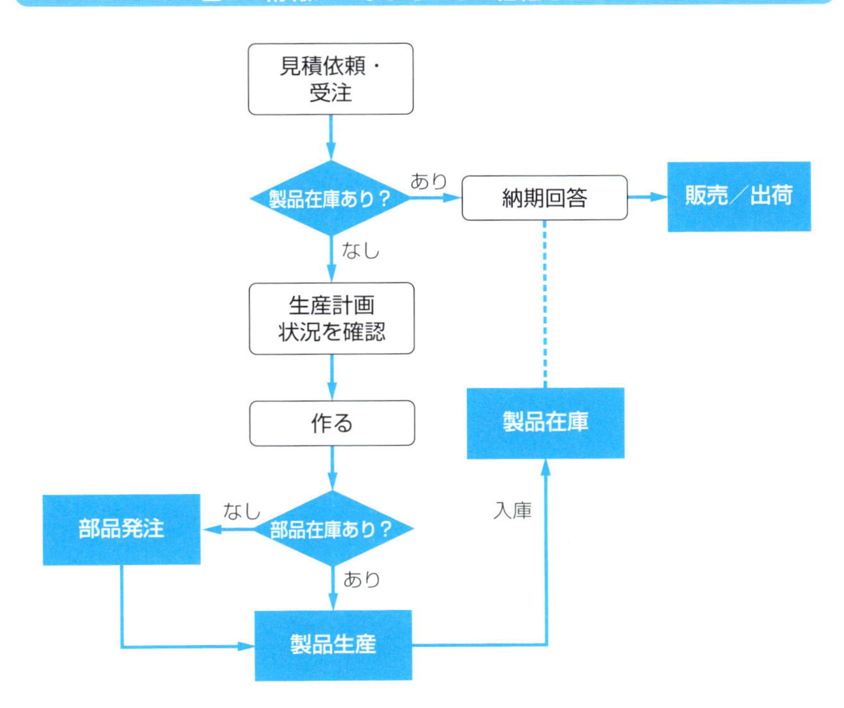

02 ERP登場の背景は？

ワンポイント

- オープン化の流れ
- IT投資目的の変化
- 欧米先行型
- 手作りの基幹業務システムの限界

オープン化の流れ

1990年代初頭のバブル崩壊以降、IT投資が冷え込んだことで、メーカーの技術に縛られた大型汎用機上で動かすシステムから、UNIXをベースとしたオープンで低価格・高性能の**クライアント・サーバ型**のシステムが導入されるようになりました。そして、それに伴い、ユーザーインターフェースも文字だけの端末から、グラフィカルな表示のものに変わっていきました。

従来のコンピュータメーカー主導のシステム導入から、**BPR**(Business Process Reengineering)がもてはやされ、業務をコンピュータに任せる場合は、まず業務の流れを明確にし、その業務を分析・最適化することが必要だという考え方に基づいて、コンサルファームが中心となって、SAPやOracleをはじめとする**ERPパッケージ**の導入を進めるようになりました(図1)。

このころから、IT投資の目的が従来の省力化や効率化を目的とするのではなく、「いかに競争優位を確保するか」「利益を生み出すための投資を行うか」という視点にシフトしていきます。

IT投資目的の変化

SAP社やOracle社をはじめとする欧米のソフトウェア企業が、この新しい投資目的に沿ったクライアント・サーバ型のERPパッケージを発売し、これを導入して、企業間の競争優位を確保する動きが出てきました。

日本には当時、ERPという概念がなく、手作りで個別開発した基幹業務システムを使っていて、再構築に限界を感じていた企業も多くありました。そこで個別開発した基幹業務システムを捨てて、大手企業を中心に、この新しい流れに乗ってERPパッケージの導入が進んだのです。

特に同じ業界の企業間では、ライバル企業が導入したということになると「我が社も」という形でERPシステムが導入され、業界ごとのERPパッケージ・テンプレートを使って導入する企業も多くありました。

図1　メインフレーム機時代からオープンなクライアントサーバ型のシステムへ変化

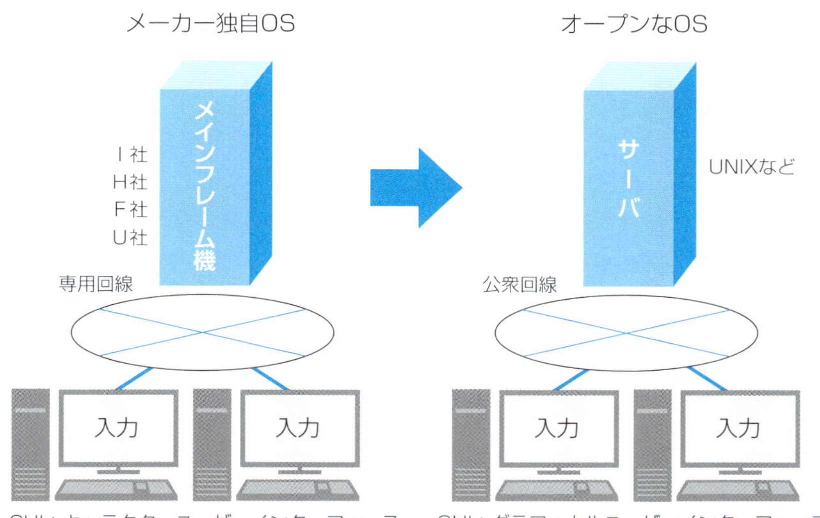

03 ERPは何を提供するのか？

ワンポイント

- 今の時点の情報を提供する
- 統合された経営管理の仕組みを提供する
- 自動化、標準化

◎ 今の時点の情報を提供する

ERPは、経営管理に必要な**今の時点の状態**、および事実に基づいた**将来の見通し情報**や**経営指標**を提供します。

例えば、在庫であれば、今の時点の、ある工場のある倉庫の「実在庫数」「実在庫金額」「会計上の在庫数」「会計上の在庫金額」「単位あたりの原価」「受注により引き当てた数」「出荷済み数量」「発注残数」「入庫予定数」といったリアルタイム情報を提供します。

また、現時点の受注残および出荷・請求済受注伝票を基に、「将来の入金予定日別の入金予定金額」、現時点の発注残および入庫・請求書照合済み発注伝票を基に、「将来の支払予定日別の支払予定金額」を照会することができます（図1）。

◎ 統合された経営管理の仕組みの提供

生産現場では、生産計画に基づいて、所要量計算が行われ、必要な部品の「計画データ」「製造オーダー」「在庫移動オーダー」などが自動生成されます。

自動生成されたデータを基に製造が行われ、製造結果の製品が在庫として自動的に入庫されます（図2）。

◎ 自動化、標準化

生産管理、在庫管理、購買管理、販売管理の各業務プロセスから発生するデータが統合され、1つの事実に基づいて関係するデータベースの更新処理がリアルタイムに行われます。

同時に会計仕訳が裏で自動的に生成され、現時点の財政状態や経営成績を把握することができます(図3)。

また、すでに標準化された各プロセス上で必要なチェックや集計、および帳票の作成が行われ、社内や外部の得意先、仕入先に送られていきます。

各プロセス上で処理時に統制上問題のある入力が行われた場合は、それをシステムで検知して、未然に入力されないような仕組みでコントロールします。

図1　今の時点の情報提供の例

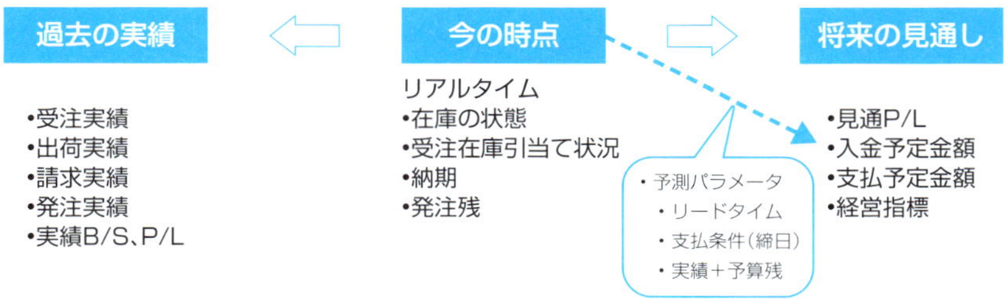

過去の実績
•受注実績
•出荷実績
•請求実績
•発注実績
•実績B/S、P/L

今の時点
リアルタイム
•在庫の状態
•受注在庫引当て状況
•納期
•発注残

・予測パラメータ
・リードタイム
・支払条件(締日)
・実績＋予算残

将来の見通し
•見通P/L
•入金予定金額
•支払予定金額
•経営指標

図2　生産管理でのデータ自動生成の例

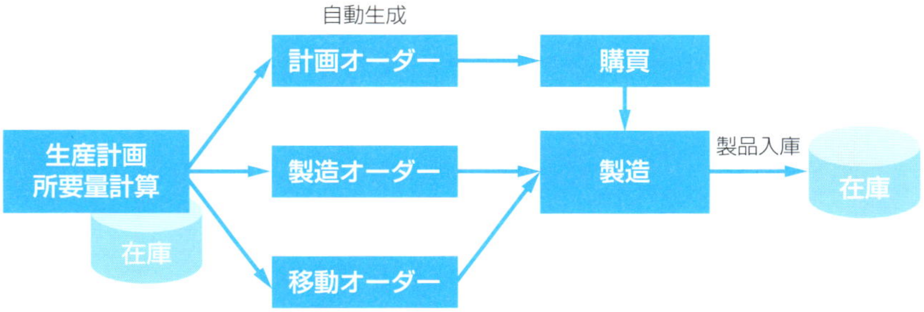

生産計画
所要量計算
在庫
自動生成
計画オーダー
製造オーダー
移動オーダー
購買
製造
製品入庫
在庫

図3　現時点のB/S、P/Lの把握が可能

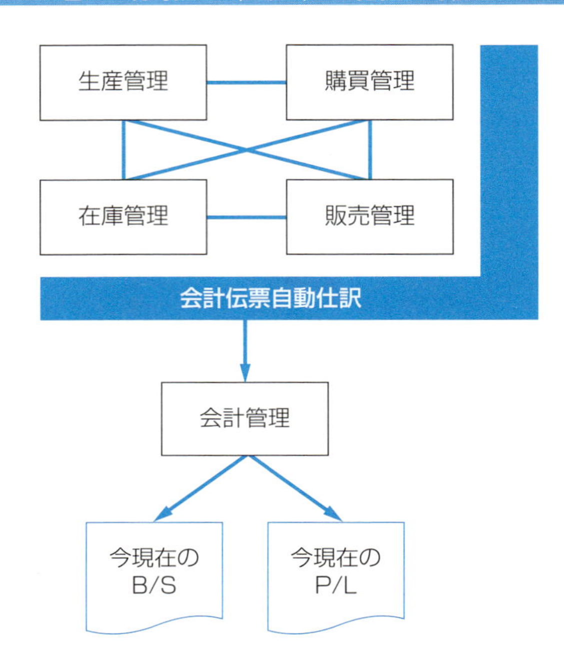

04 ERPはなぜ必要なのか？

ワンポイント

- 同じようなデータやマスターの存在
- インターフェースだらけ
- 運用管理が複雑

⊙ERPが必要な理由

会社のシステム導入の歴史と関係しているケースが多いのですが、例えば元々、会計業務だけをコンピュータ化し、サーバAで運用していたところ、その後、販売業務をサーバB、購買業務をサーバCで運用していった場合を想定してみましょう。

会計システム上に、「勘定科目別の総勘定元帳」「売掛金の得意先補助簿」「買掛金の仕入先補助簿」を持っている場合、後から開発した販売システム用に「得意先マスター」をサーバBに用意する必要が出てきます。

この時点で、後から開発した販売システム上の「得意先マスター」と、元々、登録して運用管理していた会計システム上の「得意先マスター」を両方のシステムに登録して運用することになります。そして、もしどちらか一方に変更が生じた場合は、同期を取って両方の内容を変更することになります。

同様に、後から開発した購買システム上の「仕入先マスター」もサーバAとサーバCの両方に登録・メンテナンスしていく必要が出てきます。

販売システム上の「請求データ」や「入金データ」、購買システム上の「請求照合データ」や「支払データ」についても、会計システムと共有する必要があるため、インターフェースを使って引き渡しするなどの仕組みが必要になってきます。

このように、システムごとにマスターやデータがバラバラに存在しているケースでは、両方のマスターの同期を取る仕組みや、夜間でバッチ転送するなどのインターフェースが発生し、システムの運用管理が複雑になってきます(図1)。

これらの「マスター」や「請求データ」「入金データ」「請求書照合データ」「支払データ」が会計システムのものと同じサーバ、同じデータベースで管理・運用されていたら、これらの二重管理やインターフェースプロセスが必要なくなるので、「ERPで情報を一元管理したほうが良い」ということになります。

図1　会計システム導入後、販売・購買システムを導入のケース

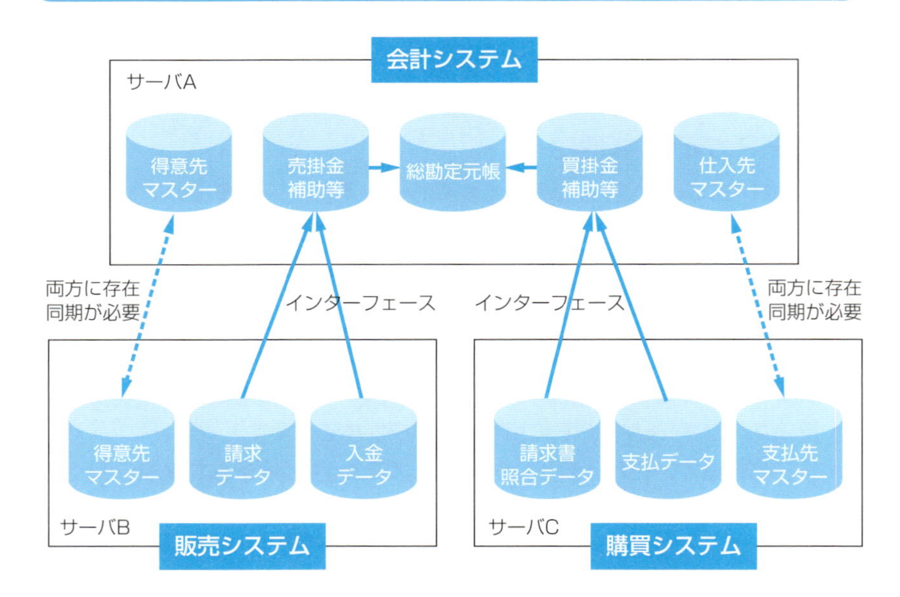

05 ERPのメリットは？

ワンポイント

- 元の情報が1つなので帳票間で数字が一致する
- 運用管理が楽
- インターフェースが少ない
- 内部統制の仕組みが1つで済む

元の情報が1つなので帳票間の数字が一致する

ERPのメリットは、なんといっても、いろんな切り口でデータを集計・加工しても、それぞれの帳票間の数字が一致していることです(図1)。

当たり前のようですが、実際には、いろんな数字が存在して一致しないことが多いのではないでしょうか。

データの発生場所から生のデータを集計すれば、担当者の判断でデータを加工・修正しない限り、一致します。日々、多くの意思決定を必要としている経営者や管理者が正しいデータに基づいて判断するためにも大事なことです。

運用管理が楽

1つのデータベースの中に、発生時のトランザクションを蓄えているので、このデータベースの管理だけで済み、運用管理がシンプルで楽になります。

複数のシステム環境が存在する場合は、それぞれのシステムのバックアップや日々の運用状況の監視などをシステムの数だけ行う必要があります。

インターフェースが少ない

そもそも発生場所でリアルタイムにデータベースを更新するので、夜間のバッチ処理などでインターフェースを使ってデータを受け渡しするという方法は少なくなっています。

◎ 内部統制の仕組みが1つで済む

システム化されている基幹業務プロセス上の内部統制は、システム別に行う必要があります。特に、IT統制からの視点で、運用されているシステムの「変更管理」「モニタリング」「ログ管理」「不正アクセス」などの統制は、システムの数が少ないほうがそれだけ対応工数が少なくて済みます。

システムが複数存在している場合は、それぞれのシステムごとに統制の仕組みを組み込み監視していくことになります。

図1　どのような切り口で見ても各帳票の売上の数字は一致

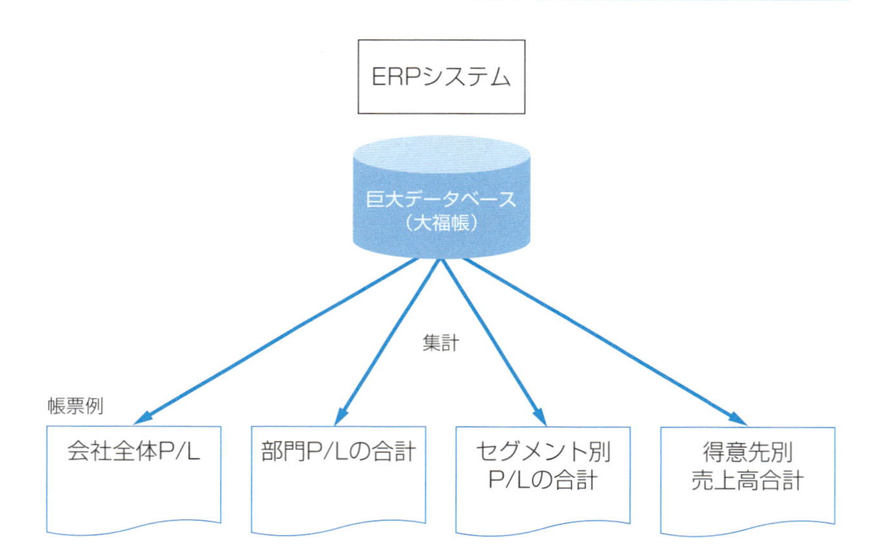

06 ERPのデメリットは？

ワンポイント

- 全体像を描くのに時間を要する
- 運用後の変更対応に時間がかかる
- キーマンがいないと混乱する

全体像を描くのに時間を要する

これから構築するシステムの全体像がなかなか固まらず、時間がかかってしまうケースが多く見受けられます。

目指すべき数年後のなりたい姿をイメージし、現状の解決課題を洗い出して、実現に向けてクリアが必須な事項の解決案と、実現したい全体像とのすり合わせに時間が必要となります。

ちなみに、トップの明確な方針がある場合は、比較的早く進むことが多いです(図1)。

運用後の変更対応に時間がかかる

導入後、自社の組織の変更や合併、分社、法改正などが発生した場合、その対応に時間がかかることが少なくありません。

変更するために必要なパラメータの変更箇所が分かっていても、運用中のシステムに影響が出ないよう慎重な対処が必要となるため、どうしても時間がかかってしまいます(図2)。

キーマンが必要

これからERPシステムを構築する場合でも、構築後でも、必ず全体を理解しているキーマンが必要です。

特に、運用開始後に構築プロジェクトが解散して、その時に参画していたキーマンが抜けると、運用後のERPシステムの変更方針の検討や、システム間の連携プログラムの影響調査などに混乱が生じる場合があります。

引き継ぎを十分に行って、次のキーマンとなる人材を育成していくことが大切になってきます(図3)。

図1　ありたい姿を描くのに時間がかかる

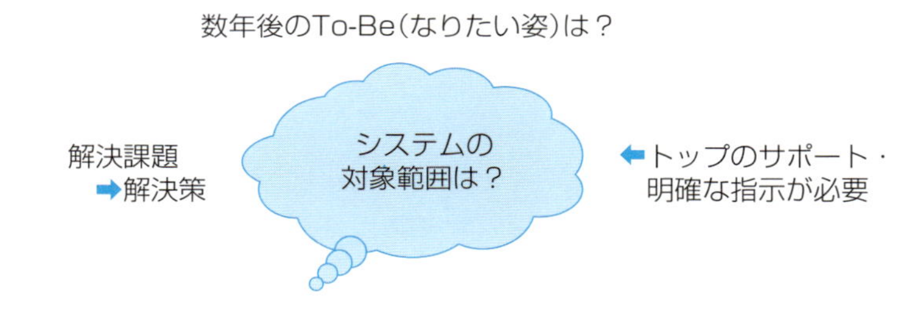

図2　運用中のERPシステムの変更に時間がかかる

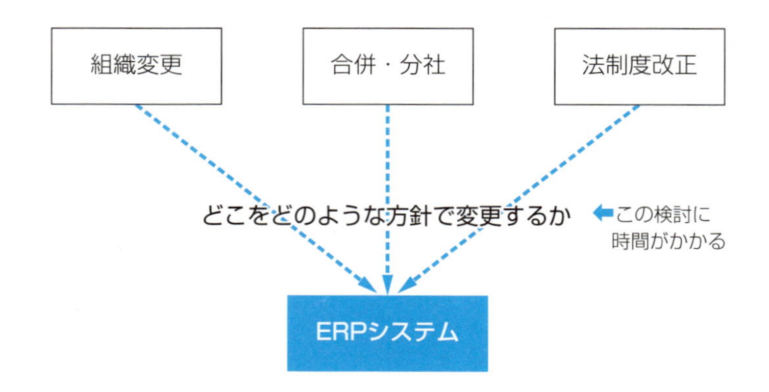

図3　キーマンが必要

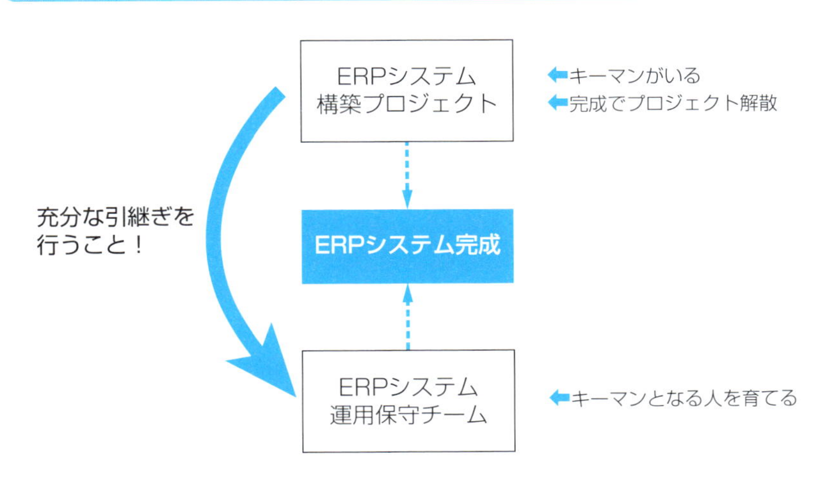

Column　フェースToフェースのコミュニケーションが大切

ある講演会で、Googleのトップの方の講演を聴く機会がありました。その時、Googleの真骨頂は、「ザ・コミュニケーション」だと言われ、なるほどと腑に落ちました。

今の時代、メールやTwitter、Skype、LINE、Facebookなどを使ってコミュニケーションを取るのが当たり前だと思っていたところ、フェースToフェースで、毎週30分、トップと面談し、徹底した情報共有を行っているそうです。文字では伝わらない人間的なアナログ部分を大切にすることで、本当のコミュニケーションが取れているんですね。

07 なぜERPは普及したのか？

ワンポイント

- 部分最適化の限界
- BPRブーム
- メーカー依存からの脱却

◎ 部分最適化の限界

当初のコンピュータ導入は、部門内の業務の効率化を目指して継続的に行われてきました。

例えば、購買部、製造部、営業部、経理部のそれぞれの業務の仕組みをどうすれば効率的に行えるかという視点で改善方法が考えられ対応を行ってきました。そこで1970年代から1980年代、オフコンやホストコンピュータを導入し、業務の省力化・効率化が進みました。

しかし、改善が進むにつれて、より大きな成果が見られなくなり、部門内だけの改善に限界が出てくるようになりました(図1)。

◎ BPRブーム

多くの会社が、オフコンやホストコンピュータを導入しただけでは、大きな導入効果が得られないと感じていた頃、プロセスを重視する**BPR**(Business Process Reengineering)のブームが起こりました。

プロセスそのものを根幹から見直し、**全体最適化**を目指す考え方で、「コンピュータありき」から「**プロセスありき**」に考え方の変化が起こりました(図2)。

◎ メーカー依存からの脱却

30～40年前のオフコンやホストコンピュータは、コンピュータメーカーが開発したOSに依存していたため、一度、使い始めたメーカーの製品を、他のメーカーに切り替えるには、OSから変更しなければならず、新たな技術の導入障壁となっていました。

そこにクライアント・サーバ型で動くERPパッケージが登場し、ハードウェアのオープンダウンサイジング化の波に乗って普及していきます(図3)。

図1　部分最適化

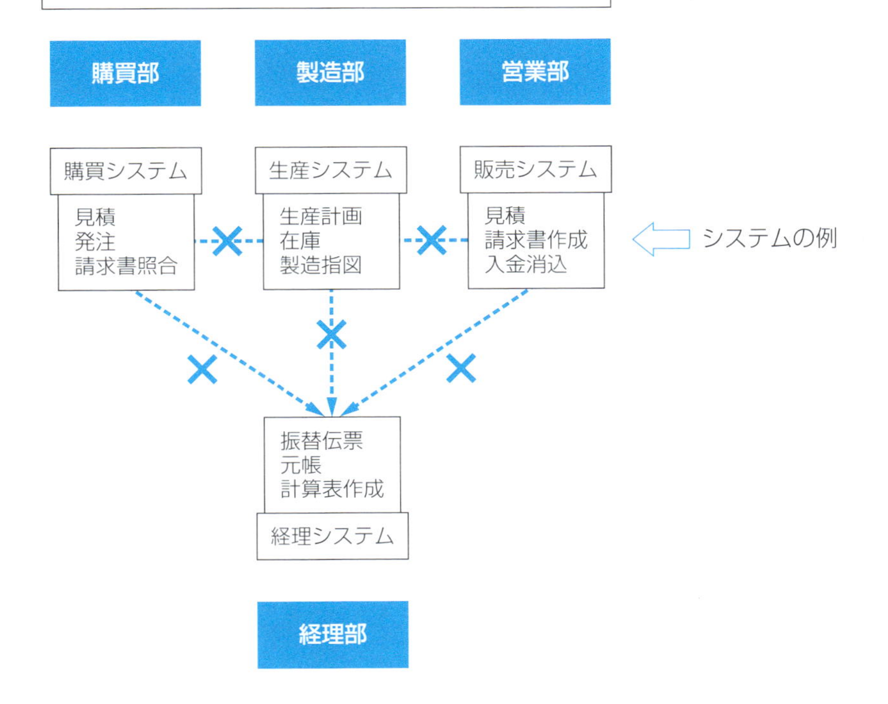

図2　BPRブーム

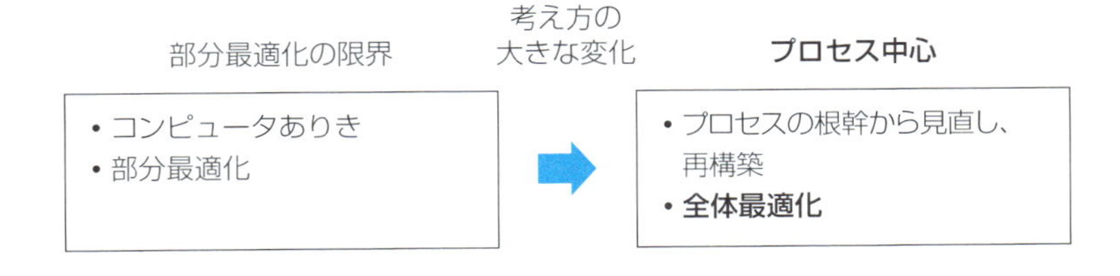

図3　メーカー依存からの脱却

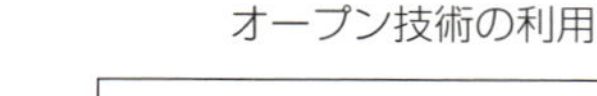

メーカー依存		オープン技術の利用
・メーカー独自のOS ・そのOSに依存したハードウェア、ソフトウェアの利用	➡	・クライアント・サーバ型システムの登場 ・オープンなOS(Unix等) ・ERPパッケージの登場

08 ERPはどのように進化してきたか？

ワンポイント

- 個別業務システムからシステム間統合へ
- システム間統合から全社統合へ
- 全社統合からグループ企業間、製販会社間統合へ

◎ 個別業務システムからシステム間統合へ

個別業務システムの省力化・効率化目的で導入されてきたシステムは、二重管理となっているマスターやデータを一元管理することで、ムリ、ムダ、ムラを排除していきました。

例えば、購買システムと在庫管理システムで「品目マスター」を持っていた場合、それぞれでメンテナンスを行っていましたが、これを1つのシステムとして統合することで、1つの「品目マスター」だけ管理すればよくなりました。

また、在庫の「入出庫データ」は、購買システムから発注入庫データなどを受け取ることで、入出庫の入力処理が省力できるようになりました(図1)。

◎ システム間統合から全社統合へ

会社内に個別に存在していた購買、生産、在庫、販売、会計などのシステムを統合することで、各システムで個別に持っていた「得意先」「仕入先」「品目」「勘定科目」「銀行」「部門」「セグメント」「支払条件」「通貨」などの頻繁に使用するマスターの一元管理が実現できるようになりました。

また「見積中データ」「受注残」「未請求残」「発注残」「仕掛残」「入庫未請求残」「債権残高」「債務残高」「B/S(Balance Sheet:貸借対照表)」「P/L(Profit and Loss Statement:損益計算書)」などのデータも一元化することで、リアルタイムに経営成績や財務状態が見えるようになりました(図2)。

◎ 全社統合からグループ企業間、製販会社間統合へ

例えば、ホールディング会社であれば、支配下の子会社のERPシステムを1つのシステム上に統合することでグループ間決済の仕組みや、連結上の取引相殺などが瞬時に行えるようになりました。

さらに、提携する販売会社と製造会社の受注残高や製品、および部品在庫を共有することで、適正な在庫の確保と、より精度の高い需要予測値に基づいた生産計画が立案できるシステムへと進化します(図3)。

図1 個別業務システムからシステム間統合へ

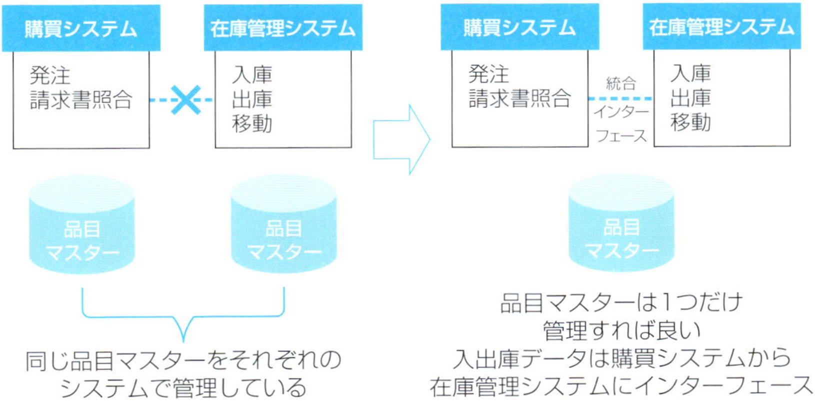

購買システム
発注
請求書照合
在庫管理システム
入庫
出庫
移動
品目
マスター
品目
マスター
同じ品目マスターをそれぞれの
システムで管理している

購買システム
発注
請求書照合
統合
インターフェース
在庫管理システム
入庫
出庫
移動
品目
マスター
品目マスターは1つだけ
管理すれば良い
入出庫データは購買システムから
在庫管理システムにインターフェース

図2　会社内システムの統合へ

会社内システムを統合することで、マスターやデータの一元管理が進んだ

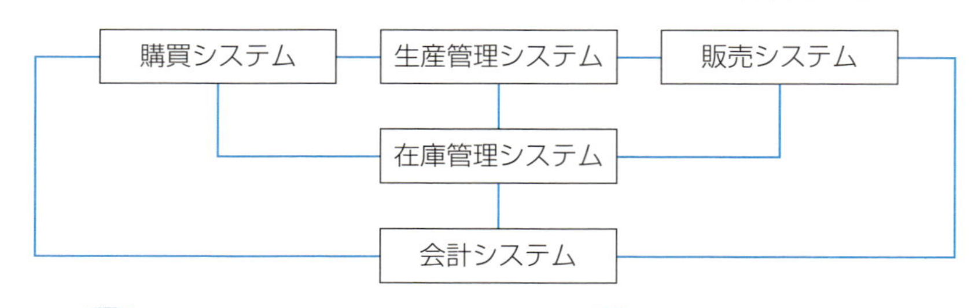

得意先、仕入先、品目、勘定科目、銀行、部門、セグメント、支払条件、通貨等

見積中データ、受注残、未請求残、発注残、入庫未請求残、債権残高、債務残高、B/S、P/L等

図3　グループ内、製造販売会社間システム統合の例

ホールディング会社

グループ内
データの
一元化

子会社内支払相殺決済
連結取引相殺
会社間受発注

子会社
子会社
ホール
ディング
会社

製販会社間連携

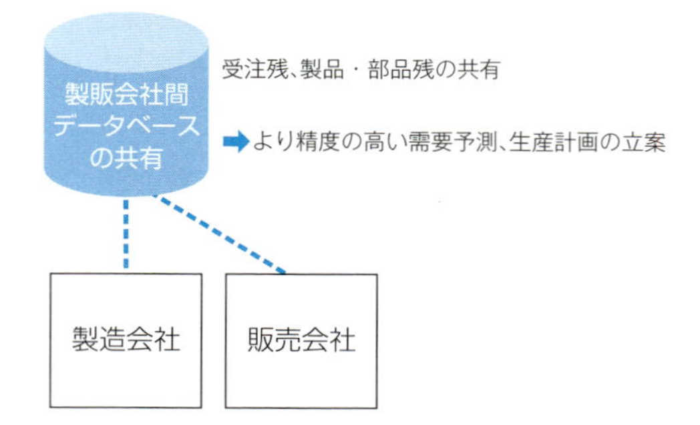

09 ERPの現状は？

ワンポイント

- リアルタイム経営が実現できていない
- システムの複雑化

リアルタイム経営が実現できていない

マスターやデータベースの一元化が進んでも、ERPシステムの導入時に想定した「リアルタイム経営」を実現している会社は少ないのではないかと思います。

その理由は、歴史のある会社ほど、長い間、コンピュータシステムを運用してきたため、たくさんの業務システムが存在し、これらすべてをゼロベースで再構築しない限り、残されたシステムと新たに再構築したERPシステムとの間にインターフェースの仕組みが必要になるからです。

このインターフェースの仕組みは、バッチ的な受け渡しになっていることが多く、リアル性を損ねる原因になっている場合があります(図1)。

システムの複雑化

ERPシステムの標準機能をそのまま使用すれば、システムはシンプルになります。

しかし、会社独自のノウハウなどを守るために、標準機能をカスタマイズ(Add-on)して使用する場合があり、独自にデータベースの更新機能などを追加することでシステムの複雑さが高まります。

標準機能にプラスして開発したAdd-onプログラムやAdd-onテーブルが多く存在し、システムを複雑にしていることも考えられます。

図1　リアルタイム経営ができていない例

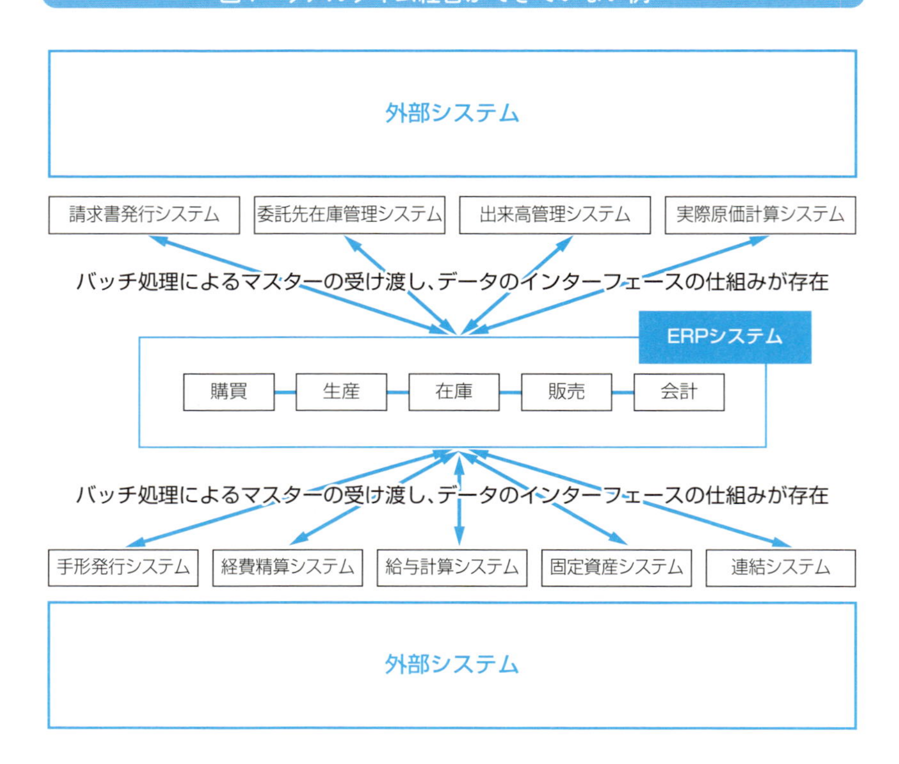

10 次世代ERPとは？

ワンポイント

- 情報系と基幹業務系の一体化
- デジタル・クラウド化
- ロボット、IoT、ビッグデータ、AI対応、RPA化

情報系と基幹業務系の一体化

情報系といわれる、マーケティング分野における「柔らかい不確かな情報」とERPの「業務系データ」の統合が大きな流れになってきました。今まで別々のシステムとして取り組んできましたが、これからは1つのERPシステムの中に組み込んでいこうとしています。

Dynamics 365では、**CRM**(Customer Relationship Management：**顧客関係管理**)とERPの結合ツールが提供され、潜在ニーズや潜在顧客、見込顧客そして顧客へとデータをつなげていくことが可能になってきました(図1)。

デジタル・クラウド化

IoT(Internet of Things：**モノのインターネット**)技術の進展により、デジタル化されたいろんなデータが簡単に取り込めるようになってきました。

そして、スマートフォーンとWi-Fiがあれば、いつでもどこからでもERPシステムを利用できるようになりました。

ロボット、IoT、ビッグデータ、AI対応、RPA化

周辺システムが、ロボットを使ってデータを集め、それをIoTでつなげ、**ビッグデータ**として蓄積し、**AI**(Artificial Intelligence：**人工知能**)が分析してソリューションを提案するといった、新しいビジネスモデルの中核に、次世代のERPシステムが位置づけられるようになることを期待しています(図2)。

また、SAP社は、2018年にRPA(Robotic Process Automation)ソフトウェア開発会社の仏Contextor SAS社を買収しました。今後、RPAを組み込んだERPシステムが登場して来るものと思われます。

図1　情報系データと基幹業務系データの統合へ

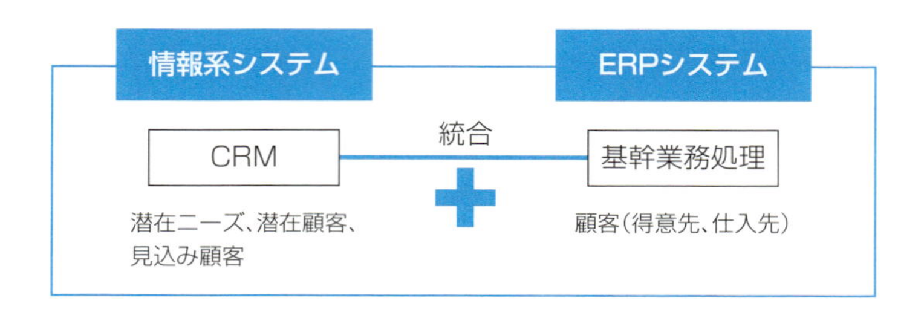

図2　ERPシステムとロボット、IOT、ビッグデータ、AIの関係性

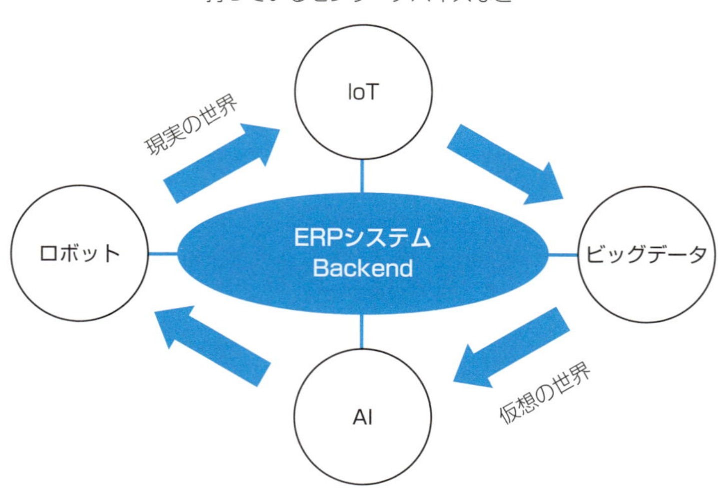

ERPパッケージとは？

ワンポイント

- 基幹業務処理に必要な標準プログラムが用意されている
- 事前にパラメータの設定が必要
- 事前に業務フローを確定、組織構造、コード定義が必要

◎ 基幹業務処理に必要な標準プログラムが用意されている

ERPパッケージでは、基幹業務処理に必要なプログラムが用意されていて、この中から自社の業務フローに合わせて必要なプログラムを選択し、自社用の業務処理メニューを作成します。

最初は、どれを選択して良いか分からないので、ERPパッケージの導入コンサルタントなどに要件を伝えて、実際のデモ用のプログラムを動かしながら使用するプログラムを決めメニュー化します。

さらにメニューの中から処理したいプログラムを選択して実行します（図1）。

◎ 事前にパラメータの設定が必要

事前に自社の要件に合うようにパラメータを設定します。例えば、

・会計期間は、いつからいつまでなのか？
・自社の帳簿は、円で転記するのか、ドルで転記するのか？
・為替評価のレートタイプは、何にするのか？
・請求した時、会計仕訳としてどのような仕訳を自動仕訳するのか？

といった情報をパラメータとして設定します（図2）。

◎ 事前に業務フローを確定、組織構造、コード定義が必要

まず、各業務の実現したい業務フローを関係組織や、担当者ごとに明確にします。この業務フローに基づいて、関係組織の管理したい単位や使用するマスターなどのコードを決めていきます。

図1　ERPパッケージとは

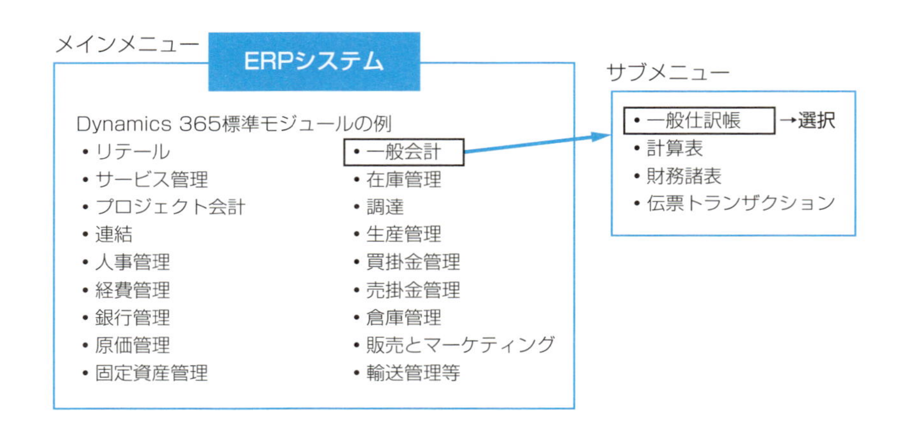

図2　Dynamics 365パラメータ設定例

元帳：9000(会社コード)

勘定科目表：9000
勘定構造：　ZBS　・・・・勘定科目
　　　　　　ZPL　・・・・勘定科目＋部門

会社カレンダー：ZC3　・・・・4/1～3/31
通貨
　会計通貨(会社基本通貨)：JPY　・・・・自社は日本
　レポート通貨：USD　・・・・本社がアメリカ

既定の為替レートタイプ：ZAM　・・・・実績(TTM)
既定の予算為替レートタイプ：ZBM　・・・・予算(TTM)

12 クラウドとは？

ワンポイント

- インターネットに接続して利用するサービス
- 自社内にハードウェアやソフトウェアを持たない
- クラウドにはいろんなタイプがある

インターネットに接続して利用するサービス

パソコンやタブレットなどの端末からインターネットにアクセスできれば、移動中でも、会社の外からでも利用できます。

端末に、例えば、以下のようなブラウザがインストールされていれば、利用できます(図1)。

・Microsoft Edge、Internet Explorer
・Google Chrome、Apple Safariなど

自社内にハードウェアやソフトウェアを持たない

自社内にハードウェアやソフトウェアなどのITインフラを持つ必要がありません。クラウドサービス提供会社がハードウェアやソフトウェアをサービスとして提供します。

クラウドにはいろんなタイプがある

クラウドにはいろんな種類があり、使用料金は、時間単位または月単位の使用料として支払います(表1)。

①IaaSクラウド

IaaS(Infrastructure as a Service)クラウドは、OS、CPU、メモリ、ハードディスク、ネットワークを提供するものです。

代表的なものにAmazon EC2やGoogle Compute Engineなどのサービスがあります。

②PaaSクラウド

PaaS(Platform as a Service)クラウドは、ITインフラに加えて、データベースソフトなどのミドルウェアを提供するものです。

代表的なものにMicrosoft AzureやGoogle App Engineなどが挙げられます。

③SaaSクラウド

SaaS(Software as a Service)クラウドは、ITインフラおよびミドルウェアに加え、アプリケーションソフトを提供するもので、このパターンのクラウドが身近に感じるクラウドだと思います。

例えば、メールやファイル共有、スケジュール管理などのグループウェアや会計処理、請求処理、給与計算処理などを利用している会社が多いと思います。

SaaSタイプのクラウドには、不特定多数の人が同じクラウド環境を利用する**パブリッククラウド**と、自社だけ利用できる**プライベートクラウド**があります。SAPやDynamics 365のクラウドサービスは、一般的にこのSaaSタイプのプライベートクラウドとなっています。

表1　クラウドサービスの種類と例

サービスの種類	サービスの内容	例
①IaaSクラウド	OS、メモリ、ハードディスク、ネットワークなどの提供	Amazon EC2、Google Compute Engine
②PaaSクラウド	①に加えて、データベースなどのミドルウェアを提供	Microsoft Azure、Google App Engineなど
③SaaSクラウド	②に加えて、アプリケーションソフトの提供	メール、ファイル、カレンダーなどの共有、会計処理、請求処理、給与計算、SAP、Dynamics 365など

図1　クラウドとは

13 オンプレミスとは？

ワンポイント

- 自社内にハードウェアやソフトウェアを持つ
- 自社内で運用・管理する
- バックアップが必要

◎ 自社内にハードウェアやソフトウェアを持つ

自社内にコンピュータを導入し、運用する方法を**オンプレミス**といいます。クラウドと区別するために、この言葉が使われてきました。

自社でOSやメモリ、ディスク、ネットワーク、データベース、アプリケーションソフトなどを調達して運用するため、これらを運用・管理する担当者が必要になります（図1）。

自社内で運用・管理する

業務量に対応したサイジングやアプリケーションソフトの開発、メンテナンス、障害対応、バージョンアップなどの作業についても自社で行います。

仮想マシンの登場でクラウド化が進む中、今後もオンプレミスで運用していくかどうかの検討が必要なところです。

バックアップが必要

万が一の事故や災害などに備え、データのバックアップ装置や、バックアップ機を用意して、定期的にデータのバックアップも自社で行う必要があります。

そのため、事故や災害などが発生した場合に、バックアップデータを使用してリカバリーができる仕組みを用意しておきます。実際に震災を契機に、会社の所在地以外のところにデータをバックアップする会社が増えてきました。

また、事故を想定したリカバリー手順が想定通りに行えるかどうかの訓練も必要になります(図2)。

図1　オンプレミスの例

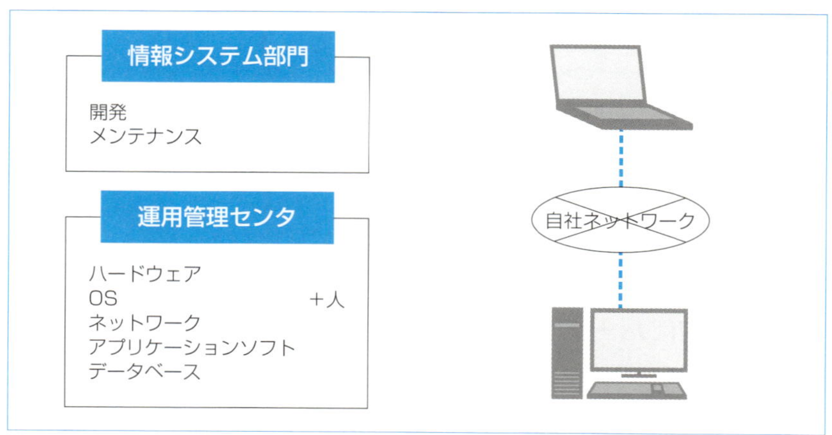

図2　バックアップ

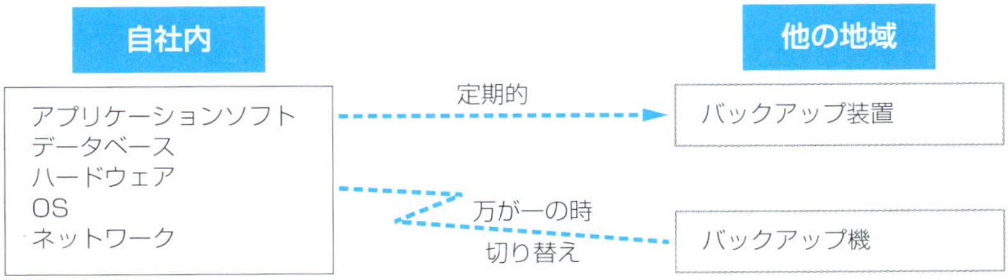

14 データドリブンとは？

ワンポイント

- データに基づいて判断・行動すること
- データドリブンのアプローチ手順

データに基づいて判断・行動すること

データドリブンとは、データに基づいて判断・行動する手法のことを言います。データのデジタル化が進み、ビッグデータの収集・分析手法が研究されて来ました。

例えば、ビッグデータの中には、自社の売上データや受注データ、受注見込みデータのほかに、外部に存在する顧客の関心データや潜在ニーズデータなどがあります。

これらのデータ間の関連性に注目して、新たなマーケティング戦略に活用したり、経営管理上の意思決定に役立てようとするものです。

◎ データドリブンのアプローチ手順

データドリブンは、1データの収集→2データの「見える化」→3分析・行動案の検討→4実行・フィードバックという手順で進めます（図1）。

1データの収集

データ収集の目的、優先度に合わせて、POSデータを含むERPシステムやインターネット上などにバラバラに存在しているデータを収集します。

2データの「見える化」

BI（Business Intelligence）ツールやWeb解析ツールなどを使い、関連性を分析してデータの中身が見えるようにします。

3分析・行動案の検討

データアナリストなどの専門家やAIなどを使って行動案を検討します。

4実行・フィードバック

「組織として実行可能なもの」「費用対効果が期待できるもの」に注力して実行し、結果のフィードバックを繰り返しながら、次のアクションにつなげます。

データドリブンを進めていくためには、分析能力を身に付けた人材の育成やトップの理解および組織力が必要になってきます。

図1　データドリブンのアプローチ手順

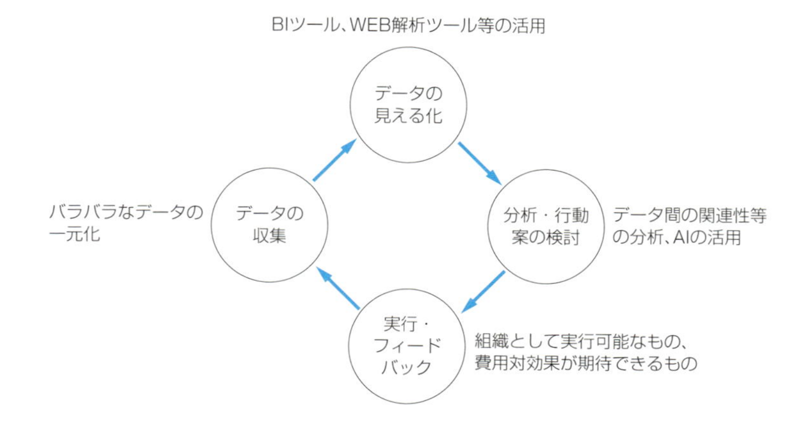

15 BI機能とは？

ワンポイント

- Business Intelligenceの略
- KPIが関係
- リアルタイムにKPIが見えるツールを活用する

BI 機能

BI(Business Intelligence)とは、会社が持っている情報および外部に存在するデータを活用して、経営に役立てる情報処理機能のことを言います。

リアルタイムに情報の分析が可能で、かつ関係者が共有している目標値に対する状況を一目で分かるように見せるためのツールなどがあります。飛行機のコックピットをイメージすると分かりやすいかもしれません。

KPI が関係

会社ごとに大切にしているKPI(Key Performance Indicator：**重要業績評価指標**)は異なりますが、例えば、損益管理のための「売上高利益率(粗利益、営業利益、経常利益など)」や「損益分岐点売上高」、資金力や支払能力を見るための「自己資本比率」や「流動比率」などがあります。

マーケティングの視点では、例えば、「問い合わせ件数」「訪問件数」「商談件数」「受注見込および受注件数・金額」などがあるでしょう。

これらの指標の目標値と実績値の差異をいろんな切り口(予算と実績、過去と現在および将来、会社全体と部門および商品・顧客、対同業他社など)で分析して、目標達成のための行動をサポートします(表1、表2、表3)。

◎ リアルタイムにKPIが見えるツールを活用する

BIツールは、主にデータの抽出・集計・ソート、OLAP(OnLine Analytical Processing：オンライン分析処理)、分析結果を分かりやすく見せるダッシュボード、相関分析やクロス分析などを行うデータマイニング、レポート機能などを持っています(表4)。

SAPおよびDynamics 365ともに標準機能として用意されていて、例えば、Dynamics 365ではPower BIを使用して、リアルタイムの情報を基にKPIを求め、スマホのアプリを使って共有することもできます。

表1　主な経営指標の例

指標	内容	計算式
売上高利益率	%で見ると100円の売上でいくらの利益になるかが分かる。経常利益は、本業以外の儲けも含む。営業利益は、本業による儲け。売上総利益は、粗利	経常利益÷売上高×100 営業利益÷売上高×100 売上総利益÷売上高×100
損益分岐点売上高	この売上高以上にならないと儲けが出ない	固定費÷(1-(変動費÷売上高))
自己資本比率	これが高いと返済義務のないお金で事業を行っているので、会社の安全性が高い	自己資本÷総資本×100
流動比率	200%以下だと運転資金不足になる恐れあり	流動資産÷流動負債×100

表2　主なマーケティング指標の例

指標	内容
問い合わせ件数	ネットや電話による問い合わせ
訪問件数	潜在・見込顧客訪問
商談件数	見積書提出済の商談
受注見込み件数・金額	見積書提出済の商談の中で受注確度が高いもの
受注件数・金額	注文請書をもらったもの

表3 いろんな切り口の例

切り口	例
予算と実績	予算-実績の差異
過去、現在、将来	前月、前年、期末との比較
会社全体、部門、商品・顧客	各構成比率
同業他社	売上高比率、シェア比率

表4 BIツールの主な機能

機能	内容
抽出・集計・ソート	Excelのような機能
OLAP	オンライン分析処理
ダッシュボード	分析結果を一目で分かるように表示する機能
データマイニング	相関分析（データのパターンや傾向から問題の解決の糸口を見つける）
レポート	帳票作成機能

Column 歴史に学ぶ①

コンピュータの発展の歴史を考えてみると、面白いことに、昔の考え方に戻ってきているのではないかと思います。パソコン→オフコン→メインフレーム（大型汎用コンピュータ）→クライアント・サーバと進化してきました。そして今は、データやプログラムをサーバやメモリ上に持たせ集中させることで、さらなるスピードアップや使い勝手の向上が図れるようになってきました。

アクセス元には、ブラウザだけがあれば、必要な情報を手に入れることができます。つまり、昔のメインフレーム機とダム端末の関係と同じ仕組みになってきています。

16 システムの構成はどうなっているのか？

ワンポイント

- クラウド、オンプレミス、ハイブリッドがある
- クラウドの場合は、クラウドサービス提供会社を利用
- クラウドの場合は、小さく入れて徐々に拡張できる

システム構成

ERPシステム構築にあたって、どのようなシステム構成で実現するかが、今後の運用費用に影響する重要な意思決定になります。

クラウドを利用するか、自社内に**オンプレミス**で構築するか、その2つを組み合わせた**ハイブリッド**の形にするかという3つの方法が考えられますが、ここでは、**クラウド**を利用した場合について考えてみます（表1）。

クラウドにした場合は、クラウドサービス提供会社を利用することになります（例えば、MicrosoftではAzure、GoogleではGCP、AmazonではAWSなど）。

プロバイダーとの接続方法には、インターネットを利用する方法のほか、**VPN**（Virtual Private Network：**仮想専用ネットワーク**）を使用する方法があります。インターネットと比較すると、VPN接続のほうが通信経路を暗号化するため、セキュリティ上、安全と言われています。

利用者側は、PCやタブレット、スマホのほか、IEなどのブラウザが必要です。クラウドサービス提供会社側では、IT基盤のほかミドルソフトウェアおよびアプリケーションソフトを用意します。

また、利用者の業務拡大に合わせてデータスペースの容量などの拡張が可能ですので、小さく入れて、徐々に拡張していくことができます。

SAPでは、S/4 HANAにデータベースとしてSAP-HANAを、Dynamics 365では、データベースとしてSQL Serverを使用します（図1）。

表1 ERPシステム構成実現方法

クラウド		外部サービスを利用して実現
	パブリック	共通のインフラを利用
	プライベート	自社専用の環境を利用
オンプレミス		自社内に構築
ハイブリッド		クラウドとオンプレミスの組み合わせで構築

図1　クラウドによるシステム構成例

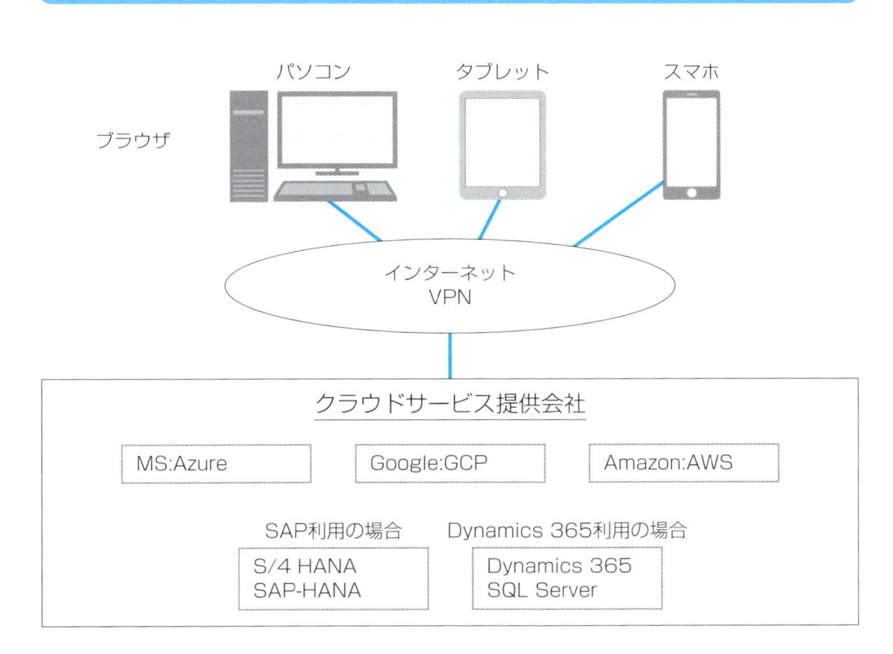

17 2層ERPとは？

ワンポイント

- 親会社・子会社ERPシステム
- 2つのERPシステムを統合して利用する

親会社・子会社 ERP システム

親会社が子会社にERPシステムを導入する場合、同じERP環境上に会社コードを別に設定して導入する方法が一般的です。しかし、子会社が親会社と異なる業態の場合、プロセスを親会社に合わせることで、業務処理効率が悪くなる場合があります。

このように、親会社の業態に合わせるよりも子会社の業態にふさわしい別のERPシステムを導入する方法を2層ERPシステムと呼びます。

例えば、親会社がホールディング会社で、子会社が製造業や販売会社のような場合です（図1）。

2 つの ERP システムを統合して利用する

2層ERPシステムの場合は、マスターやトランザクションなどのデータを統合して、あたかも1つのERPシステムとして、グループ全体の経営情報などを見えるようにする仕組みが必要です。

統合する場合は、マスターやコード定義を2つのERPシステム間で整合性があるものに設定することが重要です。

SAPでは、Business ByDesignというクラウド型のERPサービスを提供しており、子会社側にこのサービスを導入し、親会社側のSAP S/4 HANAとデータやマスターを同期させ、システム連携を図ることができます。

図1　2層ERPシステムの例

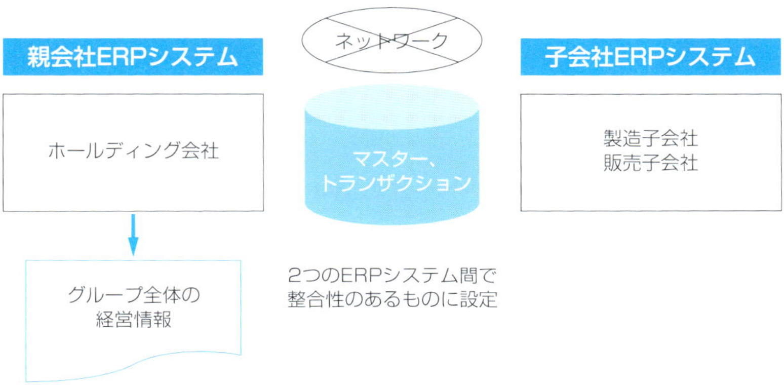

18 なぜクライアント・サーバなのか？

ワンポイント

- 負荷を分散する
- プログラムのメンテナンスのしやすさ

負荷する分散する

かつては、メインフレーム機のサーバに、データやプログラムを一元管理して各端末から必要な処理を指示していました。しかし、各端末からの処理要求がサーバに集中するとシステム全体のレスポンスが落ち、運用効率が悪い仕組みとなっていました。

このように一点に集中することによって起きる負荷を分散することで、これらの諸問題を解決しようとしたのが、クライアント・サーバ型のシステムです。クライアント側に、入力時に必要な表示機能の**GUI**(Graphical User Interface)を持たせ、サーバ側にデータベースとアプリケーションを別々に置くことで、さらに負荷を分散させて、レスポンスを改善するものです。

この仕組みを**3層クライアント・サーバ型**と言います(図1)。

◎ プログラムのメンテナンスのしやすさ

もし、クライアント側にプログラムを持たせた場合は、プログラムに改修が生じた場合、すべてのクライアント上のプログラムの置き換えが必要になります。

一方、サーバ側にプログラムを持たせた場合は、このサーバ上のプログラムだけを改修すれば済みますので、プログラムのメンテナンスがやりやすくなります。当然ですが、クライアント側のGUIプログラムに改修が生じた場合は、各クライアント上のGUIのメンテナンスが必要になります。

最近のクラウド版を利用する場合は、ブラウザがあれば使えるので、クライアント側にGUIプログラムをインストールする必要なくなりました。

図1　3層クライアント・サーバの例

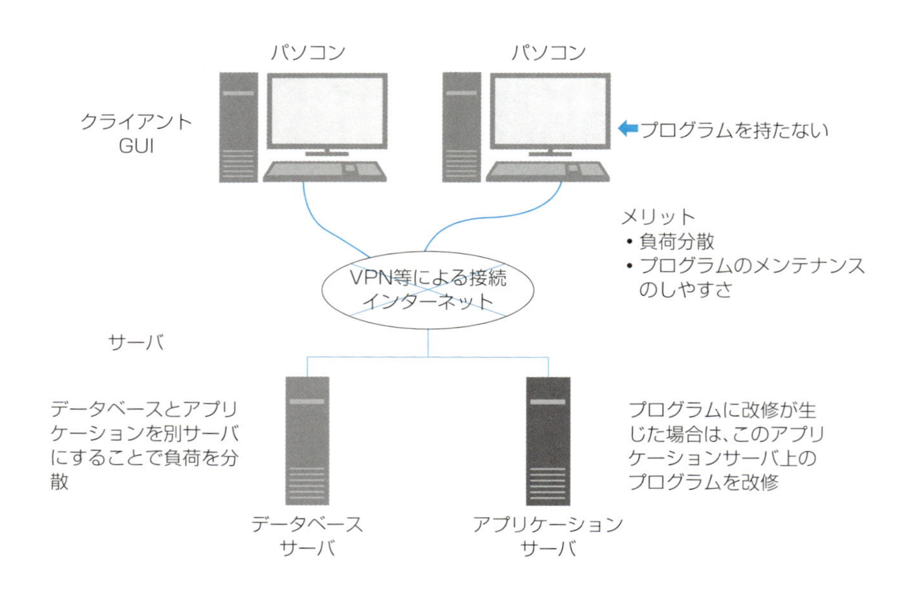

19 ERPシステムの周辺システムには、どんなものがあるか？

ワンポイント

- 債権債務の決済（CMS）
- 金融機関経由で支払振込
- 経費精算、給与勤怠管理など

債権債務の決済

発生した債権の回収および債務の支払い処理を、ERPシステムの外にあるシステムと接続させて決済させる仕組みが**CMS**（Cash Management System）です。グループ内の債権債務の決済をCMSで行うことで、金融機関に支払う手数料を節約できます。

例えば、A社の債権を同じグループのB社から回収する場合、A社は債権データを、B社は債務データをこのシステムに渡すことで、決済をグループ内で済ませ、決済結果をそれぞれのERPシステムにフィードバックします（図1）。

金融機関経由で支払振込

毎月の支払データを金融機関から振込する場合の元データをERPシステム側で作成し、この作成したデータを金融機関のシステムに渡して支払業務を簡素化できます。

日本国内の場合は、全銀協のフォーマットが決まっていて、これを使用します。また、海外送金用も用意されています（図2）。

経費精算

社員の経費を精算する仕組みを、ERPシステムの外で管理する場合があります。理由は、ERPシステムのライセンス料がユーザー数で決まっている場合、これを節約するためです。外付けでパッケージを利用し、精算結果をERPシステムに引き渡します。

日本の場合は、ICカードの利用で交通費が安くなる場合や、社内の旅費規程とのチェック、該当値の自動提案などにより入力ミスを防止する観点から、ERPシステムの外で行う場合が多くなっています(図3)。

給与勤怠管理

社員のタイムカードから勤怠データを計算しますが、就業規則が複雑なため、外で作成した勤怠データをERPシステムに取り込み、給与計算を行う場合があります。

日本では、給与情報が機密情報であるため、社内のシステムではなく、社外に外部委託して行うケースが多いと思います。この場合は、部門別などに集計された給与計算結果をERPシステムに取り込みます(図4)。

図1　債権債務の決済CMSの例

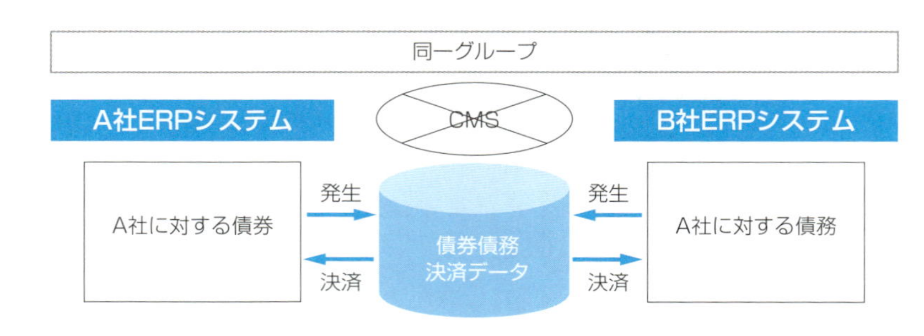

図2　金融機関経由で支払振込の例

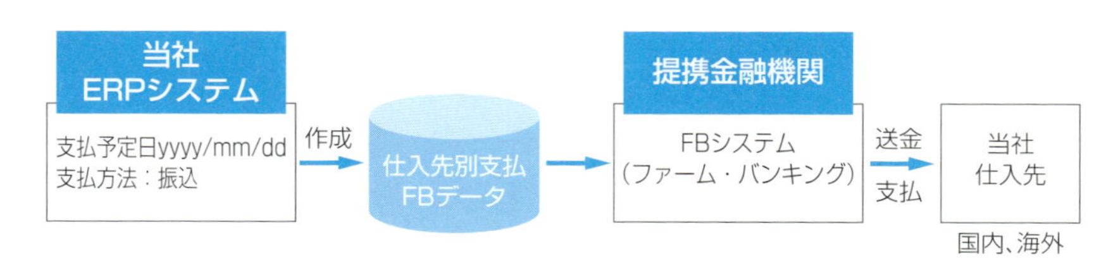

図3 経費精算システム外付けの例

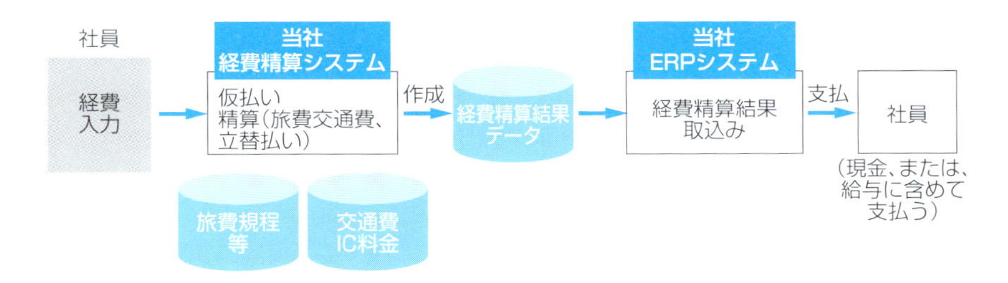

図4 給与勤怠管理システム外付けの例

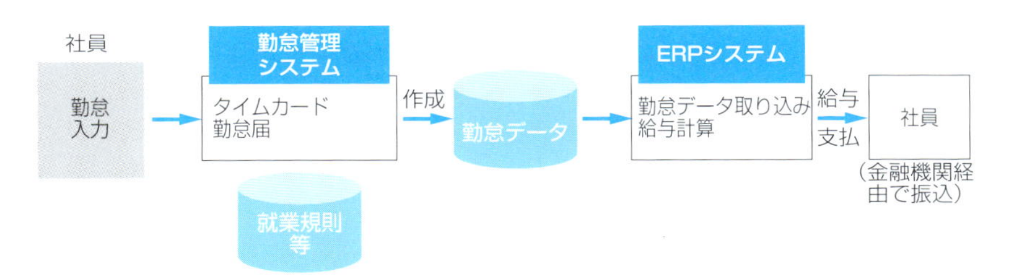

20 ERPシステムとネットワークの関係は?

ワンポイント

- LAN + Wi-Fiが基本の形
- オンプレミスとクラウドで異なる

LAN + Wi-Fiが基本の形

ERPシステムは、サーバが同一建物の中にある場合は、社内LAN(Local Area Network)で構築が可能です。しかし、サーバが遠隔地にある場合や、支店など他の地域にある場合は、インターネット上に、仮想の自社専用の暗号化されたネットワークが構築できる**VPN**(Virtual Private Network:**仮想専用ネットワーク**)を使って、ERPシステムが設置されている場所のサーバに接続します。この場合、有線または無線LAN(Wi-Fi)からルータを経由して接続します。

一方、ERPシステムが設置されている場所のサーバでは、異なるネットワークからの入り口としてゲートウェイ(ルータ)を用意します(図1)。

◎ オンプレミスとクラウドで異なる

オンプレミスの場合は、自社でPCやタブレットなどの入力機器およびWi-Fi環境のほかに、ルータやネットワークなどの機器を用意することになります。リモート接続する場合は、接続先のサーバを指定してVPN経由で接続します。

クラウドの場合は、入力機器とWi-Fi環境を自社で用意すれば、後はクラウドサービス会社が用意してくれます。クラウドサービス会社が指定したWebサイトから与えられたIDとパスワード使ってログインします。

図1 ERPシステムとネットワークの関係

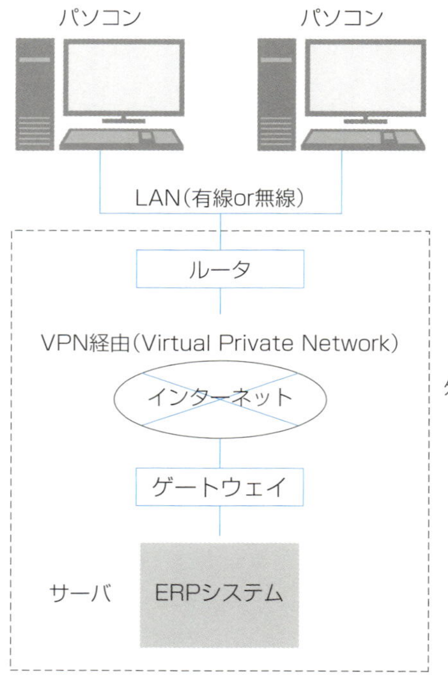

外部にサーバがある場合
リモート接続(VPN経由)
離れた場所にあるサーバを指定して接続
セキュリティを考慮してVPNを使用

21 ERPシステムのデータベースはどうなっているか？

ワンポイント

- ERPシステムのデータベースはRDB型
- 基本、トランザクションで持っている
- SAP－HANAは新しい発想のSAPが開発したデータベース

ERPシステムのデータベースはRDB型

データベースの種類には、主に次の3種類があり、ERPシステムのデータベースは、**RDB**(Relational DataBase：**リレーショナル・データベース**)型を採用しています。

①木構造(ツリー構造)で親データから子データへ詳細化して持つ階層型
②データ間の関係を表したネットワーク型
③表形式で表したRDB型

RDB型は、列と行から構成される2次元の表で表現され、表を1つのテーブルとして、また表と表をジョイン(結合)して利用します。

データの検索およびアップデートは、SQL(Structured Query Language)文を使って行います(図1)。

基本、トランザクションで持っている

デーブル設計は、**ワンファクト・ワンプレイス**のコンセプトに基づいて、データが重複しないように設計されています。現時点の情報を基に意思決定してもらうために、リアルタイムに発生した生のデータをデータベース化しています。

従来は、情報系のデータなど集計に時間がかかるものについては、あらかじめサマリーしたデータを用意しておき、これを分析結果として**ダッシュボード**

で表示することが行われていましたが、SAP-HANAは、処理スピードを高めるためにインメモリー(主記憶にデータをストアして処理)やカラムストア型のデータ圧縮技術を採用した新しい発想のデータベースとなっています。

このほか、よく使われているデータベースとして、OracleやSQL Serverなどがあります(表1)。

表1 ERPシステムで使われているデータベースの例

データベース名	メーカー	特徴
SAP HANA	SAP社	・インメモリーデータベース(主記憶に乗せて処理) ・カラムストア型に適したデータ圧縮(同じ情報をID化して圧縮) ・情報系+業務系を単一プラットフォームで提供(従来のR/3+BWのデータベースを統合)
Oracle	Oracle社	
SQL Server	Microsoft社	

図1 ERPシステムのデータベース例

社員名簿

社員番号	氏名	所属コード
1001	山田 一郎	10
1002	鈴木 進	20
2001	佐藤 信二	30

所属部門表

所属コード	所属名
10	営業部
20	経理部
30	生産部

ジョイン(結合)

所属部門名付き社員名簿

社員番号	氏名	所属コード	所属名
1001	山田 一郎	10	営業部
1002	鈴木 進	20	経理部
2001	佐藤 信二	30	生産部

22 セキュリティは大丈夫なのか？

ワンポイント

- ログインID、パスワードで防御
- 利用者ごとにできることをコントロール
- クラウドの場合はクラウドサービス提供会社がしっかり管理

ログイン ID、パスワードで防御

ERPシステムにアクセスしてきたユーザーが、ERPシステムの利用者かどうか、また本人かどうかをログイン時のIDとパスワードでチェックします。

例えば、パスワードを3回間違えた場合は、そのユーザー IDをロックして、使用できないようにすることができます。

また、ログイン時のパスワードの桁数の設定のほか、定期的にパスワードの変更をさせることもできます（図1）。

利用者ごとにできることをコントロール

ERPシステムを利用するユーザーには、様々な種類のユーザーがいます。例えば、部署や担当グループが同じであっても、担当者によって業務が異なる場合があります。

一般的に、同じ伝票入力であっても、入力できるユーザーや、それを承認するユーザー、転記するユーザーなど、ユーザーによって操作できる機能が異なります。

ERPシステムでは、これらを**ロール**（**権限管理**）機能を使って、コントロールします。ユーザータイプ別に処理できる業務をメニュー化して、それぞれのユーザーに割り当てて管理します（図2）。

クラウドの場合はクラウドサービス提供会社がしっかり管理

クラウドの場合は、クラウドサービス提供会社がシステムダウンに備えて、**ミラーリング**(鏡のように、まったく同じデータを持つこと)した複数の環境を持っていて、事故や災害が発生した場合には、自動的に切り替わり運用に影響を与えないようになっています。

24時間×365日という稼働率、99.95%以上を保証しているクラウドサービス提供会社が多いです(図3)。

図1 ログイン時にログインID、パスワードをチェック

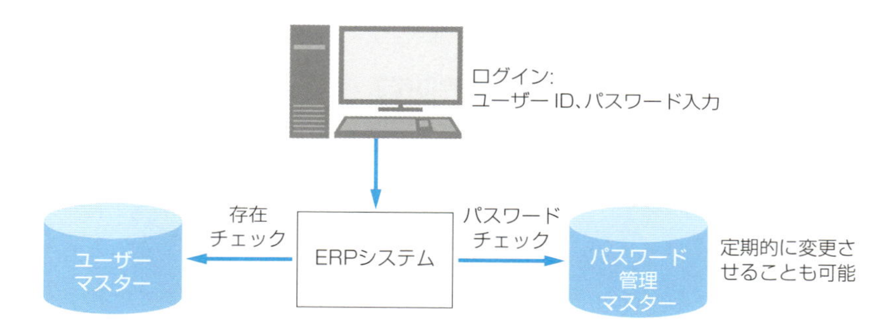

図2 利用者ごとにできることをメニューでコントロール

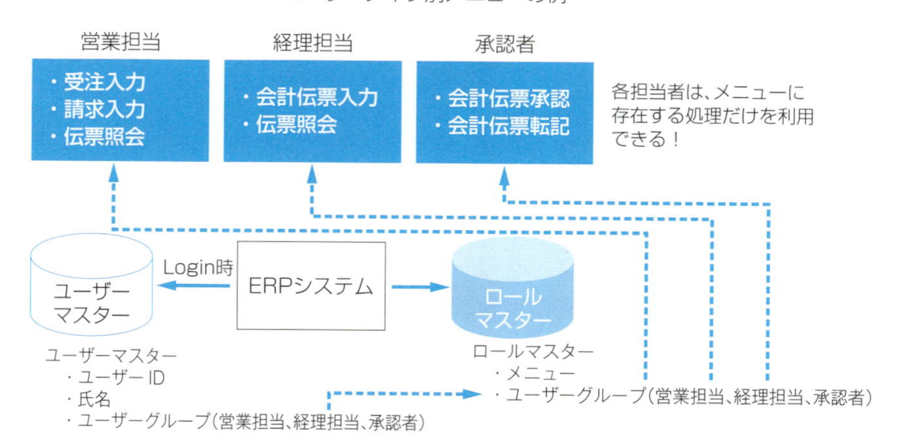

図3　クラウドの場合はクラウドサービス提供会社がしっかり管理

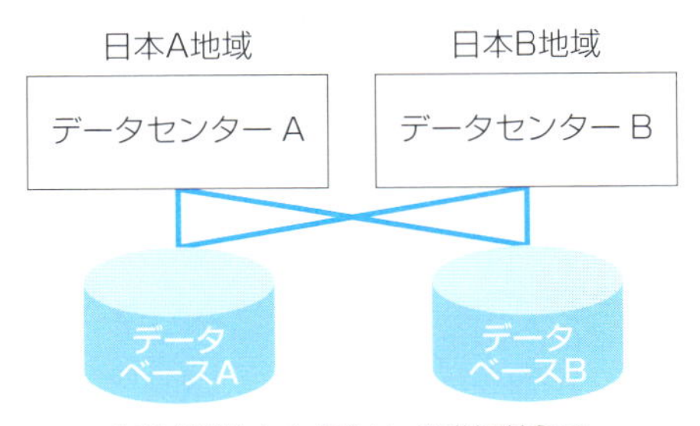

Column ドイツのワールドカップ優勝の陰にSAP社あり

SAP社は、元々、スポーツ分野に力を入れてきました。2014年のFIFAワールドカップでドイツが優勝したその強さの陰に、SAP社のサッカー分析ソフト「SAP Match Insight」があったことも知られるようになってきました。

23 各社のERPパッケージの違いは？

ワンポイント

- 各社とも機能的には同じ業務をカバー
- 自社データベースを使ってクラウドの方向へ

◎ 各社とも機能的には同じ業務をカバー

SAP、Microsoft、Oracleの３社に絞ってERPパッケージを比較してみましょう。

SAP社は、メインフレーム機で構築してきた基幹業務システムをパッケージ化してきた歴史から「業務に強いERPパッケージ」といわれています。

Microsoft社は、WindowsやOffice製品を提供してきた関係から「ツール類との親和性が高いERPパッケージ」になっています。

Oracle社は、データベース製品を長く提供してきたことから「データベースに強いERPパッケージ」だと言えます。

各社とも対象としている業務範囲は「購買」「生産」「在庫」「販売」「会計」「人事」と機能的には、ほぼ同じ基幹業務の範囲をカバーしています。また、リアルタイム経営に対応している点や、世界のマーケットをターゲットにしていることから、多言語、他通貨機能、複数会計基準に対応していることも共通しています。

SAP社やOracle社が先行してERPパッケージ市場を開拓し、Microsoft社が後から市場に参入してきた歴史があります（図1）。

◎ 自社データベースを使ってクラウドの方向へ

ERPパッケージは、クラウド版とオンプレミス版があります。

SAP社のクラウド上で実現する新しいモデルの**S/4 HANA**では、自社開発した**インメモリーデータベースHANA**を採用し、S/4 HANA上だけで動くようになっていて、他社のOracle DatabaseやSQL Serverは使用しない方向に進んでいます。

Microsoft社の**Dynamics 365**においても、自社製品の**SQL Server**を使ったクラウドERPパッケージが主流となっています。

SAP社とMicrosoft社の比較ですが、SAP社のERPパッケージのほうがコスト的にやや高いイメージがあります。

これは、SAP社がERP分野では、草分的存在であり、先行してこの市場を作り上げてきた当時の高いという価格イメージが残っているのではないかと思います。価格はケースバイケースで異なるのが実情です。また、設定が必要なパラメータの量もSAPのほうが多いと思います(著者の経験による)。S/4 HANA、Dynamics 365ともに、独自の開発言語を持っています(表1)。

表1　各社のERPパッケージの比較

比較ERPベンダー	SAP社		Microsoft社		Oracle社	
クラウド/オンプレミス	クラウド	オンプレミス	クラウド	オンプレミス	クラウド	オンプレミス
製品名称	S/4 HANA ByDesign※	S/4 HANA ECC6.0	Dynamics 365	Dynamics 365 オンプレミス	Oracle ERP cloud	EBS
利用可能DB	SAP-HANA	SAP-HANA注 Oracle Database DB2 MS SQL Server	MS SQL Server	Oracle Database MS SQL Server	Oracle Database	Oracle Database
価格設定単位	時間・月額	1ユーザー	時間・月額	1ユーザー	時間・月額	1ユーザー
開発言語	ABAP		X++		Java、C、C++	

※SAP Business ByDesign (SAPのクラウドERPサービス)

図1　主なERPパッケージの適用業務範囲と特長

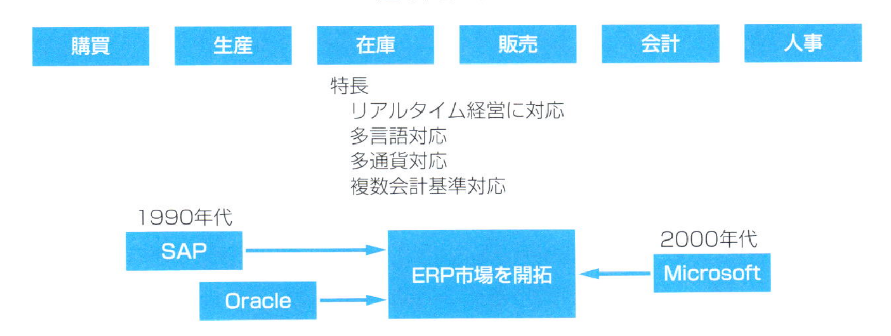

24 日本製と外国製の違いは？

ワンポイント

- 日本製のERPパッケージは、きめ細かく、ローカルルールに強い
- 外国製のERPパッケージは、多言語、外貨取引に強い

日本製は、きめ細かく、ローカルルールに強い

日本製のERPパッケージとして、「GRNDIT」「GLOVIA」（富士通）、「OBIC」（オービック）などがあります。なお、このほかにも会計だけに特化したパッケージも多くありますが、ここではリアルタイム経営実現の観点から対象外とします。

どのERPパッケージもヘルプ機能が充実している点や、操作上で必要なものだけを表示するといった使いやすいものになっています。

また、日本のローカルルールの「消費税」「源泉徴収税」「固定資産の減価償却費」などの変更に迅速に対応します。

ちなみに外国製の場合は、タイムラグがある場合があります。理由は、日本も世界市場の中の1つと見ていることから、ERPパッケージ提供会社のリリースタイミングの優先順位によるものと思われます。

外国製は、多言語、外貨取引に強い

外国製のERPパッケージは、世界各国の市場をターゲットにして開発されているため、**多言語機能**は、標準で装備されています。ログインする際に言語を指定できたり、ユーザーのプロフィールに使用言語を初期設定しておくことで、言語の表示を自動的に切り替えることができます。

すべての取引は、**取引時の通貨**で入力します（取引通貨により入力。USDなら米ドルで、JPYなら日本円で）。入力した通貨は、システム側で「為替レートマスター」を使用して、自国の通貨に自動的に換算する仕組みになっています。

さらに、本社が別の国にある場合を想定して、本社所在地の国の通貨に換算し、経営成績や財務状態が現地通貨でリアルタイムに見えるようになっています（親会社の国の通貨でも換算可能。複数の帳簿が持てる）。

表1 日本製と外国製の違い

区分	特徴	主なパッケージ
日本製	①使いやすい ②ヘルプ機能が充実 ③ローカルルールの対応が早い	・GRNDIT ・GLOVIA ・OBIC
外国製	①多言語に対応 ②多通貨に対応 ③為替レートマスターを標準装備	・S/4 HANA ・Dynamics 365 ・Oracle EBS

25 SAPとは？

ワンポイント

- ERPパッケージ市場のリーダー
- 基幹業務からIoTまで対応
- SAP-HANAで情報系と業務系データを統合

⊙ERPパッケージ市場のリーダー

ドイツのSAP社により開発された「R/3」は、当初は「R/2」と呼ばれ、メインフレーム上で稼働するERPパッケージでした。

その後、オープン技術をベースにしたクライアント・サーバ型の「R/3」に生まれ変わり、たくさんあるERPパッケージの中のリーダーとして成長し続けてきました。

現在の最新バージョンは、ECC 6.0として提供されています。2010年にインメモリーデータベースである「SAP-HANA」を発表し、これを使ったクラウド環境で稼働する「S/4 HANA」を2015年にリリースしました（図1）。

◎ 基幹業務からIoTまで対応

「S/4 HANA」は、販売、購買·在庫、生産管理、プロジェクト管理、財務会計、管理会計、固定資産管理、品質管理、プラント保全(別契約)、人事管理(別契約)といった会社の基幹業務をモデル化した優れたERPパッケージとして構成されています。

SAPのERPパッケージのライセンス契約をすると、これらの機能が全部ついてきますので、利用者側でこの中から必要なものを選択して使用する形となります。

基本コンセプトの**ワンファクト・ワンプレイス**により、発生時点のトランザクションから財務会計、管理会計のトランザクションが自動的に生成され、リアルタイムに経営情報を見られる仕組みになっています(図2)。

◎SAP-HANAで情報系と業務系データを統合

従来、処理スピードの問題などから別々のデータベースで管理してきた情報系と業務系のデータをSAP-HANAを使って、1つのデータベースで持てるようになりました。

それにより、発生時点のデータをデジタル化することで、生に近いデータを収集することが可能になり、IoT(Internet of Things:モノのインターネット)を使ってビッグデータにつなげ、今まで別々に分析・予測していた情報系と業務系のデータを統合し、新たな切り口による分析や予測ができるようになりました。

今後、SAP社はモノや顧客、サプライヤー連携、従業員などのデジタル化の方向に進むものと見られています(図2)。

図1 SAP社のERPパッケージの進化

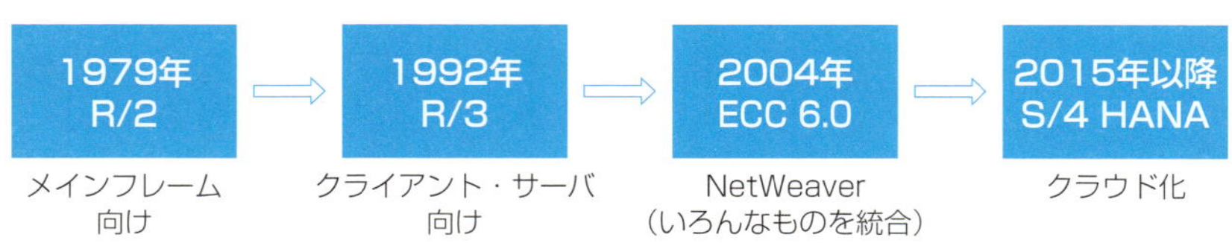

図2　S/4 HANAの概要とこれからの展開

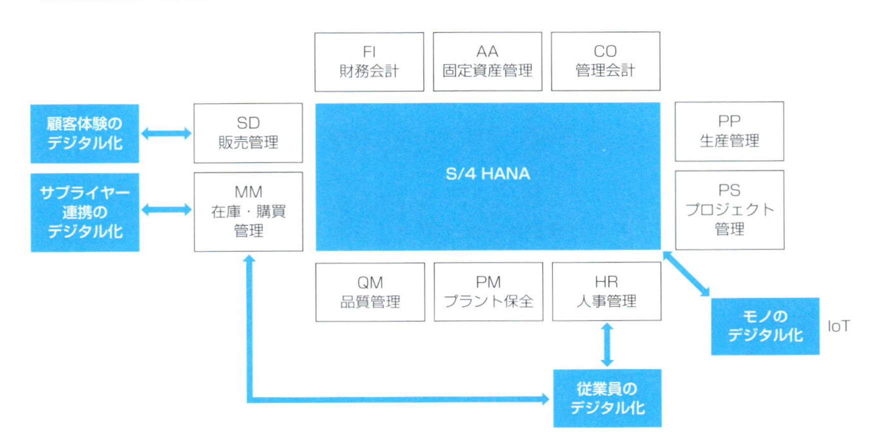

26 Dynamics 365とは？

ワンポイント

- SAPよりコストが安い、軽いイメージ
- Office製品との親和性が高い
- クラウドの方向へ

⊙SAPよりコストが安い、軽いイメージ

Dynamics 365は、もともとはデンマークのDamgaard Data A/S社で開発されたDynamics AXをMicrosoft社が買収し、2008年に発売したものです。その後、2016年に名称をDynamics 365 for operationsに、2017年7月にDynamics 365 Finance and Operationsに変更してきた歴史があります。

SAP社のERPパッケージと比べて機能的に同等で、かつ導入コストが低いERPパッケージとして、日本でも認知されるようになりました。実際、導入に

あたって設定が必要となるパラメータの量もSAP社のERPパッケージの半分以下と少なくなっています。

POSやEコマースが使える流通･小売、購買･買掛金管理、製造管理、在庫･輸送などのサプライチェーン管理、販売・売掛金管理、プロジェクト会計、会計管理、人材管理などの基幹業務処理機能が標準装備されています(図1)。

◎Office製品との親和性が高い

Dynamics 365は､Microsoft社の製品なので､同社のExcelやWordといったOffice製品をはじめとするツールとの親和性が高く、ほとんどのフォーム上からデータをExcelにダウンロードができたり、マニュアルをWordで自動生成する機能なども用意されています。

◎ クラウドの方向へ

Microsoft社のAzure環境を使用して、Dynamics 365をクラウド上で稼働させることができるようになっています。Microsoft社では、従来のソフト提供事業に加えて、サービス提供事業にも力を入れていこうとしています。

また、Microsoft社では、**CRM**(Customer Relationship Management:**顧客関係管理**)をはじめとする情報系のパッケージと統合するコネクターを用意するなど、情報系のデータと業務系のデータを統合する方向に進んでいます。

図1　Dynamics 365の概要とこれからの展開

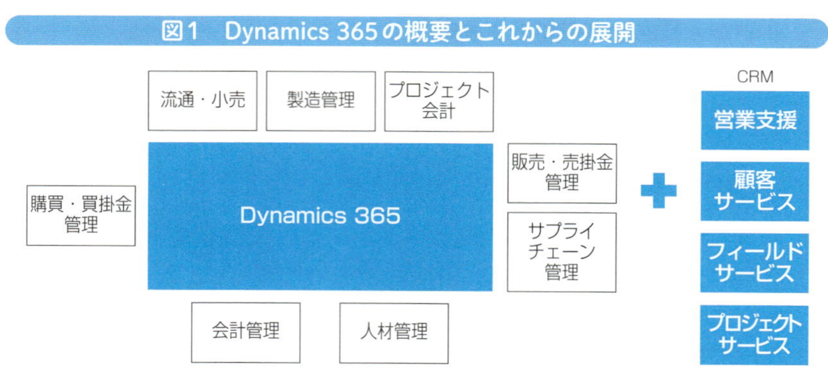

27 最近のERPパッケージの動向は？

ワンポイント

- より発生現場へ近づく
- 垂直統合の方向へ
- 情報系データと業務系データの一元管理

より発生現場へ近づく

顧客体験情報の共通化やパーソナライズ化により、顧客訪問結果情報や提案状況、人間関係情報など顧客情報のデジタル化がさらに進んでいくものと思われます(図1)。

従業員に対して迅速に戦略を伝えたり、パートナーとのやり取りもデジタル化が進み、会社に集まって状況を確認することが少なくなると予想されます。

また、ロボットなどのセンサー機器を活用してビッグデータとして情報を集め、これをAIで分析できるようなってきました。このような仕組みで集めたデータをERPパッケージのデータベースに取り込んでいくものと思われます。

垂直統合の方向へ

クライアント・サーバ型のERPパッケージの登場により、オープンでより安く、よりいいものを組み合わせてシステムを構築することが当たり前になってきました。

ところが、クラウド化が進むとクラウドサービス提供会社が、処理能力向上や信頼性の確保の観点から、自社製品を使おうとする動きが出てきました。インメモリーという新しい技術で自社開発したSAP-HANAがその例です。

今までSAP社はOracleなどの他社製品を利用してERPパッケージを提供してきましたが、「S/4 HANA」では、データベースのSAP-HANAだけを使用すると発表しています。

SAP社は高速に処理するSAP-HANA(最新はSAP-HANA2)を自社開発し、

サーバに多少負荷をかけても全体のレスポンスが悪くならないことから、昔のメインフレームのような**垂直統合型**のERPパッケージになっていくことが予想されます。

◎ 情報系データと業務系データの一元管理

SAP、Dynamics 365に共通して、別々に存在していた情報系と業務系のデータを一元管理し、生のデータを使って意思決定をサポートするものです。

これまでは、基幹系のデータベースや自社以外にある情報系のデータを夜間バッチで更新するシステムが通常でしたが、データに1日のギャップが存在することになり、正しい判断ができない可能性がありましたが、これを解消しようとしています。

また、これにより無駄な集計テーブルが不要で、システムがシンプルになります。

図1　ERPパッケージの動向

より発生現場へ近づく

従業員のデジタル化

従業員への戦略の展開と共有
外部の人材との協業
従業員の情報武装

モノのデジタル化

センサー機器との接続
ビッグデータ蓄積の蓄積と分析・予測

顧客体験のデジタル化

顧客とのつながり情報の共有化・パーソナライズ化

サプライヤー連携のデジタル化

電子商取引市場
経費処理の自動化

垂直統合の方向へ

ERPパッケージ
データベース
ミドルウェア
} 同一ベンダー製

情報系データと業務系データの一元管理

情報系データと業務系データを組み合わせた分析・予測による新たな発見
生のデータを使って今の意志決定をサポート

28 ERPと管理会計

ワンポイント

- 管理会計は、経営層のための会計
- 通常、財務会計と管理会計の数字は一致しない
- 導入前に管理したい数字をはっきりさせる

管理会計は経営層のための会計

どの会社でも経営を行っていくための経営指標を持っています。これがなければ、船に羅針盤を付けずに航海に出るようなものです。しかし、どの数字を見て経営管理していくかは、誰かが教えてくれるものではなく、経営者でなければ決められません。

一般的な経営指標として、受注件数･金額、売上高、売上総利益、営業利益、経常利益、損益分岐点売上高、限界利益などがあります。これらを今期どれぐらいの目標値にするのか、それを達成するために、どのような戦略を使って達成するのか、予算はどれぐらい見ておくか立案しなければなりません。これを毎月、**PDCA**(Plan：計画、Do：実行、Check：チェック、Action：アクション)を回して管理していきます。

通常、財務会計と管理会計の数字は一致しない

「管理会計の数字と財務会計の数字を一致させたい」という要望があります。いろんな切り口で集計した結果の合計が財務会計の数字と合っていないため、不一致分の差額を配賦するプログラムを追加開発して、数字を合わせることがあります。

財務会計は、外部公表用で会社法や、上場している証券取引所などのルールに基づいて計算しますので、そのルールを守らなければなりません。しかし、管理会計は、そもそもルールがありません。経営層の管理したいルールに基づ

いて計算した結果ですので、無理に、財務会計の数字と合わせる必要はないと考えます。

◎ 導入前に管理したい数字をはっきりさせる

今までの経験則では、この管理会計の管理したい項目や数値がはっきりしない場合が多いです。少なくとも、要件定義の段階では、はっきりしていなければなりません。

SAPでもDynamics 365でも、この管理したい項目が明確にならないと、利用するモジュールや用意すべき項目、組織構造の定義が行えません。

特にDynamics 365では、分析コードはいくらでも持てるため、どのように分析コードを設定していいのか定義ができません。例えば、受注伝票や発注伝票、顧客マスター、仕入先マスターに設定した分析項目が自動的に反映され、任意入力にするのか必須入力にするのか、入力値に制限をかけるのか、かけないのかといったパラメータの設定に影響します。

29 ERPと内部統制

ワンポイント

- 内部監査人、会計監査人など、それぞれの要求事項に対応
- ERPパッケージの中に統制機能を組み込む
- 監査人もログインして監査ができる

内部監査人、会計監査人などそれぞれの要求事項に対応

内部統制は、基本的に経営者の思い(例えば、規定や法制度の遵守など)を実現するために仕組みとして構築し、日々の仕事の中に組み込んで運用されています。社内の業務処理規程や法規定を遵守して仕事が行われていることを前提としていますが、時に、第三者の目でチェックし、確認します。

社内の監査人は「業務処理規程どおり業務が遂行されているか?」の観点で、会計監査人は「会計処理が正しく行われているかどうか?」を、ISMS審査員は「ISMSの要求事項に沿って運用されているか?」などの観点からそれぞれチェックするので、これらの監査人の立場からの要求に対して対応していくことが求められます(図1)。

ERPパッケージの中に統制機能を組み込む

ERPシステムでは、例えば出荷済でなければ請求できない仕組みや、入庫していなければ債務を計上できないなど、業務プロセスに沿ってプログラムが用意されており、処理ミスを未然に防止できるようになっています。

また、統制ルールをワークフローなどを使用して自動的にチェックし、入力時や申請の段階で矛盾のある取引を見つけて警告することができます。

◎ 監査人もログインして監査ができる

監査用のプログラムが標準で用意されていますので、これを使用して監査を行うことができます。SAPでは、会計監査人がIT統制に関する監査をSAPの標準のプログラムを使用して行うことができます。

監査人用のユーザーIDとメニューが用意されていて、ユーザーに与えられている権限と権限の設定内容との突合や、バックアップ状況、変更管理状況、プログラムの移送管理状況などの確認をすることができます(表1)。

表1 ERPシステム 監査人メニュー例

No.	メニュー
①	権限設定管理照会
②	プログラム変更管理履歴照会
③	移送履歴照会
④	マスター変更履歴照会
⑤	BS,PL照会
⑥	科目別残高照会
⑦	債権残高照会
⑧	債務残高照会
⑨	トランザクション照会
⑩	マスター照会

図1 ERPシステムと内部統制関係者の視点

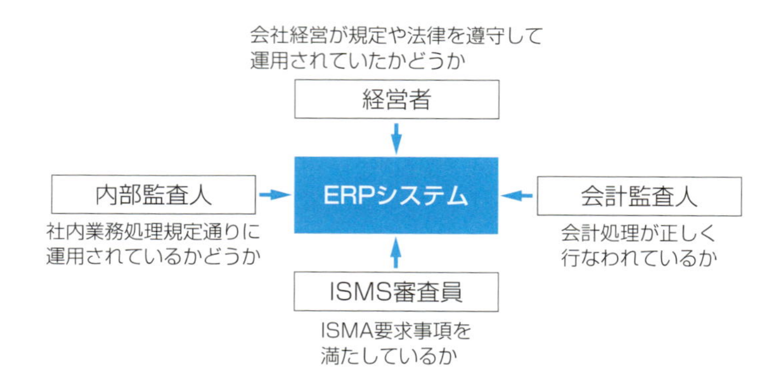

30 中堅中小企業がERPを活用するためのポイントは？

ワンポイント

- 基本的に目指すものはリアルタイム経営
- できる範囲に絞る
- クラウド化による初期投資、運用コストの削減を図る

基本的に目指すものはリアルタイム経営

大企業であっても中堅中小企業であっても、目指すものは**リアルタイム経営**であり、今の状況を確認しながら将来に向かってPDCAを回していく方法は変わりません。

いかに少ない経営資源を使って、リアルタイム経営を実現させるかということに尽きます。

できる範囲に絞る

本来、すべての基幹業務処理がERPシステム上で実現できることが望ましいのですが、「投資コストを用意できない」「構築に必要な人材がいない」などの様々な制約の中でERPシステムを構築する場合は、やはり機能の絞り込みが重要になってきます。

例えば、請求・回収(入金)、債務計上・支払という業務は、どの会社でも必ず発生しますので、この部分を会計処理とリアルタイムに連動させ、ほかの業務は、Excelなどの別ツールを利用するといった割り切りも必要になってきます(図1)。

◎ クラウド化による初期投資、運用コストの削減を図る

初期投資コストや運用コストを抑える方法として注目を集めているのが、クラウド化によるERPシステムの実現です。

本文228ページの「104 保守料・運用コストがアップしている!」の中でも説明していますが、クラウドで行うことで、例えば、サーバ機器などのITインフラのほか、家賃や電気代が不要になるなど様々な導入コストを抑えることができます。

また、導入後の運用についても、クラウドサービス提供会社側で行いますので、専任のERPシステムの運用要員を抱えなくて済みます(表1)。

表1 クラウド化により不要になるコスト・作業

分類	内容
コスト	OS、プログラム サーバ フロア家賃 サーバ電気代 社内ネットワーク
作業	運用保守(Backup、機器の増設、プログラムのバージョンアップ)

図1 ERPシステムで実現させる基幹業務を絞る

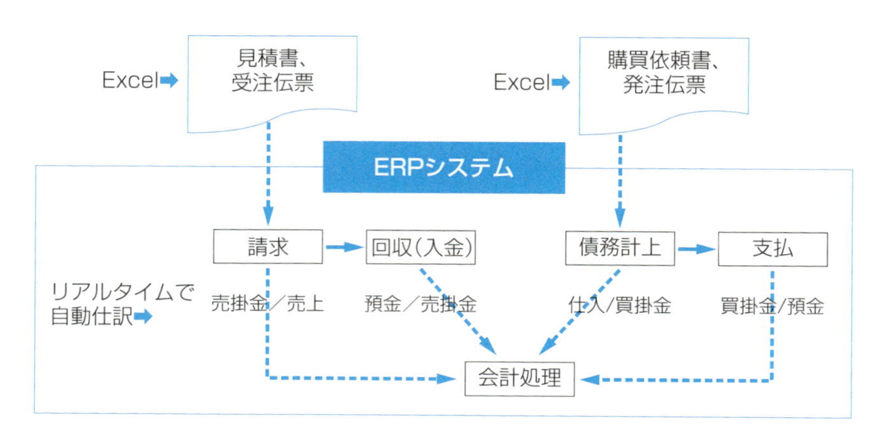

31 ERPとCRMとの関係は？

ワンポイント

- 一元化の方向
- CRMにERPがついてくる

一元化の方向

今まで、**CRM**(Customer Relationship Management：**顧客関係管理**)とERPシステムは、別々の位置づけでシステム化されてきました。CRMはいわゆる情報系のデータを基に、ERPは業務系のデータを基にデータベース化し、顧客管理や、業務処理を行っていました。

お客様の満足度の向上と、お客様がもたらす収益の最大化を目指すためには、この両方のシステムを一元化することで、新たなアプローチの発見であったり、新しい価値を見出し提供することができるようになります。

SAP社では、「S/4 HANA」に情報系モジュールの**BW**(Business Warehouse)が組み込まれました(図1)。

CRMにERPがついてくる

Microsoft社では、CRMとERPを別々の製品として販売してきました。この別々の製品を接続するツールが提供され、Dynamics 365のクラウド版では、CRMパッケージを単独で導入するより、ERPとセットで導入したほうが安い価格設定になっています(図2)。

図1　SAP社のCRMとERPの一元化イメージ

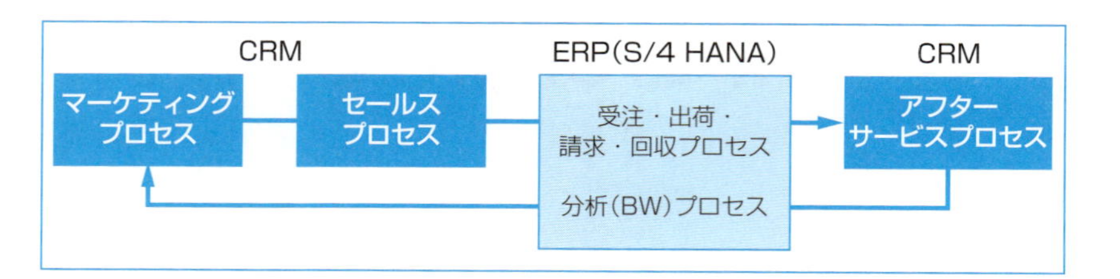

図2　Dynamics 365クラウド版のCRMとERPの連携イメージ

32 ビジネスモデルテンプレートとは？

ワンポイント

- 業種・業態特有の機能を取り入れたモデル
- 業務プロセスフローや固有のプログラムが用意されている
- プロトタイプ用の環境やドキュメントが用意されている

業種・業態特有の機能を取り入れたモデル

SIerなどが小売業、卸売業、製造業、サービス業、さらには商社業界、製薬業界、食品業界、建設業界、保守メンテナンス業界、IT業界など、多種多様な業種や業態で必要な特有の機能を過去の経験などに基づいてモデル化したものを「テンプレート」として販売しているものがあります。

ERPパッケージを利用する場合、これらのテンプレートを使うことで、業種や業界特有の機能を一から作る必要がなく、早く、コスト的にも安く実現することができます（図1）。

業務プロセスフローや固有のプログラムが用意されている

一般的にテンプレートには、以下のドキュメントなどが付属します。

・プログラム
・要件定義書
・モデル業務フロー
・組織構造定義書
・コード定義書
・パラメータ定義書
・プロトタイプ環境（機能確認環境）

これらを下敷きにして自社の要件とすり合わせ、自社になじまないところや自社特有の機能などを追加して使用します。

◎ プロトタイプ用の環境やドキュメントが用意されている

提供されるプロトタイプ環境を使用して、実現機能の過不足などを確認できます。

また、操作マニュアルなども付いてくるので、それらを使用して実現するERPシステムのゴールを事前に共有することができます。

図1 業種・業界ビジネスモデルテンプレートとERPシステムの構築方法

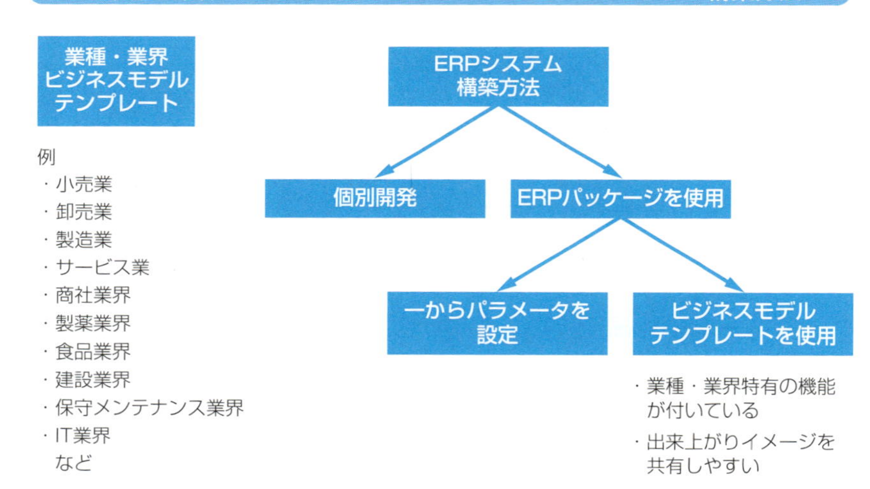

33 ERPパッケージの導入手順は？

ワンポイント

- 要件定義→プロトタイプ→テスト→移行の手順で進める
- プロトタイプは標準機能から小さく初めて徐々に拡大していく
- Add-on機能の開発はプロトタイプと並行して進め、出来上がったところで結合・システムテストを行う

ERPパッケージの導入手順

ここでは、ERPパッケージの選定が終了し、クラウドで契約したクラウドサービス提供会社を使って一からERPパッケージのパラメータを設定していく例を示します（図1）。

通常、以下の手順でERPパッケージを導入します。

1プロジェクトの発足

経営者層を含めたプロジェクトメンバーを任命し、ERPパッケージ導入プロジェクトを発足させ、必要に応じて事務局を設置します。メンバーはほかの仕事と掛け持ちだとプロジェクトに集中できないことがあり、プロジェクト専任とするのが理想です。

参加したプロジェクトメンバーが各部門の代表者的な意識で参加すると、全体最適化を目指すERPシステムがうまく構築できない恐れがありますので、全社で使うシステムであるという視点を持って参加するのが良いでしょう。

2業務要件を確定させる

ERPシステムの構築によって何が実現でき、何が解決されるのか明確にします。

3 To-Beの業務フローを明確にする

新しいTo-Be(改善目標)の業務フローを作成します。この業務フローで日々の業務が回ることを意識して作成します。同時に、プロトタイプ環境構築の準備をします。

4 プロトタイプ環境を用意

プロトタイプで使用する環境を構築します。プロトタイプ用のパラメータ設定やプロトタイプに必要なマスターおよび残高、トランザクションなどを事前に登録します。

5 プロトタイプの実施

業務フローをベースにしたプロトタイプシナリオに従って、プロトタイプ(試しに実機で動かしてみる)を実施します。最初は、基本的な業務の流れを中心に行い、徐々に例外処理や間違った時のリカバリー手順などに広げて実施していきます。

6 設定パラメータの見直し・変更

プロトタイプで見つかった不具合や業務処理に合わなかった点をリストアップし、対応案を検討の上、パラメータの変更などを行います。

7 結合・システムテストの実施

Add-on機能が開発できたところで、開発環境からテスト環境にAdd-onプログラムを移送し、プロトタイプシナリオに沿って、標準プログラムとAdd-onプログラムの結合テストやシステムテストを行います。

8 移行計画と移行

マスターや残高、トランザクションの本番環境への移行計画を立て、計画通りに移行できるかどうか、何回か分けてトライアルで移行を行ってみます。業務に影響が少ない時期を利用して、最終的に決めた日に、本番環境への移行を実施します。

9 ユーザートレーニング

プロジェクトメンバーなど、キーパーソンとなるユーザーが中心となって、マニュアルを作成し、現場の担当者などへトレーニングを実施します。

10 運用・フォロー

ヘルプデスク窓口を用意して、本番稼働後に発生する問い合わせ対応などを行います。こちらへの問い合わせ内容を分析して改善事項をまとめ、次期バージョンなどでリリースしていきます。

図1 ERPパッケージの導入手順例

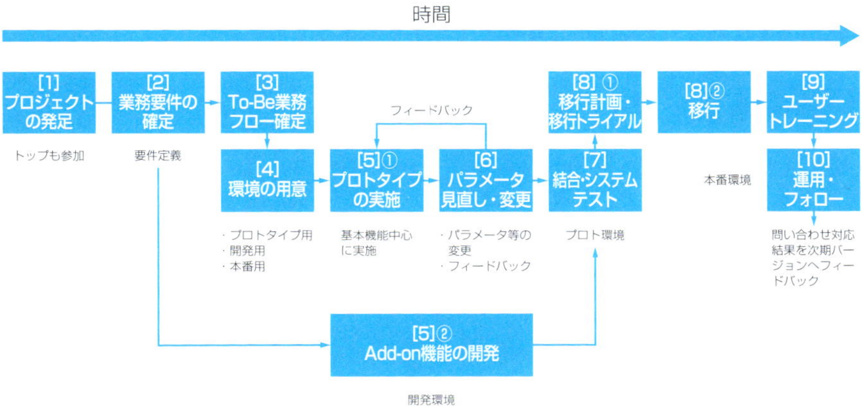

時間

[1] プロジェクトの発足
トップも参加
[2] 業務要件の確定
要件定義
[3] To-Be業務フロー確定
[4] 環境の用意
・プロトタイプ用
・開発用
・本番用
[5]① プロトタイプの実施
基本機能中心に実施
フィードバック
[6] パラメータ見直し・変更
・パラメータ等の変更
・フィードバック
[5]② Add-on機能の開発
開発環境
[7] 結合・システムテスト
プロト環境
[8]① 移行計画・移行トライアル
[8]② 移行
本番環境
[9] ユーザートレーニング
[10] 運用・フォロー
問い合わせ対応結果を次期バージョンへフィードバック

34 ERPパッケージは どのように選べばいいのか？

ワンポイント

- 導入目的を明確にする
- 評価基準を用意する
- 第三者機関を活用する

導入目的を明確にする

日本製のERPパッケージにするか、外国製のERPパッケージにするか、それぞれの中でどれが自社にふさわしいのかを検討する前に、ERPシステムを何のために導入するのかをはっきりさせることが重要です。

今困っていることは何で、それを解決してどのような姿になりたいのか明確になっていなければなりません。

プロジェクトの中で議論が進むにつれて、問題点や課題が細かくなっていくと、それを解決することに議論が集中し、元々のERPシステム導入目的からずれていく場合があります。トップやプロジェクト責任者も議論に参加して、本来の目的に軌道修正しながら、導入目的が実現できるERPパッケージ選びをサポートすることが大切です(図1)。

評価基準を用意する

どれが自社にふさわしいERPパッケージなのかを判断するために、自社の評価基準を持つことをお勧めします。評価結果を数値化し、関係者間で共有できる形にします。評価項目の例としては、以下のものが挙げられ、これらの評価基準を点数化して評価します。

・業務要件
・システム機能要件、価格、品質、性能、保守料

・サポート体制

なお、業種・業態によって要求事項が異なってきます。例えば、スーパーやコンビニ、家電業界などのように小売業を営んでいる場合は、時間ごとの売上状況の把握を行っていますので、品出しや、棚割り、タイムセールによる売価の変更などリアルタイムの対応が要求されてきます(表1、表2)。

第三者機関を活用する

ERPパッケージに詳しいコンサルティングファームなどの第三者を活用して、自社の要求事項を伝えてコンテストしてもらう方法があります。自社内にERPパッケージを評価できるスキルがない場合や決められない事情がある場合などに活用すると良いでしょう。第三者が評価してくれることで自社内では、気づかなかった部分が見えてくる場合があります。

表1 システム要件・品質・性能などの評価基準の例

求められるスピード	会社の例	運用条件	レスポンス
時刻単位	スーパー、為替ディーラー、家電量販店	24時間×365日稼働	1秒以内
日単位	コンビニ	同上	同上
月単位	通常の会社は月次決算の早期化を目指している	バッチ処理可	2秒以内
四半期単位	上場している場合は四半期決算(短信)が要求される	同上	同上
半期単位	通常の会社は上期、下期としても成績を管理している	同上	同上
年次単位	通常の会社、官庁、学校	同上	同上

表2 サポート体制の評価基準の例

サポートケース	サポート条件	レスポンス
システムダウン	24時間×365日	ゼロ(予備機に自動切換え)
問い合わせ対応	月～金(9:00～18:00)	2時間以内に対応

図1　ERPパッケージの導入目的を明確にする

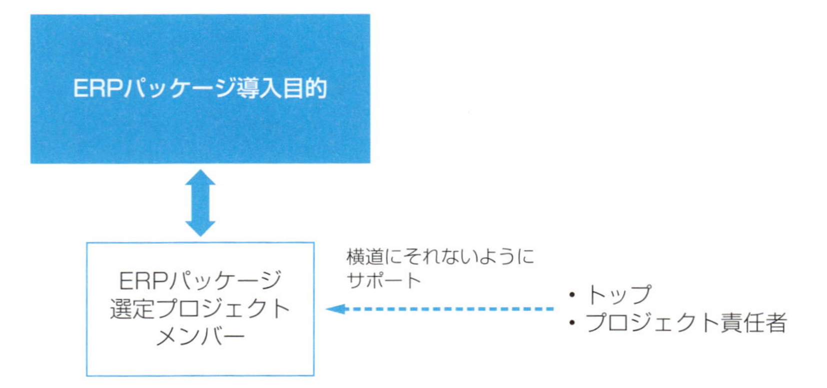

導入目的例

・海外子会社を含めた経営成績のリアルタイム把握
・全社の製品、原材料、部品の在庫適正化によるキャッシュフローの改善

35 ERPパッケージの導入コストは？

ワンポイント

- ライセンス料のほかに諸費用が発生する
- コストを導入前、導入後に分けて考える
- クラウドとオンプレミスで異なる

◉ ライセンス料のほかに諸費用が発生する

ERPを導入する場合は、システムのスコープが広がる傾向にあり、それだけコストがかかります。

利用ユーザー数にもよりますが、ライセンス料や導入時のコンサルタントフィー、カスタマイズフィー、開発時のSE・プログラマーフィー、システムテ

スト、統合テスト、移行、教育、運用管理(運用監視、ヘルプデスク等)などのコストが必要になります(表1)。

⊙ コストを導入前後、クラウド・オンプレミス別に評価

投資効果を測定する際には、投資コストを「一時費用としての導入コスト」と「導入後の維持管理コスト」に分けて評価することが大切です。

導入前のライセンス料やAdd-on工数などの一時費用のほうが目に付きやすいですが、導入後のコストは、使っている間、固定費的に継続して発生しますので、明確に分けて評価する必要があります。最近、ERPパッケージの保守料が年々高くなっていく傾向にあり、これらの点も踏まえて評価すべきでしょう。

また、クラウドを利用する場合とオンプレミスの場合とで、発生する費用が変わってきます。特に、クラウドの場合は、ライセンス料や保守料が込みの金額で時間または月額の使用料として支払う形になっています(図1)。

表1 ERPパッケージ導入にかかるコストの例

分類	内容
ハードウェア/インフラ	OS、DB IT設備(サーバ、サーバラック、Wi-Fi、ネットワーク等) PC、タブレット、ブラウザ、ツール
導入	ライセンス料 コンサルフィー カスタマイズ費用 開発費 移行 教育
保守・メンテナンス	保守料 ヘルプデスク費用 運用管理者コスト 変更対応 教育 フロア家賃 電気代

図1　導入前・後、クラウド・オンプレミス別発生コスト

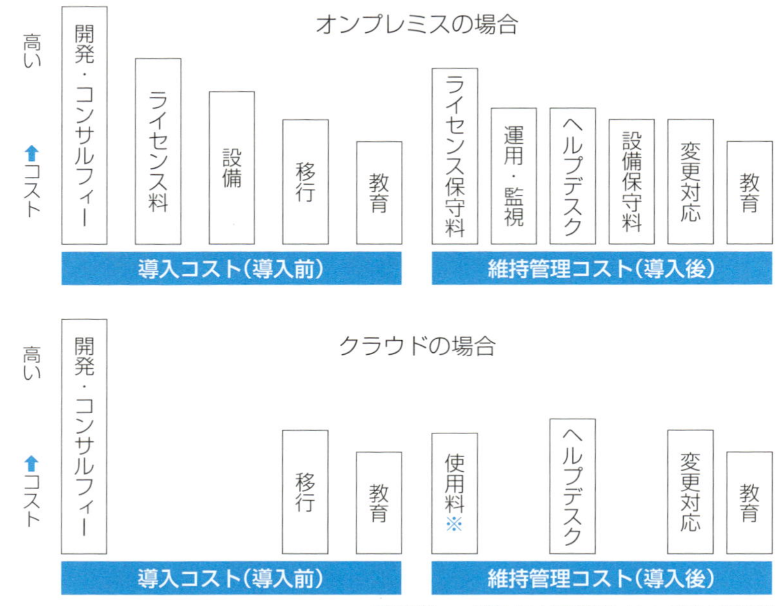

※使用料……時間または月額(ライセンス料＋保守料)

36 プロトタイピング手法とは？

ワンポイント

- 利用者と確認しながら最終的なものを作っていく手法
- モデルを使って何回かに分けて実施
- 最終的に合意した時点で完成

プロトタイピングの進め方

従来、ウォーターフォール型と呼ばれるソフトウェア開発の手法が取り入れられてきました。この方法は、要求定義➡概要設計➡詳細設計➡プログラミングと各工程の進め方として、前工程が終了しない限り、次工程に進まないというルールの基にシステムを構築する手法で、要求事項の変更などによる後戻り工数の発生を防止するといったメリットがあります（表1）。

しかし、ドキュメントだけで合意していても出来上がった後に、思っていたものと違うものが出来上がったなどというトラブルが発生することがあります。

特にユーザーとのインターフェース部分（GUI）は、やはり見てみないと分からないということもあり、見本を作ってこれを見ながら仕様をFIXしていくという手法が取り入れられています。このユーザーと実現イメージを共有しながら最終的なものを作っていくという手法のことを**プロトタイピング手法**と言います。

具体的には、図1のように、要件定義➡業務フロー作成➡プロトタイプ環境構築➡プロトタイプのシナリオ作成➡プロトタイプ予想結果の作成➡プロトタイプ実施➡予想結果とチェック➡見直し・変更➡フィードバックといった手順で行います。

プロトタイプは、最初に標準的な業務フローに基づいて実施し、徐々に複雑な例外処理などの確認を行い、最終的にユーザーと合意して時点で完成となります。

表1 ウオーターフォール手法とプロトタイピング手法のメリット・デメリット

開発手法	メリット	デメリット
ウォーターフォール	後戻り工数発生の防止	出来上がりイメージが共有しにくい
プロトタイピング	出来上がりイメージが共有しやすい	プロトタイプの準備などに時間が必要

図1 プロトタイピング手法による進め方

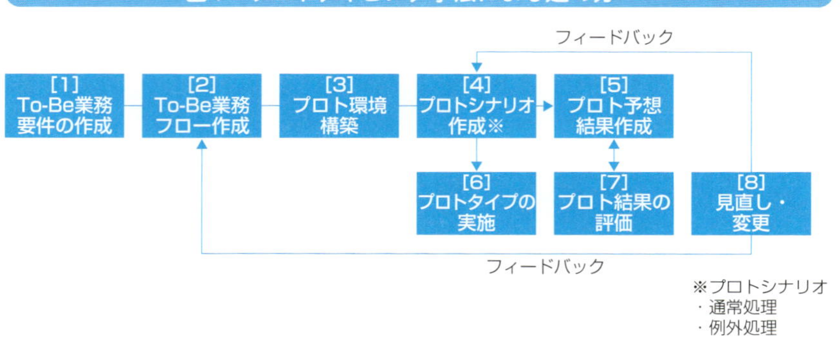

このほか、開発期間を大幅に短縮する手法として、アジャイル開発手法があります。小さな単位で、計画➡設計➡実装➡テストを繰り返しながら開発を進めていきます。

主に、Webアプリやスマートフォンアプリの開発などで用いられています。

37 システムランドスケープとは？

ワンポイント

- 1つのシステム上に複数の環境が作れる
- スリーランドスケープが推奨構成

1つのシステム上に複数環境が作れる

SAP社のS/4 HANAでは、1システム上のデータベースは1つですが、複数のクライアント(環境)を作ることができます。クライアントに依存するパラメータと、依存しないパラメータ(クライアントの中で共通)があります。

また、1つのクライアントの中に、複数の会社を登録することができます。各アプリケーションは、1つのデータベースの中から、会社コードを切り分けて対象のデータを抽出して処理します(表1)。

Dynamics 365も同様の考え方で構成されています。データ·パーティションという中に、複数の会社を登録することができます。

スリーランドスケープが推奨構成

SAP社では、**開発機**、**検証機**、**本番機**という3台の物理的なサーバ構成を推奨しています。

開発機でベースとなるパラメータの設定やAdd-onプログラムの開発を、検証機でそれらの結合およびシステムテスト、統合テスト、移行テストなどを行い、問題がないことを確認したら、本番機に移送して使用する形になります。

おのおののサーバ機の間のパラメータの引き渡しは、移送機能を使用して行います。移送したい単位に移送番号を発番してプログラムやパラメータの変更管理を厳密に行っています(図1)。

なお、SAP社では、システムの導入から運用保守までのサイクルの中で、システムを効率良く安定して稼働させていくために必要なシステム構成のことをランドスケープと呼び、この場合、開発機、検証機、本番機なので、**スリーランドスケープ**と言います。

ちなみに、コスト的な問題からツーランドスケープで運用するケースもあります。この場合は、開発機と検証機を1つのサーバで管理し、本番機を別のサーバで用意します。クラウドの場合は、クラウドサービス提供会社がスリーランドスケープの環境を用意してくれるようです。

表1 システム上に複数のクライアント（環境）を持てる

パッケージ名	1システム上のデータベース数	1システム上のクライアント数	パラメータの特徴
SAP	1つ	複数のクライアント（環境）→複数の会社	クライアント依存／クライアント非依存パラメータ
Dynamics 365	1つ	データ・パーティション→複数の会社	会社依存／会社非依存（グローバル）パラメータ

図1 スリーランドスケープの例

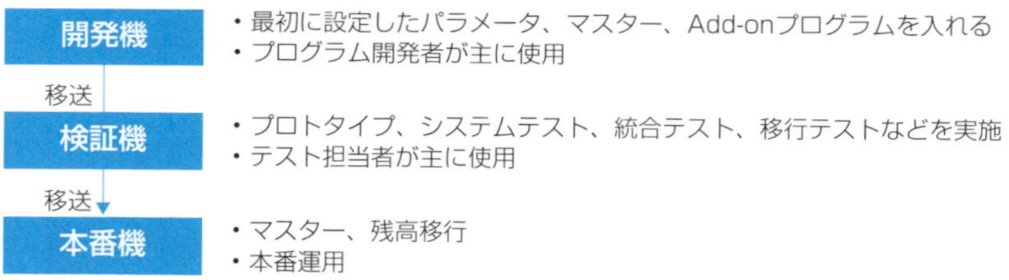

開発機
- 最初に設定したパラメータ、マスター、Add-onプログラムを入れる
- プログラム開発者が主に使用

移送

検証機
- プロトタイプ、システムテスト、統合テスト、移行テストなどを実施
- テスト担当者が主に使用

移送

本番機
- マスター、残高移行
- 本番運用

38 ベストプラクティスとは？

ワンポイント

- ERPパッケージは、複数社の方法を共通化したもの
- 自社の差別化要因としている方法のこと

ERPパッケージは、複数社の方法を共通化したもの

ERPパッケージは、「**ベストプラクティス**が詰まっていて、それに合わせることで、自社の基幹業務処理がリアルタイムに処理でき、経営に役立つシステムである」とよく言われてきました。

では、このERPパッケージ上の業務処理プロセスは、どのようにして出来上がったのでしょうか。実際のところ、過去の様々な会社の基幹業務システムを構築してきた結果、最も多かった方法を基にして作り上げたものだと言われています。

特に外国製のERPパッケージは、海外の会社の基幹業務処理が基になっています（図1）。

自社の差別化要因としている方法のこと

ベストプラクティスとは、自分の会社の中にある他社との**差別化要因**としている方法と言えます。自社のビジネスモデルに合った、1つ1つのプロセスが重要で、これが競争相手との優位性を確保するための仕組みだとしたら、これを基幹業務システムの中に組み込むべきです。

一方、どの会社でも必要ですが、それほど差別化するために重要でないプロセスについては、標準機能に合わせたほうが良いのではないでしょうか。いろんな会社がやっている方法で、これが共通の方法だと割り切って、自社の方法を合わせることでコスト的にも安く構築できるはずです（表1）。

表1 自社の中にあるベストプラクティスは組み込むべき

自社の中にあるプロセス	システムでの対応
他社との差別化要因となる（ベストプラクティス）	自社の基幹業務システムに組み込む
他社との差別化要因にならない	ERPパッケージの標準機能を使う

図1 ベストプラクティスはこうして出来上がった

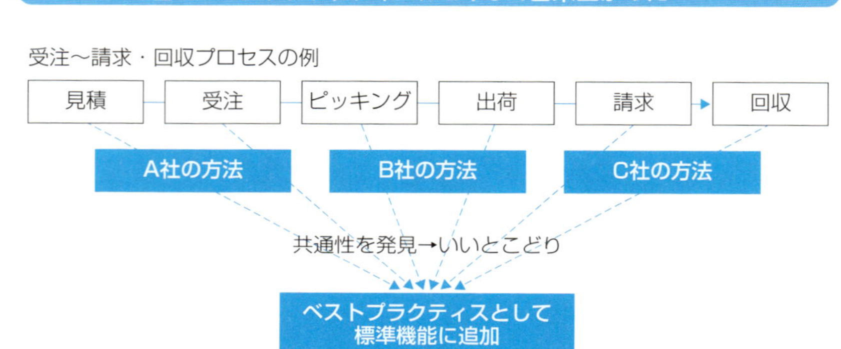

39 ユーザー研修は誰がするのか？

ワンポイント

- ERPシステム構築メンバーが担当するのが最適
- 研修のカリキュラム作成も重要

ERPシステム構築メンバーが担当するのが最適

ERPシステムの教育担当として外部の人材を活用する方法もありますが、ERPシステム構築プロジェクトに参画していた各業務担当メンバーが行うのが最適だと言えます。

プロジェクトのいろんな場面で、例えば、プロトタイプの実施や、例外処理対応を含めた結合・システムテストなどを経験しているメンバーが担当するのが良いでしょう(図1)。

研修のカリキュラム作成も重要

どのような方法で、誰に対して、何を理解してもらうのか、またその達成度合をどの程度求めるのか等々を決めた上で、研修の方針としてそのカリキュラムを作成する必要があります。

例えば、研修内容、対象者、実施期間、実施形式(集合教育、eラーニングなど)、必要環境(場所、IT環境、パソコン、ネットワークなど)、用意する教材(テキスト、操作マニュアル、動画、演習問題)などを明確にして準備します。

研修後にアンケートを採り、参加者の理解度の確認や研修に対する要望などを書いてもらい、次回の研修やカリキュラムの見直しなどに役立てます。

図1 プロジェクトメンバーがユーザー研修を担当

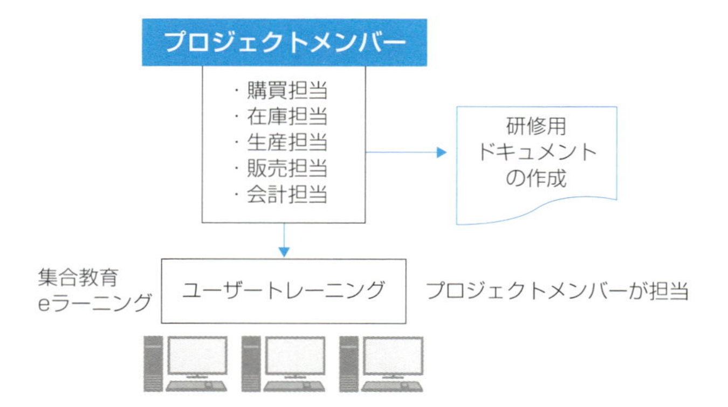

40 ERP導入の課題とは？

ワンポイント

- 導入モジュールの範囲および対象ユーザーを決める
- ビッグバン方式かステップ導入方式か
- コードの統一

◎ 導入モジュールの範囲および対象ユーザーを決める

ERPパッケージの場合、すべてのモジュール(機能)が付いてきますが、この中から自社に必要なモジュールを選択する必要があります。

すべてを使用するとなるとスコープ(活動や動作などの対象となる範囲・領域)が広がり、それだけ導入のために時間とコストがかかります。

また、ERPパッケージを使用するユーザー数を明確にしなければなりません。ユーザー数は、購入するライセンス料に影響します。ちなみに購入したライセンスの返却はできませんので、慎重な検討が必要です(図1、表1)。

ビッグバン方式かステップ導入方式か

購買・在庫、生産、販売、会計の各業務を一緒に導入するビッグバン方式で導入するか、それとも先に会計だけ導入しておき、次のステップで残りを導入するといった導入方法を決めなければなりません。

また、国内のグループ子会社に展開する場合や海外のグループ会社に展開する場合も考えられますので、どの順番でどの地域から導入していくかなどの明確な方針を持っておくことも必要になってきます(図2)。

コードの統一

ERPシステム上で使用する勘定科目コードや品目コード、得意先コード、仕入先コード、銀行コード、原価センター、利益センター、WBS(Work Breakdown Structure：プロジェクト原価管理単位)、プラント、倉庫、などのコードを統一する必要があります。

特に、スコープ対象外とした外部のシステムとのデータの受け渡しの際にコード体系が違っている場合は、コード変換マスターなどを用意する必要が出てくるなど、余分なプロセスが発生し、ERPシステム全体の運用効率に影響してきます(図3)。

表1　ユーザータイプとユーザー数の例

モジュール	一般	管理者
財務会計	5名	2名
固定資産管理	2名	1名
管理会計	2名	1名
生産管理	4名	2名
プロジェクト管理	3名	1名
販売管理	6名	2名
在庫・購買管理	5名	2名
計	27名	11名

図1　導入対象範囲およびユーザー数を明確にする

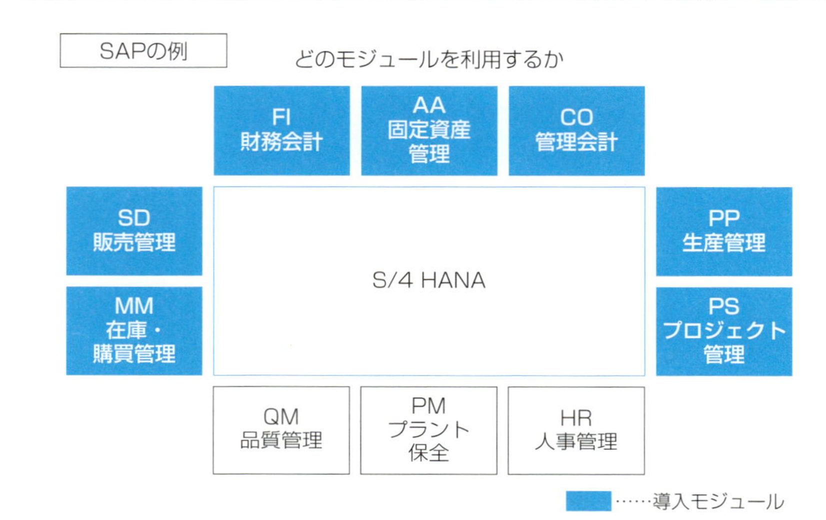

図2　ビッグバン方式かステップ導入方式か

図3　コードを統一できない外部システムがある場合

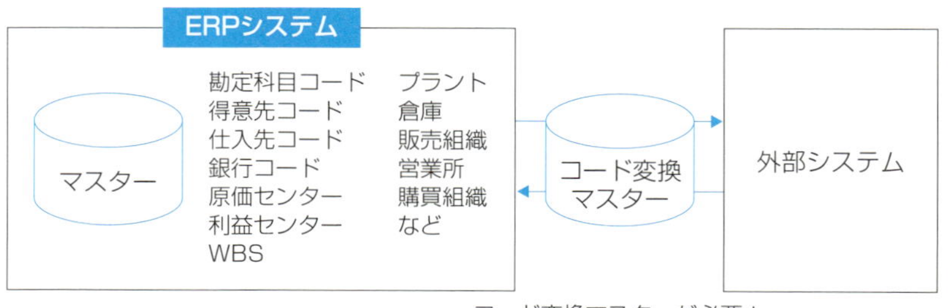

第2章

経理、財務、生産、販売、購買、在庫の悩み解決

第2章では、経理、財務、生産、販売、購買、在庫管理を担当されている方々が、ERPパッケージシステムを利用、またはこれから導入を考えている中でよく感じる悩みを取り上げます。

それぞれの立場でどのような悩みを持っていて、それを解決してどのようになりたいのかを共有することで、部門間の垣根を取り払い、全体最適化を実現するためのヒントを提供していきます。

41 消費税の問題

ワンポイント

- 明細で計算するか合計額に対して計算するか
- 税抜きで入力するか税込みで入力するか
- 端数の処理方法
- 税率変更の対応方法

◎ 明細で計算するか、合計額に対して計算するか

請求書上の**消費税**の計算方法ですが、次の２つの方法があります。

・明細行単位に計算して、計算した明細ごとの消費税金額を合計する方法
・税抜きの本体金額の合計に対して計算する方法

SAPでは、本体金額の合計額に対して計算が行われ、明細レベルには按分され、金額の大きい明細で調整されます。

Dynamics 365では、パラメータの設定で明細単位に計算するか合計額に対して計算するか選択できます（図１）。

◎ 税抜きで入力するか、税込みで入力するか

会計伝票の入力時に**税込み金額**で入力するか、**税抜き金額**で入力するかを選択（パラメータ設定でコントロール）できます。

税込み金額で入力した場合は、例えば税率が8%の時は、「税込み金額×８÷108」で計算した消費税金額を消費税勘定に転記します。

税抜き金額で入力した場合は、税率が8%なら、税抜き金額に8%を掛けて計算し、求めた消費税金額を消費税勘定に転記します。

なお、マニュアルで消費税金額を入力することもできます（表１）。

◎ 端数の処理方法

円未満の小数点以下の端数については、四捨五入、切捨て、切上げのいずれかを選択できます。

また、自国通貨がドルのように小数第２位まである通貨の場合は、小数第３位で端数をどのように処理するか設定ができます。

外貨取引を円貨に換算する時などに端数が生じ、取引上の借方、貸方の金額が一致しない場合が出てきます。このような場合は、端数処理勘定を用意して、この勘定で貸借を一致させるような仕組みになっています。

外貨取引で円貨の貸借が合わない場合は、自動的に端数処理勘定で処理します。また、小数第何位で端数処理するかを設定できます。

◎ 税率変更の対応方法

消費税の税率が変更になることがあります。この場合の対応方法ですが、いつから新しい税率になるかという有効開始日と終了日を変更して対応する方法と、新しい消費税コードを追加して対応する方法があります。

実務的には、後者の新しい消費税コードを追加して対応します。理由は、業界や業種ごとに経過措置が取られる場合があり、定められた日から必ずしも新しい税率を適用しない取引などが出てくることがあり、単純に変更される日を境に税率が変わらないものがあるためです（図２）。

表1 税抜きで入力するか税込みで入力するか（消費税率8%の場合）

税込み／税抜き	金額	説明
税込み金額で入力	108	108 × 8 ÷ 108 で消費税を計算し、計算結果の8を消費税勘定に転記
税抜き金額で入力	100	100 × 8% で消費税を計算し、計算結果の8を消費税勘定に転記

図1　消費税は明細行から計算するか、合計に掛けて計算するか

請求書の例

	内容	数量	単価	税抜き金額	消費税(8%)	
1行目	LED10	1	104	104	8	円未満切り捨て
2行目	LED20	1	109	109	8	円未満切り捨て
			合計	213		

	a	b
消費税金額	17	16

a……税抜き金額合計213×8%で計算して求めたもの
b……明細ごとに計算した消費税を合計して求めたもの

SAPは合計に対して消費税を計算、端数は金額の大きい行で調整
➡上記の例では、2行目の109の金額が大きいので消費税は8を9に調整

Dynamics 365では明細行ごとに計算するか合計に対して計算するか事前にパラメータで指定

図2　消費税率が変更になった場合の対応方法

有効開始日、終了日を入力して新税率を入力

消費税コード	税率	有効開始日	終了日
A8	8	2014/4/1	2019/9/30

⬇

A8	10	2019/10/1	

⬅同じ消費税コードを使用して税率を10%に変更

新たに消費税コードを追加

消費税コード	税率	有効開始日	終了日
A8	8	2014/4/1	
A10※	10	2019/10/1	

⬅10%用の消費税コードを新たに追加

※ SAP の場合は、消費税コードが 2 桁なので、例えば「AA」などの 2 桁のコードとして設定する。

42 源泉徴収税の問題

ワンポイント

- 源泉徴収税は支払う時に預かる
- 日本では100万円までと100万円を超える場合で税率が異なる

源泉徴収税は支払う時に預かる

個人で営む弁護士や公認会計士などに報酬を支払う場合、会社が本人に代わって**源泉徴収**を行う義務があります。

源泉徴収税は、相手に報酬を支払った時に定められた税率を使用して預かり、会社が納税することになっています。あらかじめ、仕入先として弁護士や公認会計士を登録しておき、仕入先マスターに源泉徴収を行うかどうか、行う場合は何%の税率を適用するのか登録しておきます。

債務計上する際は、源泉前の報酬金額で計上しておき、支払時に源泉税を計算して、源泉税として預かり、残りを仕入先に支払います。

例えば債務1,000、源泉税10.21%とした場合、債務の計上は「買掛金1,000」、報酬の支払時は預り金の金額を1,000×10.21%で計算して求め(102)、残り898を銀行から支払います(表1)。

日本では100万までと100万を超える場合で税率が異なる

弁護士や公認会計士などに対する報酬の源泉徴収税率は、日本では現在、次のようになっています(国によっては税率が異なります)。

・100万円まで……10.21%
・100万円超……20.42%

この税率を金額と組み合わせて、マスターに登録しておきます。

Dynamics 365では、源泉税コード、源泉税グループとして登録しておき、これを仕入先マスターに設定します(図2)。

表1 源泉税は支払時に計算して預かる

計上/支払	仕訳例
計上時	顧問料 1,000 / 買掛金 1,000
支払時	買掛金 1,000 / 銀行 898 預り金 102

図1 金額の範囲(最小値、上限値)と税率を設定

源泉徴収税グループとして登録

Dynamics 365の場合の設定例

源泉徴収税コード	有効開始日	終了日	最小値	上限	値
Z10			0	1,000,000	10.21
Z10			1,000,001		20.42

100万までは10.21%、超えた部分は20.42%として設定

43 原価と利益の考え方の違い

ワンポイント

- 人によって原価と利益の考え方が違う場合がある
- 販売価格にもいろいろある
- 共通の定義が重要

◎ 人によって原価と利益の考え方が違う場合がある

原価とは、具体的にどのような費用の集まりのことでしょうか。

また利益といっても、**粗利**(**売上総利益**)とか**営業利益**とか**経常利益**、**税引前利益**、**限界利益**などいろいろあります。

これらの原価や求める利益の中身は、人によって意図しているものが異なる場合があります。営業部門や製造部門、経理部門といった部門間でも違っている場合があります。

会計的には、外部公表用の営業利益が目標値として使いやすい利益ですが、営業部門の場合は、粗利(売上総利益)を使うことが多いのではないでしょうか。

特に、営業担当者の場合は、成績評価用の受注高や売上高に対する原価率を定めて粗利を設定している場合がありますので、経理部門の見ている数字と利益が違ってきます。

生産部門では、社内に対する工場引き渡し原価に社内利益を乗せている場合もあります(図1)。

◎ 販売価格にもいろいろある

販売価格にもいろいろあります。定価のほかに、グループ関係会社間販売価格や特定得意先価格、卸価格、小売価格などがあります(表1)。

どの販売価格を使用するかによっても求める利益は変わってくるので、目標値として利益を設定する場合は、原価の中身や、利益の求め方を明確に定義し、必要とする関係者間で共通認識を持つことが大切です。

表1 販売価格の種類

種類	販売価格の位置づけ
グループ関連会社間販売価格	グループ会社に販売する場合の価格
特定得意先価格	優良顧客向け価格
卸価格	卸業者向け価格
小売価格	一般消費者向け価格

図1 原価と利益の関係

どの利益を見たいのか

a.販売価格－工場原価＝45
b.販売価格－工場引渡原価＝30
c.販売価格－営業原価＝5

どの原価のことを言っているのか

			例
営業利益			5
総原価	販売費・一般管理費		25
	製造原価	製造間接費	15
		製造直接費 直接材料費	30
		直接労務費	20
		直接経費	10
計			105

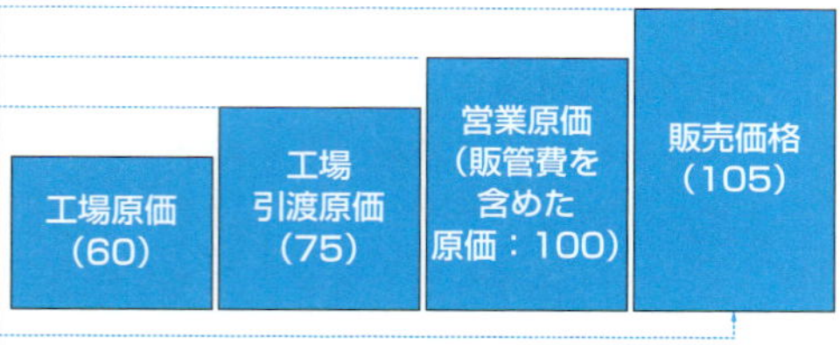

工場原価（60）
工場引渡原価（75）
営業原価（販管費を含めた原価：100）
販売価格（105）

44 ロジと会計をいつ連動させるか？

ワンポイント

- いつ連動させるべきか
- ロジと会計の機能分けはどのようにすべきか
- 必要項目の値がブランクの場合

いつ連動させるべきか

リアルタイム経営を目指している場合は、基本的にリアルタイム連動が前提となります。ロジスティクス(ロジ)側で発生した取引に基づいて自動仕訳を行い、会計モジュールに連動させる仕組みが必要になります。

会計伝票単位や外貨取引の円貨換算レートなど考慮すべき点がありますが、ERPパッケージでは、リアルタイムに連動する仕組みが標準で用意されています(図1)。

ERPパッケージを使用していない事業部などからの会計データについては、バッチ処理(夜間など)でERPシステム側に取り込むことがあります。この場合、この部分がリアルタイムに連動していないことによる影響を考慮して、ERPシステムから出力される経営成績などを見ていく必要があります。

ロジと会計の機能分けはどのようにすべきか

請求・回収業務や、債務計上・支払処理などは、ロジ側で行っている部分と会計側で行っている部分が共通しているところがあります。

例えば、回収業務ですが、入金は、自社の口座に振り込まれてきます。銀行通帳上の入金明細は、経理で分かりますが、どの会社から何の代金が入金されたかが分かりません。

その基になる請求書などは、通常、ロジ側の営業担当が持っているので、入金明細データ(通帳のコピーなど)を渡して、営業担当者に入金消込(売掛金とそれに相当する入金とを確認しながら消し込んでいくこと)を行ってもらいます。経理側では、銀行入金部分を会計伝票入力しておきます。このような場合には、1つの入金データから営業担当と経理担当が分担して作業を進めています。

会社によっては、請求までが営業部門の責任で、以降、回収責任を経理部門や財務部門に移管している場合もあります。

いずれにしても、ロジ側と会計側で業務処理担当をはっきりさせておくことが重要です(図2)。

◎ 必要項目の値がブランクの場合

例えば、会計システム側で部門別の**P/L**(Profit and Loss Statement:**損益計算書**)を作成する場合、部門コードは部門マスター上に存在するものでなければ、正しい部門別P/Lを作成できません。

データの発生元のロジ側で、部門コードの入力漏れやマスターに存在しない部門コードが入力されたらエラー表示させて、正しい部門コードを入力させる仕組みが必要です。

ERPパッケージを利用している場合は、これらの部門コードは、会計側の勘定科目と紐づけて、入力データ上、必須入力項目なのか任意入力項目なのか、マスターに存在するかどうかチェックすることができます。

図1 ロジ側のアクションからリアルタイムに会計伝票が自動生成される

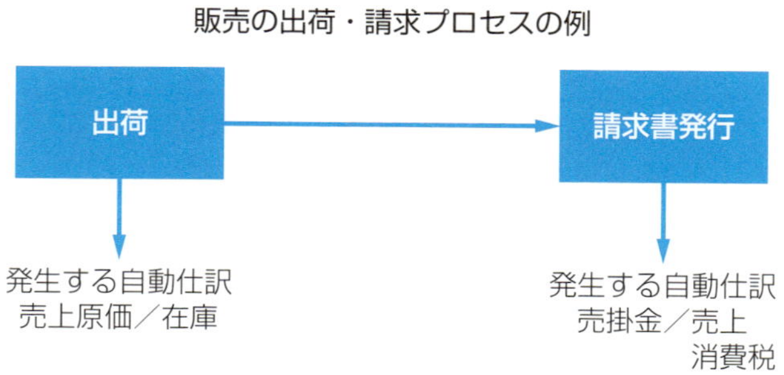

販売の出荷・請求プロセスの例

出荷 → 請求書発行

出荷 → 発生する自動仕訳
売上原価/在庫

請求書発行 → 発生する自動仕訳
売掛金/売上
消費税

図2　ロジ側担当と経理担当間で役割を明確にする

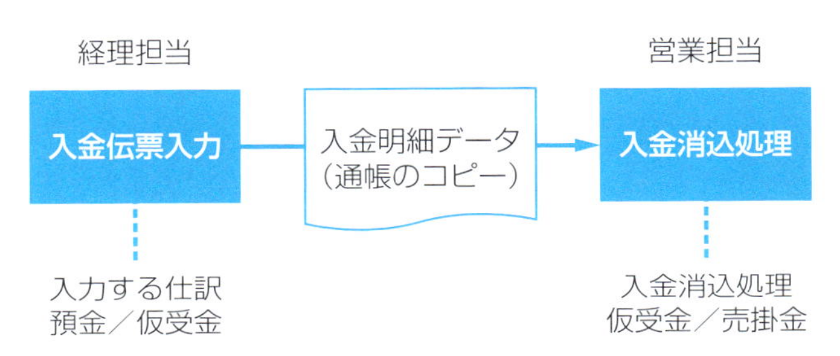

45 標準原価計算と実際原価計算の問題

ワンポイント

- リアルタイム経営では標準原価計算となる
- 標準原価の作り方と改訂時期
- トップは実際原価計算結果も知りたい

◎リアルタイム経営では標準原価計算となる

実際原価計算では、1ヵ月分の製造費用を原価計算単位に集計または配賦して求めます。したがって、前月の1個当たりの製品の実際原価は、翌月になってから集計してみないと分かりません(図1)。

現時点の経営情報を把握するためには、ふさわしい方法ではありません。リアルタイム経営を目指す場合は、標準原価による原価を取り入れて処理します。

ERPパッケージでは、この**標準原価計算**を前提としています。

標準原価の作り方と改訂時期

標準原価は、過去の経験則の中から最も現時点に近い原価となっていなければなりません。この原価で製品を作りたいという目標原価でもあります。

この目標とする標準原価を、原価積み上げ機能を使用して作ります。使用する原材料の数を**BOM**(Bill of Materials：**部品表**)などに登録しておきます。

各工程で消費する原材料費、労務費、経費などの時間当たりの単価や段取り費用などを設定し、ロット単位に積み上げ計算を行います。計算した標準原価を半期ごとや年次ごとに見直し改訂し、新しい標準原価と実際に消費した原材料費や労務費、経費との差異を求め、なぜ差異が生じたのか分析します。

分析結果を、製造方法や工程管理などの改善に反映させ、製造工程や工場全体の能率を高めていきます(図2)。

トップは実際原価計算結果も知りたい

例えば、「ERPパッケージを導入して標準原価で運用しているが、今までやってきた**実際原価計算**で計算したら、1個の製品原価はいくらになるか知りたい」という会社では、外付システムで実際原価の計算を行い、標準原価と実際原価の比較分析を行っているケースもあります。

図1　実際原価計算の場合は計算が終わらないと利益が分からない

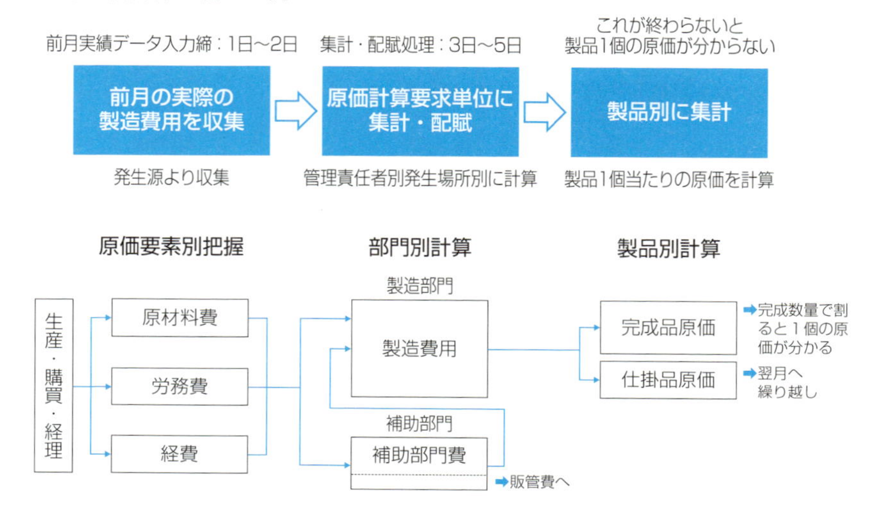

図2　標準原価を使用しないとリアルタイムに利益を把握できない

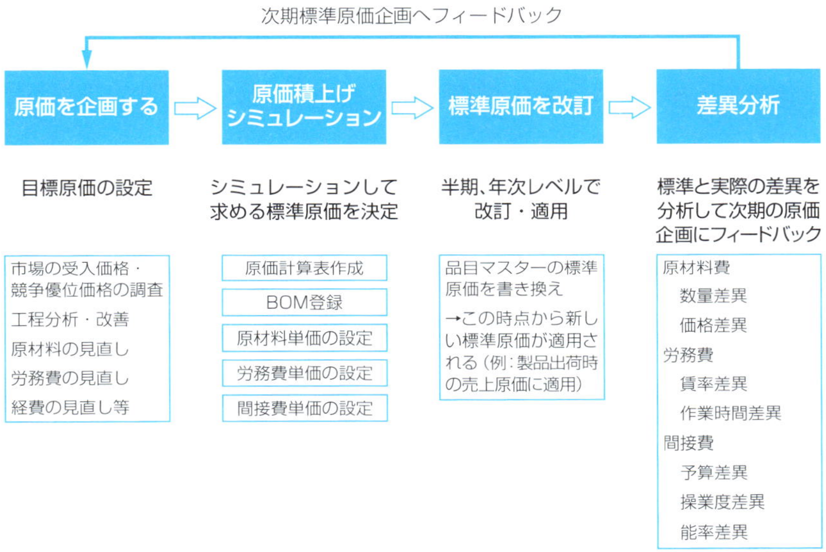

次期標準原価企画へフィードバック

原価を企画する ⇒ 原価積上げシミュレーション ⇒ 標準原価を改訂 ⇒ 差異分析

原価を企画する
目標原価の設定
- 市場の受入価格・競争優位価格の調査
- 工程分析・改善
- 原材料の見直し
- 労務費の見直し
- 経費の見直し等

原価積上げシミュレーション
シミュレーションして求める標準原価を決定
- 原価計算表作成
- BOM登録
- 原材料単価の設定
- 労務費単価の設定
- 間接費単価の設定

標準原価を改訂
半期、年次レベルで改訂・適用
- 品目マスターの標準原価を書き換え
- →この時点から新しい標準原価が適用される（例：製品出荷時の売上原価に適用）

差異分析
標準と実際の差異を分析して次期の原価企画にフィードバック
- 原材料費
  - 数量差異
  - 価格差異
- 労務費
  - 賃率差異
  - 作業時間差異
- 間接費
  - 予算差異
  - 操業度差異
  - 能率差異

46 固定資産機能は使えるのか？

ワンポイント

- 固定資産機能は使える
- 日本のルールを取り入れてきている
- 固定資産機能を使った場合のメリット・デメリット

◎ 固定資産機能は使える

日本は、**IFRS**(International Financial Reporting Standards：**国際会計基準**)に合わせるために、減価償却計算の仕組みを改正してきた歴史があります。

ここにきて、落ち着いた感がありますが、数年前までは、毎年のように改正が繰り返されていました。

そうした中、SAPは、かなり早くからローカルルールに対応してきました。また、Dynamics 365は対応が遅かったのですが、最近、ローカルルールが使えるようになってきました(表1)。

◉ 日本のルールを取り入れてきている

Dynamics 365で対応できている主な機能は、次の通りです。

- 定額法
- 200%定率法
- 250%定率法
- 旧定率法
- 95%超5年均等償却
- 会計、税法別の減価償却帳簿管理
- 減損
- リース(借手)
- 資産除去債務
- 償却資産税対応
- 別表16(定額法、定率法による償却額の計算明細書)

◉ 固定資産機能を使った場合のメリット・デメリット

日本では、減価償却計算ソフトが市販されていて、ERPパッケージを導入している会社でも、減価償却計算だけは市販のパッケージを使用しているケースがあります。

税法改正に対する対応がタイムリーだったり、かつ、きめ細かい機能が付いているなどメリットが多いようです。

市販のパッケージを使う場合は、毎月の減価償却費の計上データをERPシステム側の会計モジュールで取り込んで、自動仕訳して使います(図1)。

ERPパッケージ上の固定資産機能を使った場合のメリットとデメリットは、次のようになります。

①メリット

- 減価償却計算処理を含めて固定資産管理が一元管理できる。
- 購買発注時に固定資産と連動するので、債務計上時点で固定資産台帳に取得転記ができる。
- 固定資産を除却/売却した時などの処理が簡単になる。
- 申告関係のレポートが作成できる。

②デメリット

- 税法改正があった時、改修プログラムの提供が遅れる可能性がある。
- 建物などのように、長い期間、減価償却中の固定資産の簿価の移行が正しく行われるかどうか十分な検証が必要になる。

表1 固定資産関係のローカルルールの改訂履歴の例

西暦	日本における主なIFRS対応による変更
2005年	減損導入
2007年	250%定率法導入
2008年	リースオンバランス化
2010年	資産除去債務導入
2012年	200%定率法導入

図1 固定資産管理に市販のパッケージを使用している場合

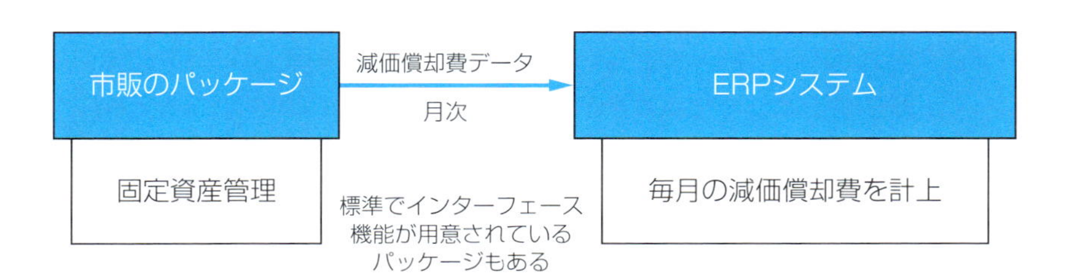

47 会計上の決算修正取引を別に管理したい

ワンポイント

- SAPでは13～16月欄が使える
- Dynamics 365はマニュアルで複数決算期間の追加が可能
- 決算用の仕訳帳などを用意して別管理する方法もある

⊙SAPでは13～16月欄が使える

SAPでは、月次決算用に1年を12ヵ月の月別に会計取引を管理できるほか、決算整理仕訳だけを別に管理できる月(SAPでは特別会計期間13～16月)が用意されています。

伝票入力時に伝票ヘッダー上の会計期間を13～16に上書きして入力し、決算修正取引を別に管理することが可能です(図1)。

⊙Dynamics 365はマニュアルで複数決算期間の追加が可能

Dynamics 365では、決算用の期間が次年度の会計期間を作成した時に自動的に追加されています(13会計期間)。さらに複数決算期間を追加する場合は、マニュアルで決算期間を四半期ごとなど分けて追加することもできます。

決算整理仕訳の入力は、精算表を使用して行います(図2)。

⊙決算用の仕訳帳などを用意して別管理する方法もある

SAPでは、13～16月を使用しない方法として、決算伝票入力用の伝票タイプを追加して決算整理仕訳だけを入力する方法もあります。

Dynamics 365では、決算整理仕訳用の仕訳帳を用意して伝票番号帯を決算用と分かるように設定することで、発生したトランザクションの中から決算伝票を特定することができます。

図1 SAPの場合は13～16の特別会計期間が使える

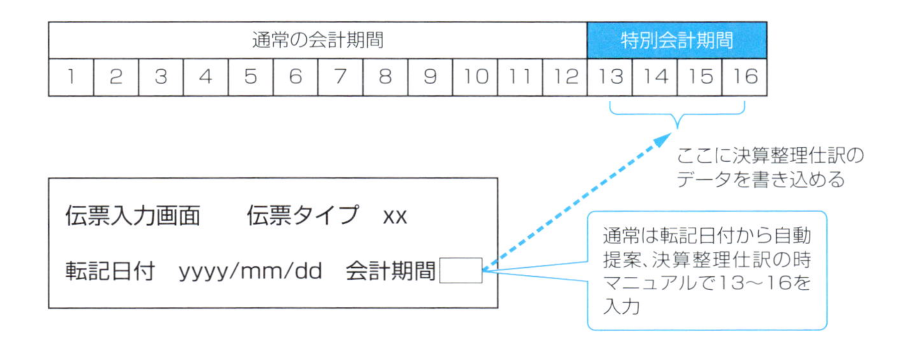

図2 Dynamics 365の場合は13ヵ月目に決算整理仕訳データを書き込める

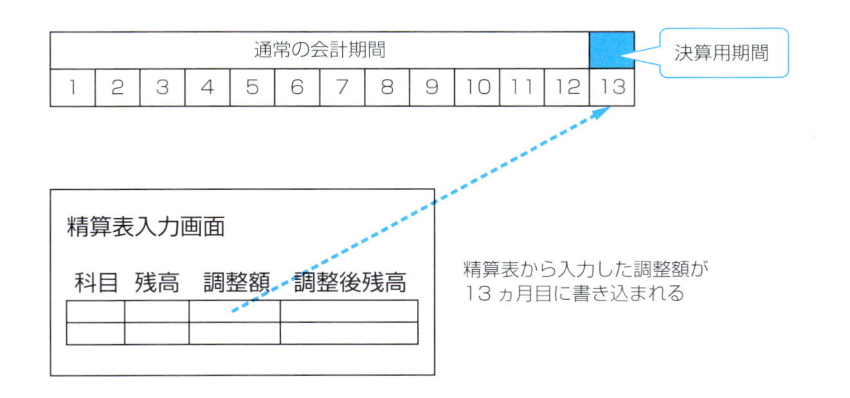

48 外貨取引入力の問題

ワンポイント

- 円貨にどのようにして換算するのか
- 円貨の貸借金額が一致しないと転記できない
- 予約レートの入力方法

◎ 円貨にどのようにして換算するのか

ERPパッケージは、標準で為替レートマスターを持っています。レートタイプ別に発生通貨➡円貨の組み合わせでレートを登録しておきます。いつからこのレートを適用するか日付も入力します。

伝票が転記されると、発生通貨と転記日を基に転記日に近いレートをマスターから求めて円貨に換算されます。通常、月初に当月使用する社内レートを通貨別に登録します。日々のレートを使用する場合は、通貨別に毎日レートを入力します(図1)。

◎ 円貨の貸借金額が一致しないと転記できない

借方、貸方の外貨金額をそれぞれ円貨に変換した時、借方と貸方の転記単位が異なる場合などで、円貨の借方金額と円貨の貸方金額が一致しないことがあります。

パラメータ設定で差額を処理する差額調整勘定などを登録しておき、円貨の貸借金額を一致させるようにします。

◎ 予約レートの入力方法

予約レートを入力する場合は、受注伝票や発注伝票上に固定レートとして入力することができます。例えば、Dynamics 365の発注伝票上に固定レートフラグがあり、これをチェックして、予約レートを入力します。

会計伝票を入力する場合は、何もしないと為替レートマスター上のレートが自動的に提案されます。予約レートの場合は、このレートを上書きして転記します（図2）。

図1　外貨取引金額を円貨に変換する仕組み

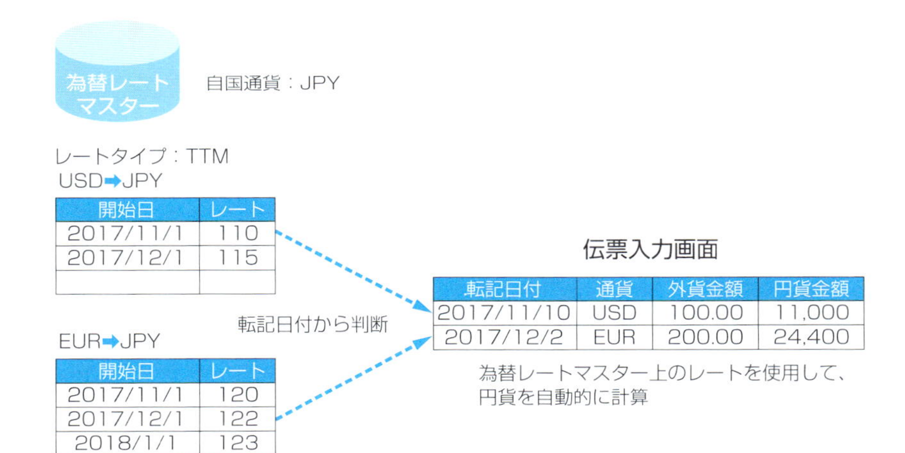

図2　Dynamics 365で予約レートを入力する例

49 外貨評価の問題

ワンポイント

- 評価対象の勘定科目
- 切り放しか洗い替えか
- 為替差損益の計算式

評価対象の勘定科目

一般的に、売掛金および買掛金の外貨取引分の未決済明細(まだお金をもらっていない、払っていない取引)と外貨預金が為替評価対象となります。

評価日現在の為替レートを、為替レートマスターに通貨別に登録します。登録した評価日の為替レートを使用し、毎月または四半期ごと、半期ごと、年次のいずれかで評価を行います。

日常の為替レートと別に評価用のレートを用意する場合は、評価タイプを別に設定して、評価用の為替レートマスター上のレートを使用して評価します(図1)。

切り放し方式か、洗い替え方式か

会計上の仕訳の起こし方ですが、次の２通りの方法があります。

・切り放し方式
・洗い替え方式

切り放し方式の場合は、未決済明細上の金額(円貨)を月末レートで計算した金額(円貨)に置き換える方法です。一方、洗い替え方式の場合は、常に発生時点と評価日時点の為替差額を計算して、評価用の為替差損益を計上し、同時に、翌月１日付でそれを戻す方法です(図2)。

外貨預金の場合は、常に切り放し方式となります。

為替差損益の計算式

切り放し方式の場合の計算式は、次の通りです。

(外貨取引金額×評価日レート)−(外貨取引金額×1つ前の評価レート)

洗い替え方式の場合の計算式は、次の通りです。

(外貨取引金額×評価日レート)−(外貨取引金額×発生時レート)

2つの方法の違いは、評価日時点の為替レートと1つ前の為替レートとの差を計算するのか、評価日時点の為替レートと常に発生時のレートとの差を計算するかどうかの違いになります。

図1　評価対象取引と評価用為替レートマスターの例

補助簿　　　　総勘定元帳残高

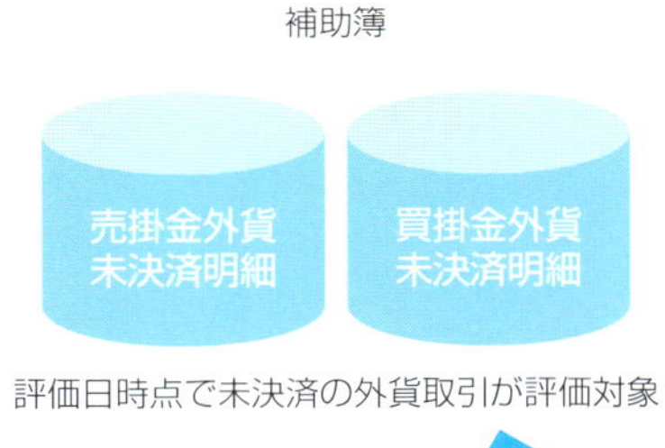

売掛金、買掛金は補助簿側で、外貨預金は総勘定元帳側で評価替えを行う

評価日時点で未決済の外貨取引が評価対象

評価日時点で外貨残高がある科目が対象

評価

自国通貨：JPY

レートタイプ：EVL(評価用レートタイプの例)

USD➡JPY

開始日	レート
2017/11/30	111
2017/12/31	116
2018/1/31	117

月末日レートを登録

EUR➡JPY

開始日	レート
2017/11/30	121
2017/12/31	124
2018/1/31	125

日常使用する為替レートと別に登録

図2　切り放し方式もしくは洗い替え方式で評価する

切り放し方式

月末日に評価結果を計上し、
レートを評価日レートに置き換える

評価日レート － 未決済明細上の現在レートで計算

洗い替え方式

月末日に評価結果を計上、
翌月1日にそれを戻す(レートは発生時のまま)

評価日レート － 未決済明細上の発生時レートで計算

50 出荷基準と納品基準の売上計上タイミングの問題

ワンポイント

- 日本は出荷基準が多い
- 厳密には納品基準、検収基準
- 決算日をまたがる場合

⊙ 日本は出荷基準が多い

日本の会社の多くは、**出荷基準**を採用していると言われています。数年前、日本もIFRSが適用されるのではないかという話題になった時、IFRSでは、**納品基準**または**検収基準**で売上の計上が必要になるため、出荷基準の見直しが議論になったことがありました。

著者のクライアントから「通常、商品を出荷してから3日後には得意先に届くので、3日経過後に自動的に売上を計上できないか」といった質問をいただいたことがあります。夜間バッチ処理などで、自動的に出荷後3日経過したものは売上を計上するといった方法は可能ですが、この方法で税務署がOKするかは疑問が残るところです(図1)。

ERPパッケージでは、請求時に売上を計上するようになっています。

◎ 厳密には納品基準、検収基準

工事などの請負契約では、通常、検収基準が適用されます。

物販の場合は、出荷して相手から受領印をもらった後で売上を計上する納品基準が理想ですが、得意先に納品の都度、納品書に受領印を押印して返却してもらえないのが実情だと思います(図2)。

ERPパッケージを使用している場合は、出荷処理と請求処理を同時に行うことで出荷基準に対応しています。

◎ 決算日をまたがる場合

仮に3月31日が決算日で、この日に商品を出荷して相手に翌日に届いたとしたらどうでしょう。納品基準だとしたら在庫は、倉庫から出荷済みですのでありません。得意先からはまだ、受領印をもらっていない状態で決算を迎えたことになります。会計上は、在庫に戻すか、積送中(運搬中)在庫として自社の在庫に含めて棚卸することになります。

ERPパッケージでは、こうしたことを想定して出荷時と請求時の会計処理が分かれています(図3)。

図1　IFRSになったら売上の計上日が変わる

IFRSになったら

出荷完了時点で売上を計上

得意先から受領書を
もらった時点で売上を計上

このタイミングで売掛金／売上を自動仕訳

このタイミングで売掛金／売上を自動仕訳

出荷基準のままで、3日後に売上を計上に変更？

図2　受領書を得意先からもらえないのが実情

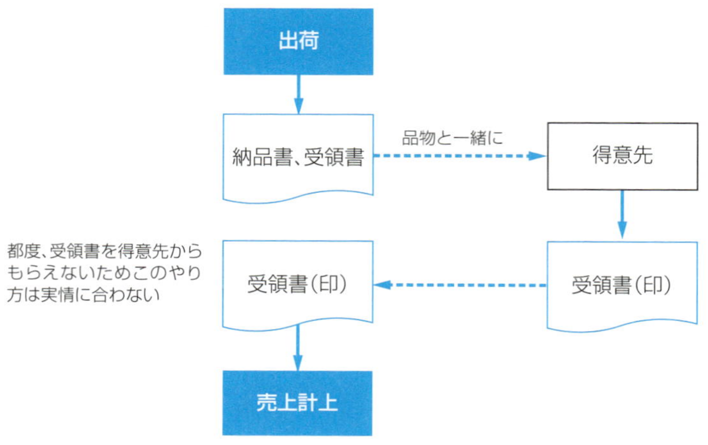

図3　50-3　ERPパッケージは、元々納品基準を想定している

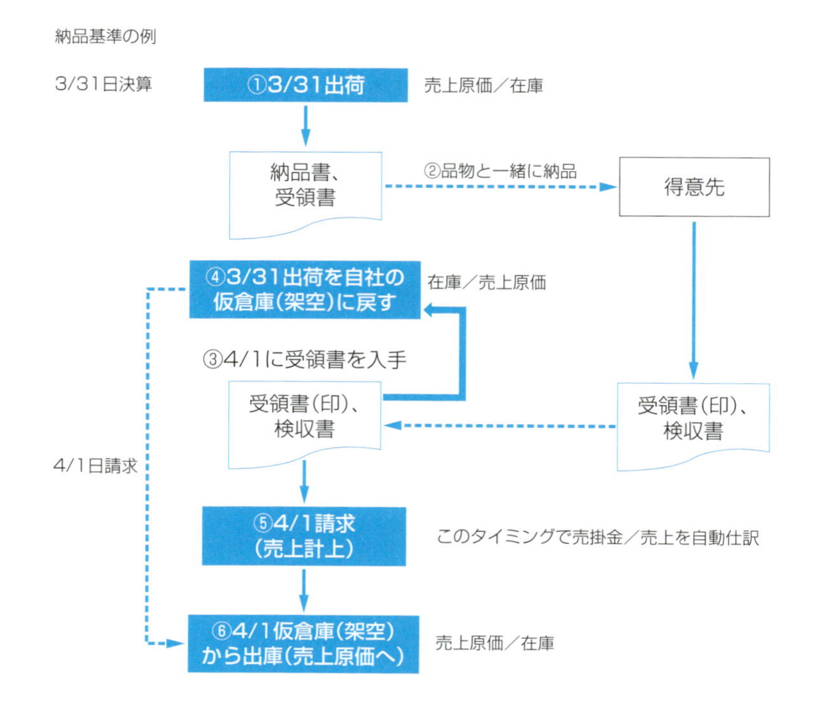

51 自分でレポートを作成したい

ワンポイント

- SAPではクエリ、レポートペインタがある
- Dynamics 365では、Financial Reports、財務諸表がある
- Excelにダウンロードして作成する

◎SAPでは、クエリ、レポートペインタがある

SAPでは、経理や財務のユーザーが自分でレポートを作成する方法として、クエリやレポートペインタを使ってレポートを作成することができます。入力ファイル上の項目や出力する項目、並び順、集計単位、計の出力項目などの定義をすることにより自分でレポートを作ることができます(表1)。

実際には裏で、ABAPのソースプログラムが生成されて、これをコンパイルして実行します。

また、上級者用として、SAP Crystal ReportsやSAP Business Objects Web Intelligenceが用意されています。

◎Dynamics 365では、Financial Reportsがある

Dynamics 365では、Financial Reportsで行と列、そしてレポートの定義をすることで簡単なB/S(Balance Sheet：貸借対照表)、P/L(Profit and Loss Statement：損益計算書)を作成できます(予算との比較が可能です)。前年対比や、月別の予実対比、実績のキャッシュフロー(間接法)、財務分析コードを使った部門別やセグメント別の分析レポートの作成も可能です。

元々、財務諸表というレポート機能がありましたが、これよりきめ細かなレポートが作れます。

Dynamics 365では、このほかにもいろんな情報を一目で分かるようにまとめられるPower BIが使えます。

⊙Excelにダウンロードして作成する

ここで説明したレポート作成ツールは、画面上にレポートを表示させることができるほか、Excelへのダウンロードができるので、必要な項目だけを画面上に表示させ、その後の加工は、Excelにダウンロードして使い慣れたExcel上で処理するのも1つの方法です。

ピボットテーブルなどを使用することで、Excelでもかなりのデータ分析が可能です。

表1 レポート作成ツールの比較

パッケージ	作成ツール	できること	持っている機能
SAP	クエリ、レポートペインタなど	・レポート生成（3パターン） ・基本（標準）一覧 ・統計一覧 ・ランキング一覧 ・データ検索 ・検索結果の画面表示	・計算式の組込みが可能 ・ソート ・小計、総計の計算表示 ・平均値,百分率の表示 ・ファイルへのExport（Excel形式も可） ・トランザクションへの画面遷移
Dynamics 365	Financial Reports	・予実対比 ・B/S、P/Lの作成 ・キャッシュフローの作成	・計算式の組込みが可能 ・小計、総計の計算表示 ・ファイルへのExport（Excel形式）

なお、Financial Reportsは、現在、Management Reporterとして提供されています。

52 配賦は本当に必要なのか？

ワンポイント

- 配賦ルールの透明化、公平な基準作りが必要
- 責任と権限の明確化が必要
- バッチ配賦処理とリアルタイム配賦処理

配賦ルールの透明化、公平な基準作り

著者のクライアントからよく「配賦処理は必要なのか？」と聞かれることがあります。配賦処理した結果の数字に疑問を感じているからだと考えます。配賦ルールが不透明、または配賦基準に不公平感がある場合も多いのではないでしょうか。

一般的に、企業内の成績評価の仕組みや、会計上の要請などから決めた配賦ルールを使用しますが、その仕組みがオープンになっていない場合があります。

配賦に関しては、関係者が納得できる配賦ルールと、透明性の高い配賦基準を使用することが重要です。ただし、やりすぎると仕組みが複雑になり、変更する場合に大変になりますので注意してください。

よく使われる配賦基準として、人数、面積、台数、枚数、メーター、作業時間になどがあります。

SAPでは、これを統計キー数値に、Dynamics 365では、配賦基準に登録して使用します（図1）。

責任と権限の明確化

社長は「会社全体の目標値」を、部門長は「部門の目標値」を、プロジェクトオーナーは「プロジェクトの目標値」を持っていると考えます。

仮に、それぞれの目標値を会社全体の税引前売上高利益率、部門営業利益率、プロジェクト粗利益率としましょう。毎月、それぞれの目標値を達成している

かどうか、経営会議などで予実分析を行っているはずです。

よく問題になるのは、目標値の中に含まれている「管理可能費」と「管理不能費」の問題です。

管理可能費は、それぞれの責任者の権限でコントロールできるもの、管理不能費は、管理できる上長の責任と権限で、そして最終的な責任者はトップの社長です。

例えば、本社費、原価差額、未稼働のプロジェクト人件費など部門長やプロジェクトオーナーが管理不能なものは、配賦上も除外してあげる必要があります。そうでなければ、責任だけを負うことになります(図2)。

◎ バッチ配賦処理と転記時配賦処理

配賦処理を実行する場合、「バッチ処理で行う方法」と「転記時配賦処理で行う方法」があります。

例えば、部門共通費の配賦はバッチ処理で、プロジェクトに人件費の計上を行う場合は、転記時配賦処理で行うケースがあります。

部門共通費の配賦処理をする場合は、事前に配賦元データをFIXしておきます。配賦前、配賦後のパラメータおよび配賦基準を設定して実行します。

なお、やり直し機能は必須です。配賦処理を未転記で行うか、転記した場合は、配賦結果をリバースしてから、再度、配賦処理を行います。多段階配賦もできますが、転記しながら順次配賦していきますので、やり直しする場合、1つ前の配賦結果をリバースする必要が出てきます。

プロジェクトに人件費の計上を行う場合は、よく使う方法として、「プロジェクト別の作業時間×賃率」でプロジェクトに人件費を計上します。社員のタイムカードや日報から作業時間を求めます。賃率は、社員、または、技術者のランク別に、「年間の総人件費÷年間の総労働時間」で計算したものを使用します。

SAPもDynamics 365も配賦機能は、標準で用意されていますが、必要最低限の使用にとどめ、関係者の納得が得られる基準を使って行うのが良いでしょう。

リアルタイム経営を目指す場合は、バッチ処理を排除し、トランザクションの発生時点で配賦する、転記時配賦処理を使用することをお勧めします。

図1 配賦ルールと配賦基準

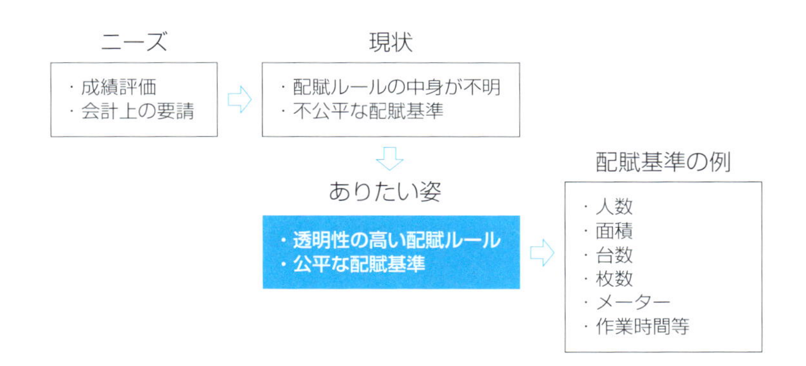

図2 責任と権限

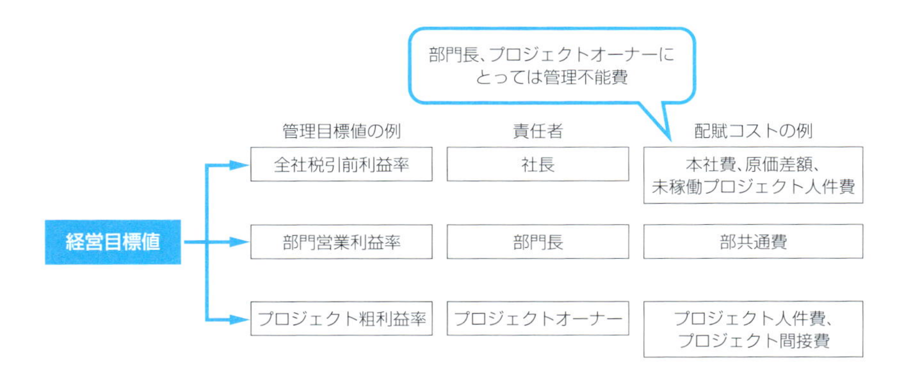

53 分析コードの設定の考え方は？

ワンポイント

- どのような切り口でデータを分析したいかはっきりさせる
- 会社内だけではなくグループ、関係会社間のレベルで考える
- どのような方法でどこからデータを収集するか明確にする

どのような切り口でデータを分析したいかはっきりさせる

例えば、製品・商品、顧客・仕入先、販売チャネル、地域などの切り口から、何を分析することで自社の経営戦略やマーケティング戦略につなげていこうと考えるのか、この点をまずはっきりさせることが重要です。

これがはっきりしないまま、過去作ってきた報告資料などの延長線上でデータを分析しても成果に結びつけるのは難しい時代になって来ています。製品・商品は、さらに製品グループやサイズ、色などに細分化され、顧客・仕入先は、外部・グループや国内・国外、最終需要家に細分化され、一般消費者が顧客の場合は年齢、男女、趣味などいろんな形に細分化できます。

販売チャネルは、直営・代理店、ネット・お店、委託・受託などに、地域は、市区町村や県、国などに、組織は、販売組織、購買組織、勘定科目、部門、原価センター、利益センター、プロジェクトなどに細分化されます。

どのような切り口で分析したいかをはっきりさなければなりません。これらの組み合わせで数量、単価、金額、重量、体積などの数字を収集していきます（図1）。

会社内だけではなくグループ、関係会社間のレベルで考える

データは自社の中だけに存在するのではなく、自社の外のグループ会社であったり、得意先や仕入先など関係する会社に存在するものもあります。

例えば、品目データや受注データ、発注データなど自社以外の会社に同じデー

タがあります。これらのデータ間のリレーションをどのようなキーで紐づけるのかを考え、データとしての関係性を見つけていかなければなりません(図2)。

どのような方法でどこからデータを収集するか明確にする

データの発生源をどこに求めるのか、そして、そのデータをどのような方法で集めるのか明確にしていく必要があります。この発生源がこれからのERPシステムに大きな影響を与えるものと考えます。ロボットやIoTを使った仕組みも発生源の対象となってくるでしょう。これらを踏まえて、分析コードを決めていくことになります。

Dynamics 365では、分析コードは無制限に追加して使用できるようになっています。しかし、分析コードが多すぎると運用側に負担がかかってきますので、なるべく分析コードの値を自動提案させるのが良いでしょう。

また、分析コードは、会計上の勘定科目と連動させて定義ができますので、特にいろんな利益を分析に使う場合は、この勘定科目と分析コードの関係づけを明確にしておかなければなりません。

Dynamics 365では、この関係を勘定構造コンフィグレーションの中に、SAPでは、管理領域などの中に勘定科目との紐づけを定義しておきます。

図1　どのような切り口で分析したいかの例

製品・商品	×	顧客・仕入先	×	販売チャネル	×	地域	×	組織等
品目グループ		外部・グループ		直・代理店		市区町村		販売組織
サイズ		国内・国外		ネット・お店		県		購買組織
色など		最終需要家		委託・受託		国		勘定科目
		男・女						部門
		年齢						原価センタ
								利益センタ
								プロジェクト

この組み合わせで、数量、単価、金額、重量、体積などの数字を把握

図2　自社内と外にあるデータを関係づける

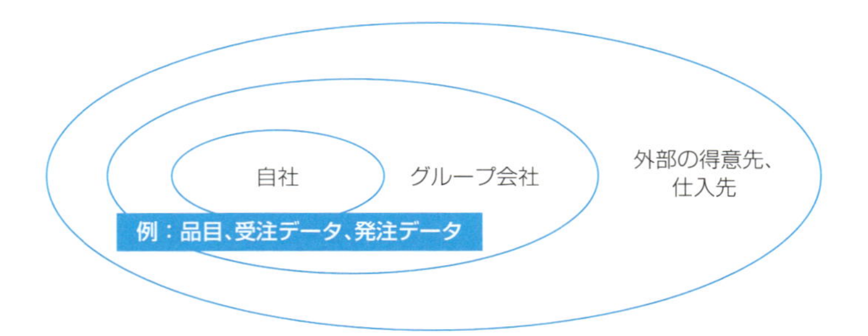

54 前受、売掛、未収、前払、買掛、未払の関係は？

ワンポイント

- 前受、売掛は、売る前にお金をもらうかどうか
- 未収は営業目的でない債権
- 前払、買掛は、品物を受け取る前にお金を払うかどうか
- 未払は経費を買った時の債務

⊙ 前受、売掛は、売る前にお金をもらうかどうか

受注伝票から請求処理で売上計上する際は、売掛金と売上の仕訳が自動仕訳されますが、顧客との契約条件の中には、工事開始前に着手金を、残りを工事完成後にもらうケースがあります。この着手時にもらうお金は、工事がまだ完成していないため、前受として計上する必要があります。

前受の処理には、何通りかの対応方法がありますが、ここでは着手金の入金時に前受金を計上し、請求時に全額を請求し、同時に入金済の前受金と売掛金を相殺する方法を示します。

総額100万円の受注、そのうち30万円を着手金としてもらう例

着手金入金時：預金30万円　　/前受金30万円
全額請求時：　売掛金100万円/売上100万円
　　　　　　　前受金30万円　/売掛金30万円

Dynamics 365では、前受金にするか売掛金にするかは、顧客転記プロファイルを変更してコントロールします。

SAPでは、代入や代替統制勘定、特殊GLなどを使用してコントロールします。

⊙ 未収は営業目的でない債権

固定資産の売却代金や、手数料収入、雑収入など本来の営業目的でない取引について売掛金と区別して管理する場合に使用します。

この未収入金勘定もDynamics 365では、未収入金にするか売掛金にするかを、顧客転記プロファイルを変更してコントロールします。SAPでは、代入や代替統制勘定、特殊GLなどを使用してコントロールします。

⊙ 前払、買掛は、品物を受け取る前にお金を払うかどうか

発注伝票から請求照合処理で仕入計上する際は、仕入(在庫)や買掛金の仕訳が自動仕訳されますが、仕入先との契約条件の中には、品物を受け取る前に一部前払いを行い、残りを商品が届いたのち、支払うケースがあります。

この品物を受け取る前に支払うお金は、前払として計上する必要があります。

ここでは、代金の一部を前払金で計上し、商品到着後、支払済の前払金と買掛金を相殺する方法を示します。

総額200万円の発注、うち60万円を前払いする例

前払い時：　　　　　　前払金60万円　　　/預金60万円
残りの請求書の照合時：仕入(在庫) 200万円/買掛金200万円
　　　　　　　　　　　買掛金60万円　　　/前払金60万円

Dynamics 365では、前払金にするか買掛金にするかは、仕入先転記プロファイルを変更してコントロールします。

SAPでは、代入や代替統制勘定、特殊GLなどを使用してコントロールします。

◎ 未払は経費を買った時の債務

経費などの本来の営業目的でない債務取引について買掛金と区別して管理する場合に使用します。Dynamics 365では、未払金にするか買掛金にするかは、仕入先転記プロファイルを変更してコントロールします。

SAPでは、代替統制勘定や特殊GLなどを使用してコントロールします。

55 納期回答の問題

ワンポイント

- 在庫および入出庫情報が正確であることが前提
- 倉庫の出荷可能時間などが考慮されているか

在庫および入出庫情報が正確であることが前提

正確な納期回答を行うためには、お客様から受注した品物が出荷予定日に存在することが前提になります。

コンピュータ上、在庫が存在するように見えても実際の出荷予定倉庫に見に行ったら在庫がなかったということがあります。これは、在庫引き当て漏れや数量の取違いなどが原因で、実在庫とコンピュータ上の在庫が違っていたと考えられます。

日々の在庫管理において、正しい在庫の受け払いができていて、実在庫とコンピュータ上の在庫が一致していることが大前提になります。

また、今時点の在庫がなくても、例えば生産して、出荷日までに受注した品物を作れるという情報があれば、これを加味して出荷予定倉庫の出荷可能在庫とみなすことができます。

ERPパッケージでは、現時点の在庫数量のほかに、受注、発注による将来の出庫、入庫のデータが加味された引当可能在庫数量として見えるようになっています(図1)。

倉庫の出荷可能時間などが考慮されているか

今日の出荷が何時まで可能なのか、倉庫の払い出し可能時間が設定できるようになっている必要があります。また今日は出荷が可能な日かどうか、荷渡方法(トラック、船、列車、飛行機など)は何か、倉庫から出荷先住所間の配送リードタイムなども考慮されていなければ正確な納期回答ができません。

通常、ERPパッケージでは、倉庫ごとの出荷の締切時間カレンダーや出荷不可日、配送方法の設定・変更ができるようになっていています（図2）。

図1　倉庫の現物在庫とコンピュータ上の実在庫が一致していることが大前提

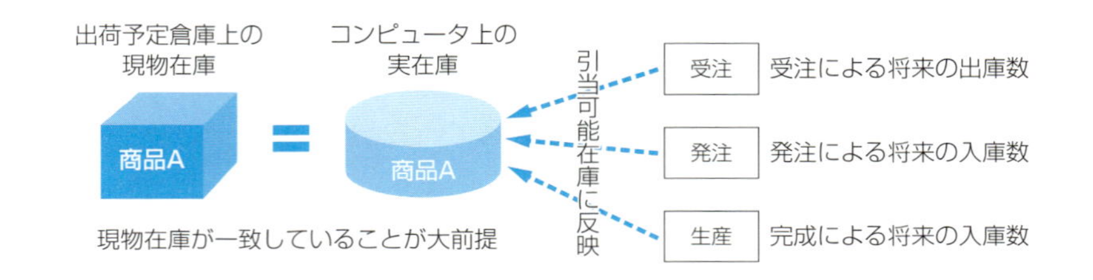

図2　納期は、倉庫の出荷可能日、出荷締切時間などから求められる

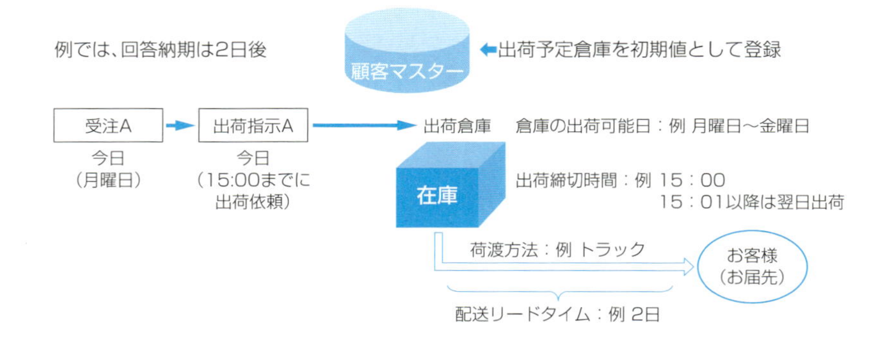

56 販売価格の問題

ワンポイント

- 取引通貨に対応した販売価格が必要
- 特定の顧客に特別な価格で販売する場合がある

◎ 取引通貨に対応した販売価格が必要

通常、品目マスター上に自国通貨による販売価格を登録しておきます。取引上の通貨が外貨の場合は、品目マスターに登録済の自国通貨による販売価格を対象の外貨通貨の販売価格に変換する必要があります。

ERPパッケージでは、為替レートマスターを使用して、自動的に自国通貨による販売価格を外貨の販売価格に変換してくれますので、発生する取引通貨別に販売価格を登録しておく必要はありません(図1)。

◎ 特定の顧客に特別な価格で販売する場合がある

販売価格は、どのお客様に対しても一律で、同じ販売価格で売る場合は問題ありませんが、通常は、顧客グループや特定の顧客、サイズ別などに販売価格を別に持っている場合があります。

ERPパッケージでは、このようなケースに対応できるように販売価格を条件によって変える機能を持っています。Dynamics 365では売買契約マスター上に特別な販売価格を登録しておくことで対応できます(図2)。

図1　販売価格JPYを為替レートマスターを使って自動的にUSD単価に変換した例

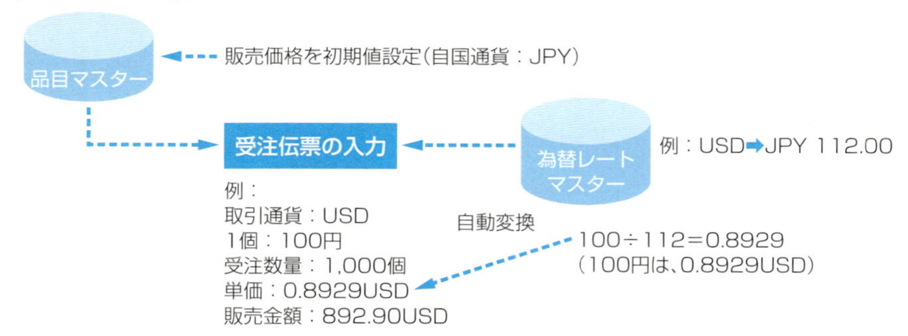

図2　特別な販売価格を特定の顧客グループや顧客別などに設定ができる

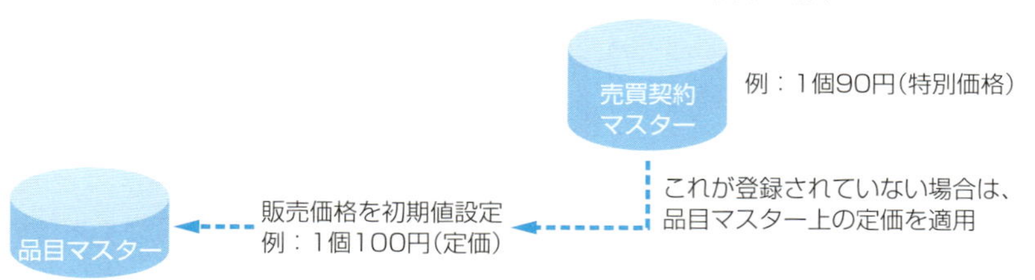

57 月次請求の問題

ワンポイント

- 月次請求書は締めという日本の商慣習
- 前回請求残、入金額、今回請求額の表示が必要
- 本店と支店それぞれに請求書を送る場合がある

月次請求書は締めという日本の商慣習

海外では、都度請求が基本ですが、日本の会社の場合は、締請求(月次請求)が基本ルールとなっており、取引を開始する際に締日と支払条件を定めて取引を行っています。例えば、20日締め翌月末払とか、月末締めの翌々月10日払いなどのように条件を決めて取引を行います。

SAPやDynamics 365にも締請求の機能は用意されていますが、日本のローカルルールとして追加されたもので、得意先にあらかじめ、締請求する会社か都度請求する会社かを登録しておく必要があります。

締め後に、Backdate(締日前の請求日の取引を締日後に入力)で入力した取引の扱いや、都度請求先が締請求に変わった場合、締日が変更になった場合などにトラブルが生じやすいので注意が必要です(図1)。

前回請求残、入金額、今回請求額の表示が必要

日本では、月次締請求書のヘッダー部分に、前回請求残、入金額、今回請求額を表示する請求書が多いですので、請求書を発行する前に必ず入金処理(入金消込処理)を行う必要があります。

また、締日と関係してきますので金融機関が休みの場合の支払日の扱い(前営業日か後営業日に支払うか)についても明確にしておかなければなりません。SAP、Dynamics 365どちらも金融機関が休みの場合の扱いをどうするか設定ができるようになっています(表1)。

⊙ 本店と支店それぞれに請求書を送る場合がある

チェーン展開している店舗などでは、代金を本社が一括で支払ってくる場合があります。SAPでは請求書を個々の店舗用に、請求書のヘッダー部分を本社送付用に作ることができます（図2）。

表1 請求書のヘッダーの例

前回請求残高	今回入金額	今回請求金額	今回請求残高
1,000	800※	2,000	2,200

※入金消込を行ってから、今回の請求書を発行。金融機関が休みの場合の扱いを確認（前か後か）する

図1 都度請求と月次締請求がある

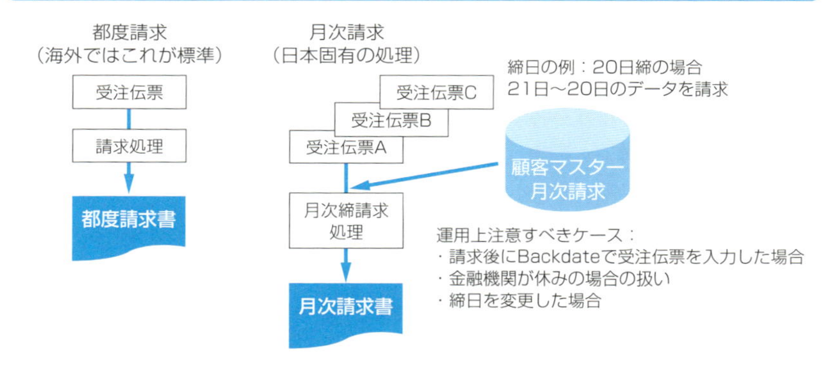

図2 本社用と支店用の2種類の請求書を発行できる

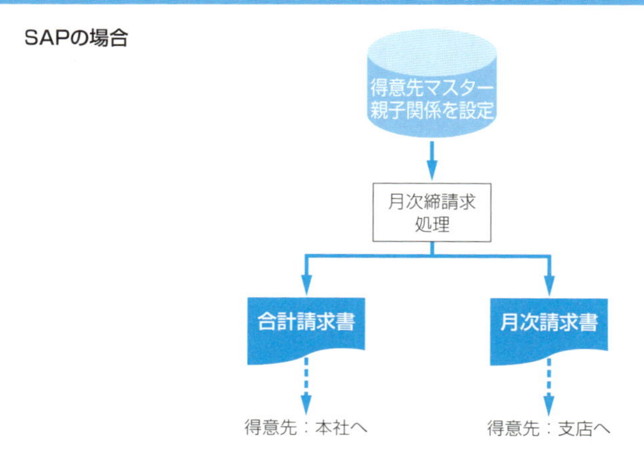

58 受注請求後の取り消しの問題

ワンポイント

- ロジ側で修正するか会計側で修正するか
- 受注伝票の訂正票を切るか、返品処理するか
- 外貨取引の場合

ロジ側で修正するか、会計側で修正するか

請求処理後に、何らかの問題があって取り消したい場合があります。在庫が絡まなければ、会計側で会計伝票を起票して対応することが可能ですが、あまりお勧めできません。理由は、本来の取引の実態が見えなくなるからです。

原則は、**発生元から訂正する**です。

受注伝票の訂正票を切るか、返品処理するか

ロジスティクス側で訂正する場合は、**貸方訂正票**で取り消しするか、返品処理で対応します。出荷した全数量を取り消す場合は貸方訂正票で、一部返品する場合は返品伝票で対応するのが良いでしょう。業務フローをシンプルにする場合は、一部返品であってもすべて、貸方訂正票で行うことも考えられます。

入金消込済みの場合は、消込を取り消し(未決済にする)してから行います。

外貨取引の場合

外貨取引で問題になるのは、使用される為替レートです。発生時と訂正時(返品時)に為替レートが異なると、為替差損益が発生するので、発生時レートで戻すべきでしょう。訂正時に、発生レートを固定レートとして入力するか、発生日と同じ日付でオペレーションすることで、同じレートになるようにします。

また、Dynamics 365の場合、貸方票を使用する場合には、発生時の未決済明細を自動的に見つけて、同じレートで決済させるようにパラメータで定義することもできます。

59 会社間受発注処理の問題

ワンポイント

- 1つのERPシステム環境で実現する場合の問題点
- 会社間のERPシステム同士をつなげる場合の問題点

◎1つのERPシステム環境で実現する場合の問題点

SAPやDynamics 365では、会社間で受発注処理を行うことができます。グループ会社間で、例えば、A社がB社に発注を行う場合にA社の発注伝票に基づいてB社の受注伝票を自動生成できます。

また、1つのERPシステム環境であれば、リアルタイムに相手のトランザクションを生成できます。この受発注処理を実現させるためには、A社、B社間で品目や顧客、仕入先マスターなどを共有する必要があります。コードの統一やマスターメンテナンスの運用の仕組みなどをグループ会社間で共通して管理することになりますので、これらの管理組織や運用体制の確保が重要になります。

情報セキュリティ管理の面からも会社間で共有するもの、個社で管理するものを明確にし、セキュリティが保持されていなければなりません(図1)。

◎会社間のERPシステム同士をつなげる場合の問題点

ERPシステムが各社で別々に存在している環境で会社間の受発注処理を実現させるためには、会社間で接続するためのネットワークや、データを交換するための**EDI**(Electronic Data Interchange:**電子データ交換**)の仕組みを構築することになります。

トランザクションデータを交換するためのフォーマットの統一など、少し複雑な仕組みが要求されてきます。この場合においても、コードの統一やマスターの共有の仕組みが必要になります(図2)。

図1　1つのERPシステム環境で実現の例

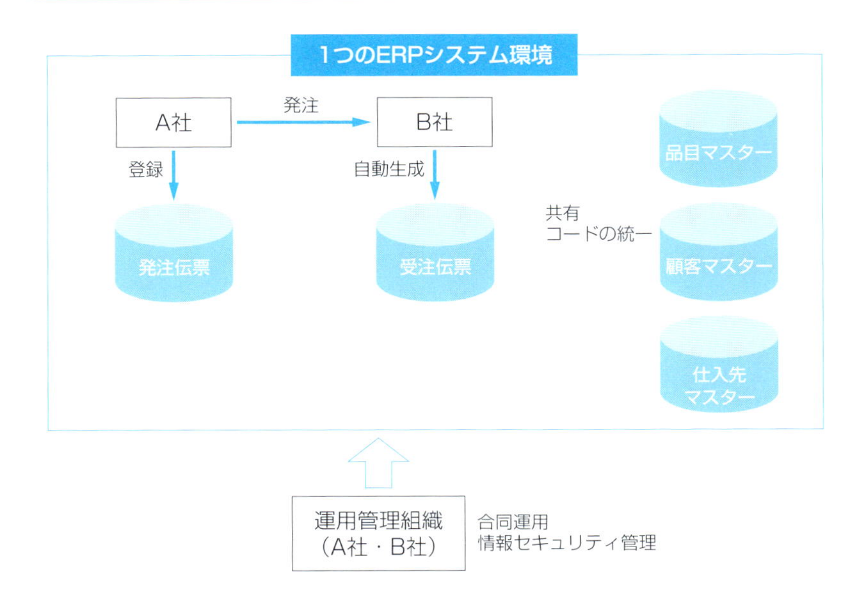

図2　A社、B社それぞれのERPシステム同士をつなげた例

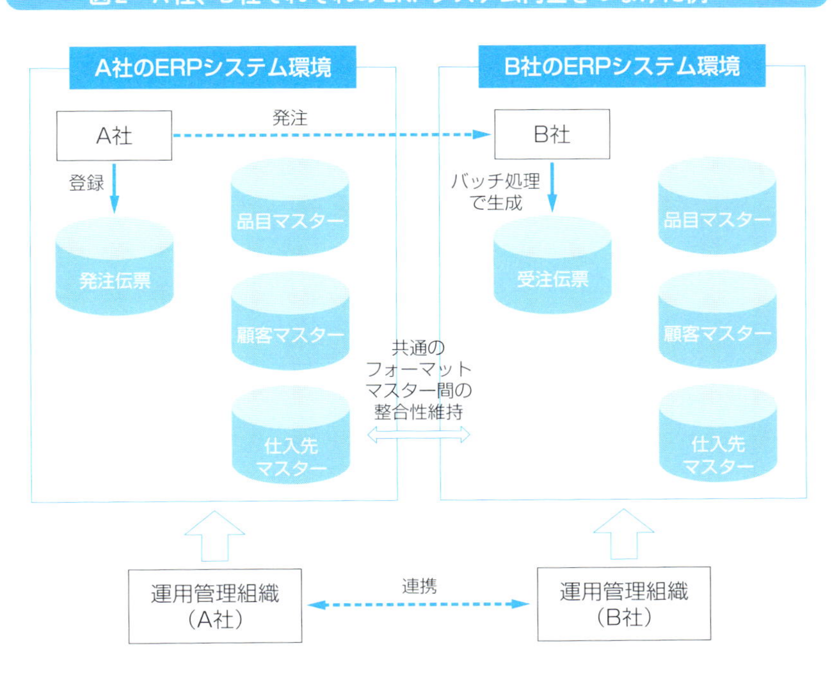

60 対応できる生産形態は？

ワンポイント

- 生産形態の種類は
- 見込生産のメリット
- 受注生産のメリット

生産形態の種類

生産形態別に見ると、**見込み生産**と**受注生産**という2つの生産方式があります。

受注生産の場合は、さらに**繰り返し受注生産**、**受注組立生産**、**個別受注生産**があります。SAPおよびDynamics 365は、これらの生産形態に対応していて、自動車のような組立系、化学プラントのようなプロセス系に分かれます。

プロセス系の場合は、出来上がる製品に副産物を伴う場合があります（図1）。

見込生産のメリット

見込生産は、**MTS**（Make To Stock）とも言い、少品種・大量生産を行う製品の製造の場合に使います。需要予測や販売予測などを基に、日用品等の製品や汎用品をあらかじめ作りだめしておき、定期的に売れる製品の欠品などによる機会損失を防ぎます。

量産することでコストを下げることが可能ですが、過剰在庫になるリスクがあります。部品構成管理に**BOM**（Bill of Materials：**部品表**）や**フォーミュラ**を使用し、原価の構成管理に**原価計算表**などを使用します。一般的な業務プロセスは、図2のようになります。

受注生産のメリット

受注生産は、多品種・少量生産を行う製品の製造の場合に使います。受注の都度、生産しますので製品の在庫は基本的にありません。

あらかじめ製品の型などを作っておき、受注の都度、繰り返して生産する**MTO**(Make To Oder：**繰り返し受注生産方式**)や、中間品までを見込生産で作っておき、受注の都度、組立生産を行う**ATO**(Assemble To Oder：**受注組立生産方式**)、ビルや橋、道路などの受注の都度、設計を伴う**ETO**(Engineer To Oder：**個別受注生産方式**)があります。

なお、個別受注生産の場合は、生産管理モジュールではなくプロジェクト管理モジュールを使用する場合もあります。

図1　2つの生産形態

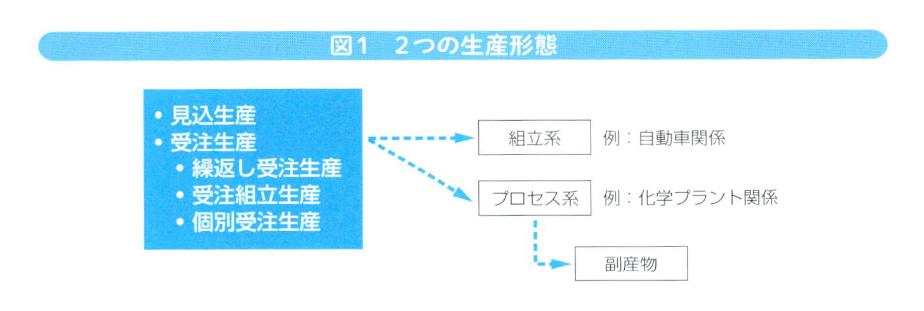

図2　見込生産と他のモジュールとのプロセスのつながり例

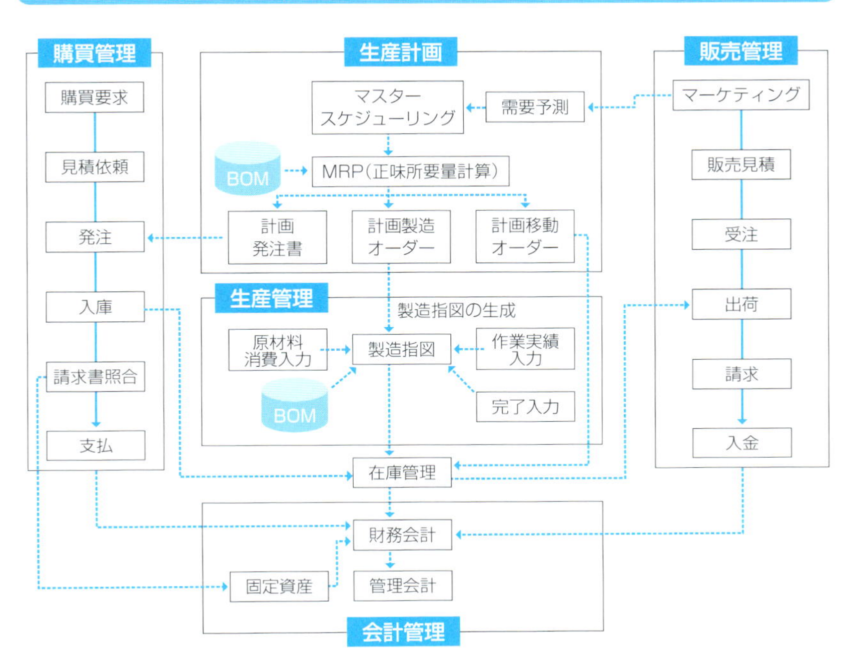

61 MRPの問題

ワンポイント

- MRPが必要な原材料の調達にとどまっていないか
- MRPの計算に受注先や発注先の変動情報が反映されているか

◎ MRPが必要な原材料の調達にとどまっていないか

導入されている**MRP**(Material Requirements Planning：**資材所要量計画**)が、単なる原材料の調達のためだけに使用されていないでしょうか。

MRPは、生産計画に基づいて、製造時に必要となる部品などがジャストインタイムで確保され、欠品なく計画通りに製造に着手するための手法で、事前に製造時点の在庫数を計算して不足分を発注したり、在庫不足の倉庫があれば、在庫のある倉庫から在庫を転送し、その上で製造指図を発行して製造へつなげます。

もし、日々の在庫管理が適切に行われていないケースや、製造指図通りに製造が行われていないケース、リソースの配分が適切でないケースなどによって、MRPを回した結果が製造につながらず、単に原材料の調達のためだけにとどまっているとしたら、MRPの導入効果が半減してしまいます(図1)。

◎ MRPの計算に受注先や発注先の変動情報が反映されているか

実務においては、受注先からの納期の変更依頼や発注先の工場の負荷の関係などで、部品の納入予定日が変わることがあります。これらの変更情報を、MRPの計算に反映させなければ、所要量が正しく計算されていないことになります。

また、仕入先からの部品調達時の**リードタイム**や**安全在庫**など品目マスターの整備をしておく必要があります。

図1　MRPの機能を使いこなしているか

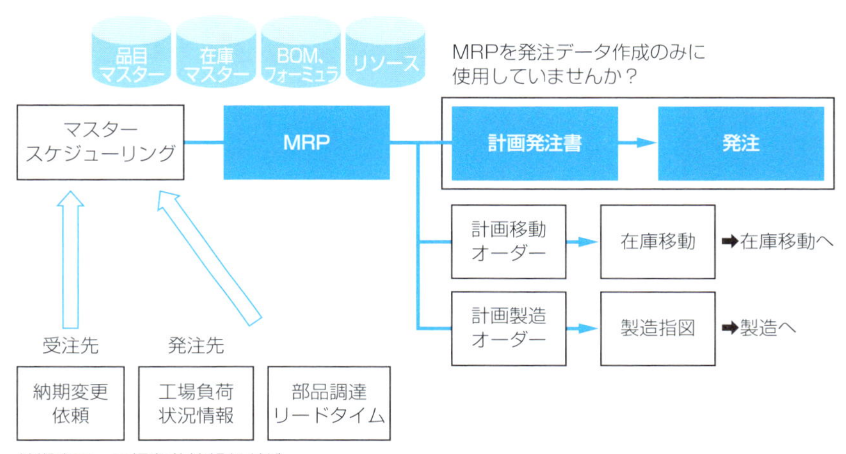

Column 歴史に学ぶ②

昔、プログラミングをする場合は、紙のコーディングシートに鉛筆で書いて、それをキーパンチャーが紙テープやカードに出力していました。その後、コンパイルし、エラーが出たら紙テープやカード上から間違っている個所を見つけて、正しいコードにノリとハサミで切り張りして修正します。エラーがなくなったら、それをオブジェクトとして出力して、目的の業務処理に使用します。1本のプログラムが完成するまでに、気の遠くなるような作業が必要でした。

今は、どうでしょう。プログラマーがパソコンから直接プログラミングができ、エラー箇所は分かるように表示してくれます。昔に比べたら、何百倍も生産性が向上していると言えます。

62 製造指図実績入力の問題

ワンポイント

- 実績をマニュアルで入力するか計測して自動で計上するか
- 仕掛と製品、製造原価の計上方法

実績をマニュアルで入力するか計測して自動で計上するか

製造現場で、作業結果を入力させることは、作業者の負担になります。

ERPパッケージでは、通常、実績の入力作業を軽減するために、**バックフラッシュ**という機能が用意されていて、作業実績が計画通りの場合は、計画の消費予定原材料数や作業時間を実績として自動的に計上し、計画との違いの差異数だけを追加入力することができます。

このほか、実績を自動計測する方法もあります。工程を通過した時の開始時刻と終了時刻を自動的に計測し、「作業終了時刻−作業開始時刻」で工程ごとの作業実績(時間)を計算し、実績として計上することができます(図1)。

仕掛と製品、製造原価の計上方法

月またがりで生産が行われ、月末時点で対象の製造指図分が完了していない場合は、それまでにかかったコストを製造費用から仕掛品に計上します。完成した時点で、前月までの仕掛品残高を一旦、製造費用に戻し、総製造費用を製品勘定に振替えます。

このほか、Dynamics 365では、発生した製造費用は、最初から仕掛品で処理しておき、完成した時に製品に振替えることもできます(図2)。

図1　実績の入力方法は

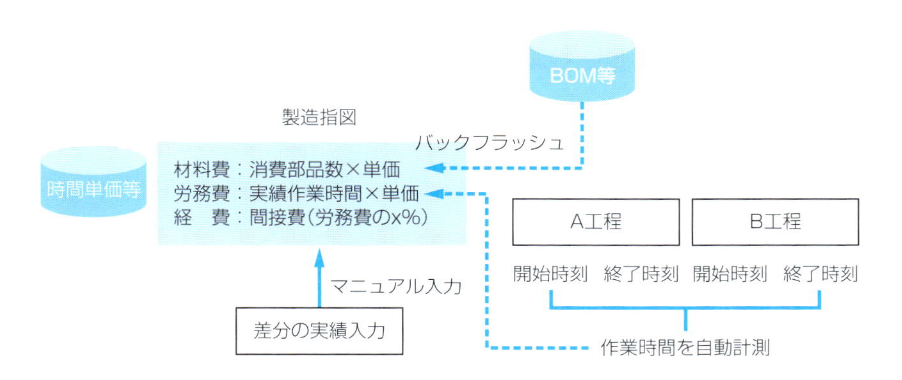

図2　製造指図上の実績をP/L勘定で処理するか、B/Sの仕掛勘定で処理するか

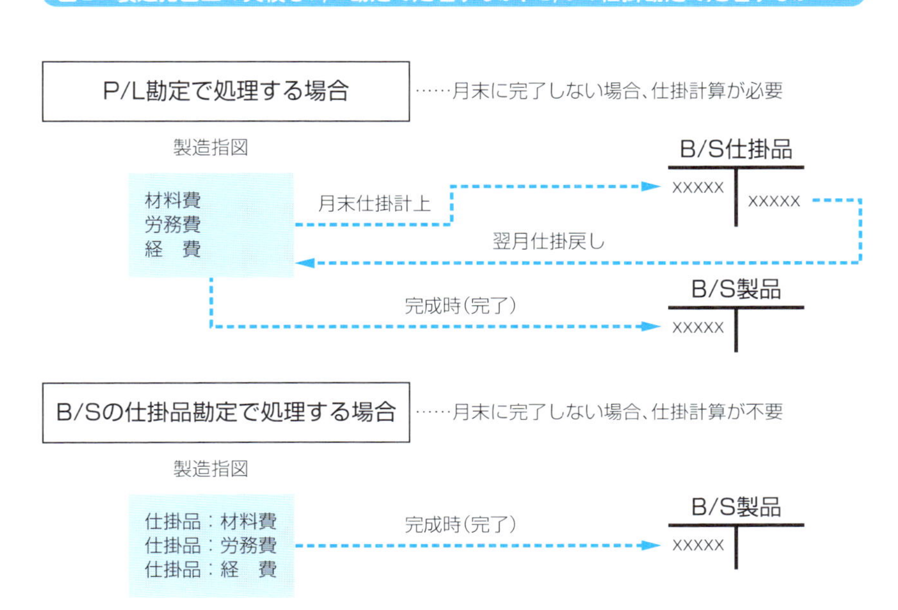

63 購買依頼の問題

ワンポイント

- 購買依頼から発注までの流れ
- 購買依頼する品目によって承認者を変更できるか
- 購買依頼から発注伝票が自動生成できるか

購買依頼から発注までの流れ

一般的な購買依頼から発注までの流れは、次のようになります(図1)。

1 現場からの購買要求
2 購買部門がとりまとめ複数仕入先に見積を依頼
3 仕入先からの見積結果の検討
4 仕入先を決定
5 購買依頼を承認
6 発注

購買依頼する品目によって承認者を変更できるか

通常、ERPパッケージでは、購買依頼から承認までのプロセスをワークフロー機能を使用して実現します。

Dynamics 365では、このワークフローの中に、品目や発注金額などの条件を記述することで、承認者を特定することができます。承認者を1人だけにする場合や、複数承認者のすべてが承認した場合に承認されたことにすることも可能です(図2)。

⊙ 購買依頼から発注伝票が自動生成できるか

発注伝票の自動生成も可能です。Dynamics 365では、仕入先を決定した時点で、発注伝票を自動的に生成することができます(SAPも同様の機能があります)。また、パラメータの設定次第ですが、承認済みの購買要求をリリースすることで発注伝票を作ることもできます。

図1 購買要求〜発注までの流れ(Dynamics 365の例)

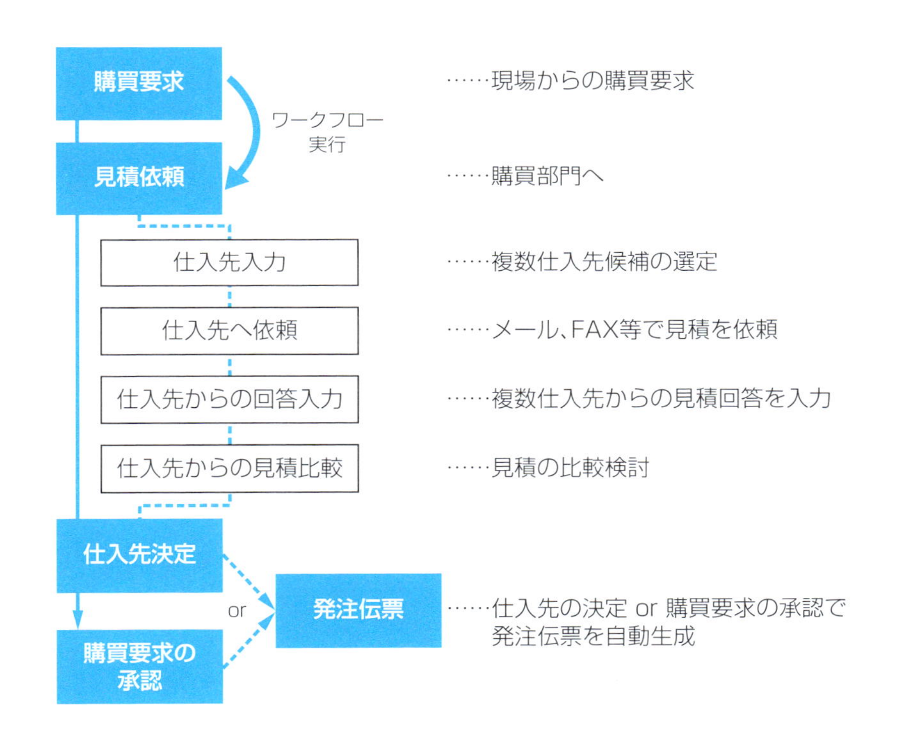

図2　ワークフロー機能を使用して承認者を別々に設定できる（Dynamics 365の例）

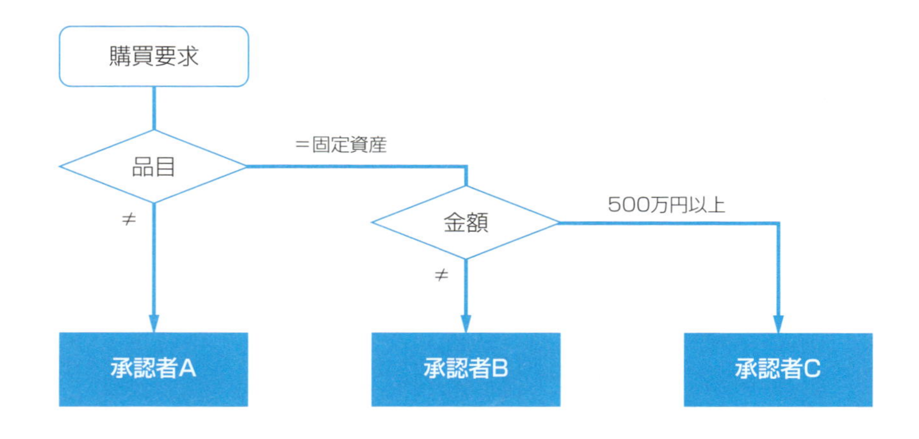

64 在庫管理単位の問題

ワンポイント

- どういう単位で在庫を管理するか
- 原価単価はどの単位で設定するか
- マイナス在庫を許可するか

◎ どういう単位で在庫を管理するか

通常、在庫管理単位は、会社や**サイト**（工場、物流センターなど）、品目、倉庫などの単位で管理するのが一般的です。ERPパッケージでは、これに加えて、保管場所やコンフィグレーション、サイズ、色、スタイル、バッチ番号、シリアル番号別などに管理できます。

一度決めた管理単位は、在庫数量に影響するため変更できないので、品目ごとにどのような単位で管理したいか十分な検討の上で決める必要があります。

なお、Dynamics 365で在庫を照会する時は、上記のいろんな組み合わせ別の在庫数量や在庫金額を照会することができます（図1）。

⊙ 原価単価はどの単位で設定するか

税務署に届出している期末の在庫評価金額に関係してきますが、品目の在庫金額の基になる原価単価をどの単位で計算するのかはっきりさせなければなりません。

よくある例として、サイト・品目単位か、サイト・品目・倉庫単位かということがあります。1つの工場内にある品目の原価単価を倉庫別に持つのか、どの倉庫でも同じ原価単価とするのかというケースです。

倉庫別に原価単価を持っている場合は、在庫移動時に、倉庫間で原価単価が異なると在庫転送価格差異が生じ、会計伝票が自動仕訳されますが、サイト・品目単位で原価単価を管理している場合は、在庫移動を行っても価格差異が生じませんので、会計伝票は発生しません（図2）。

⊙ マイナス在庫を許可するか

マイナス在庫は、通常、認めないことが多いのですが、ERPパッケージでは、マイナス在庫を許可することができます。

例えば、発注した在庫品が入庫になり、まだ仕入先から請求をもらっていない状態で、出荷したい場合があります。この場合、現物在庫はありますが、会計上の在庫はまだゼロです。これを出荷（販売）する場合は、会計上の在庫のマイナスを許可することで可能になります（図3）。

図1　在庫管理単位を明確にする（Dynamics 365の例）

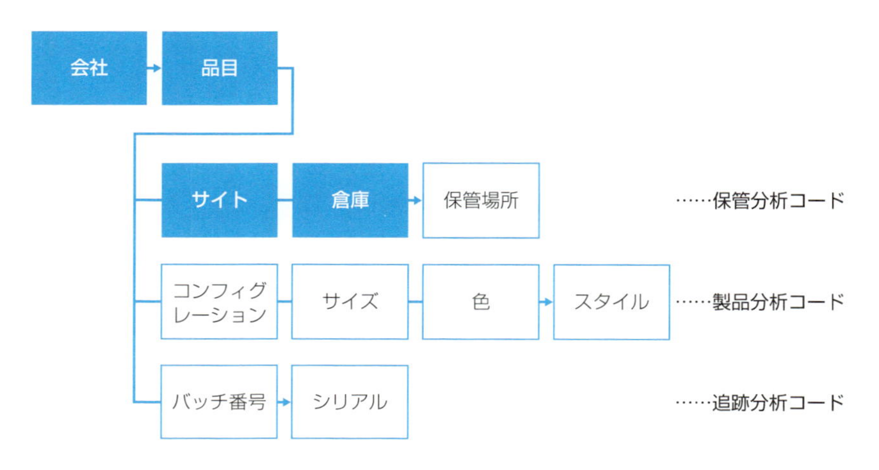

図2　原価単価をどの単位で管理するか（Dynamics 365の例）

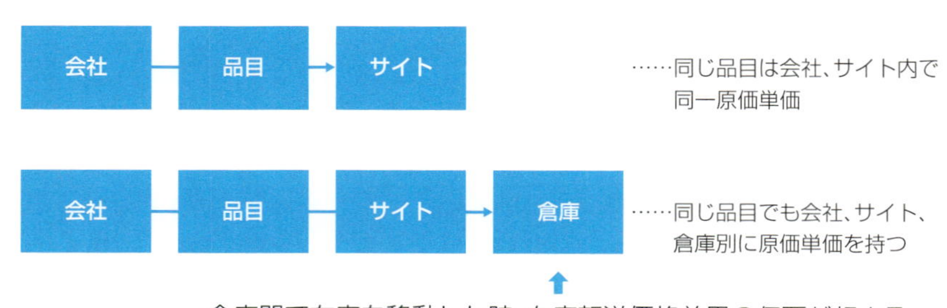

図3　会計上のマイナス在庫を許可することで、債務計上前の出荷をOKにする

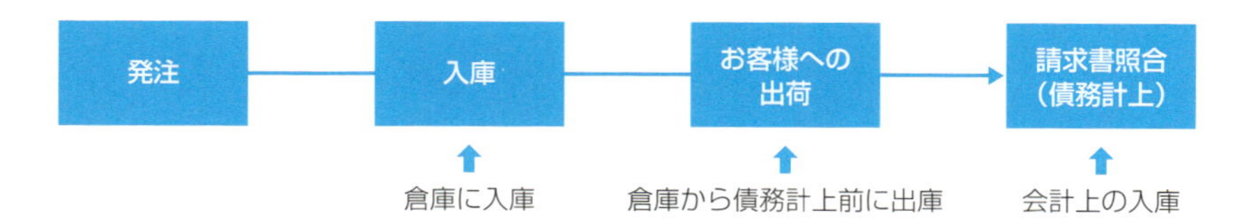

出荷時に会計上の在庫がマイナス在庫になる
➡これを許可

65 在庫移動の問題

ワンポイント

- 倉庫間の在庫の移動方法
- ワンステップかツーステップか

◎ 倉庫間の在庫の移動方法

倉庫間の在庫移動を行う場合は、次の２つの方法があります。

移動元で相手の移動先倉庫に出庫と同時に入庫させる方法(**ワンステップ**)と、物の移動に合わせて、移動元で出庫、移動先で到着した事実に基づいて入庫処理する方法(**ツーステップ**)の２つです。

◎ ワンステップかツーステップか

ワンステップは、倉庫間の在庫の入り繰りを補正する場合などで使います。

オペレーションを行った時点で、移動元倉庫から移動先倉庫に在庫がリアルタイムで移動します。移動先倉庫の在庫が自動的に入庫されるので、移動先倉庫では在庫の入出庫状況とその理由を照会できる仕組みが必要になります。

このほか、ERPパッケージでは、MRP(資材所要量計画)を回した時、必要な倉庫に在庫が不足することが予想される場合、在庫移動オーダーを自動的に生成して、在庫を持っている倉庫から移動させることができます。

ツーステップの場合は、物の動きに合わせて在庫移動のオペレーションをしますので、移動元倉庫が送り状を作成して物と一緒に移動先倉庫に出荷します。移動先倉庫では、入荷したら、検品および数量チェックをして入庫処理を行います(図１)。

図1　在庫移動方法には、ワンステップとツーステップがある

ワンステップ

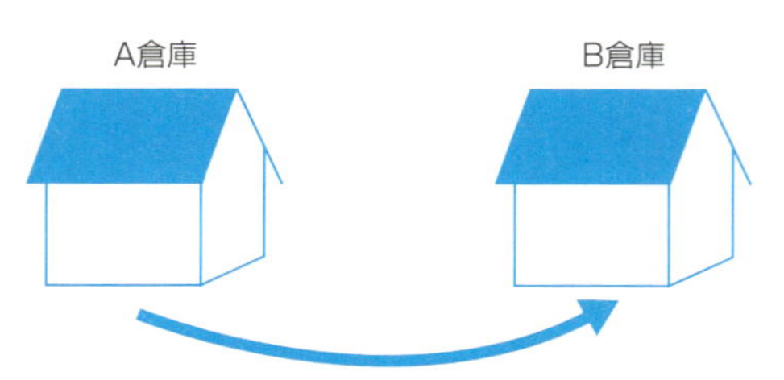

A倉庫でオペレーション
移動元から移動先に在庫がリアルタイムに移動
例：倉庫間の在庫の入り繰りを補正

ツーステップ

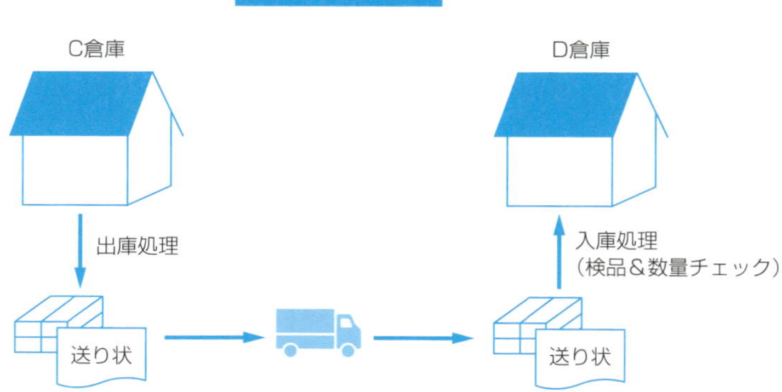

出荷元倉庫（C倉庫）から物と送り状を一緒にしてトラックなどで
移動先（D倉庫）に運ぶ

66 在庫評価の問題

ワンポイント

- 税務上の在庫評価届
- 出庫時は移動平均単価、月末に税務上の届出方法で調整

税務上の在庫評価届

日本では、表1の在庫評価方法が認められています。ただし、後入先出法はIFRS(国際会計基準)では認められていません。

移動平均法は、入庫の都度、現時点の原価単価を計算していますので、リアルタイムで売上原価を把握する場合に適しています。**総平均法**は、例えば月総平均(Dynamics 365では日総平均も可能)で原価単価を計算する場合は、翌月にならないと1個の原価単価が確定しませんので、前月の売上原価や棚卸資産の数字の確定が遅れることになります。

出庫時は移動平均単価、月末に税務上の届出方法で調整

月総平均を採用している場合は、月中は、移動平均単価で売上原価に計上しておき、翌月月初に月総平均単価を計算し、前月販売した分の売上原価および在庫金額をトランザクション単位に金額調整します。

調整した分は、自動仕訳され、会計帳簿(総勘定元帳)に転記されます(図1)。

表1 日本で認められている在庫評価方法

在庫評価方法	説明
先入先出法(FIFO)	仕入れた順に出荷したものとして処理
後入先出法(LIFO)	後から仕入れたものを先に出荷したものとして処理
移動平均法	入庫の都度、平均して計算。コンピュータ処理向き
総平均法	(前月残高＋当月製品製造費用)÷(前月残数量＋当月完成数量)で計算。ただし、翌月にならないと原価単価が分からない
売価還元法	売値から原価単価を計算。百貨店、スーパー向き
最終仕入原価法	最後の仕入価格が原価単価
個別法	1個ずつ原価を管理。宝石、販売用土地など向き

図1　月総平均を採用している場合(Dynamics 365)

例：
月中は移動平均法で処理、月末日に税法上の
届出している総平均法で計算し直す

移動平均法

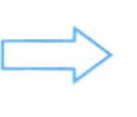

月総平均原価を
計算

払出単価を調整

月中は移動平均法で処理

翌月月初に前月末日の
原価を計算

前月出庫分の在庫金額を調整
(会計伝票として自動仕訳される)

67 品目グループの決め方

ワンポイント

- 原材料、半製品、製品、商品に分ける
- 自動仕訳時の勘定科目、在庫評価、在庫管理単位との関係

◎ 原材料、半製品、製品、商品に分ける

品目をコード化する場合、原材料、半製品、製品(作ったもの)、商品(仕入れたもの)のように勘定科目と紐づけてグルーピングすることをお勧めします。

理由は、例えば、Dynamics 365では、原材料を買った場合や製品を作った場合、製品を売った場合に、品目グループ別に設定された勘定科目コードを使って、裏で会計伝票が自動生成されるためです(図1)。

このほか、固定資産管理機能を使う場合は、建設仮、建物、構築物、機械装置、ソフトウェアなどの追加も必要になってきます。

◎ 在庫管理単位、在庫評価、自動仕訳時の勘定科目との関係

品目をグルーピングするための品目グループは、Dynamics 365では自動仕訳上の勘定科目や在庫の評価方法(FIFO、LIFO、総平均、移動平均など)と関係していますので、グルーピングに際して、勘定科目や在庫の評価方法を意識して分けておくことをお勧めします。

また、品目の製品分析単位(コンフィグレーション、色、サイズ、スタイル)や、在庫分析単位(サイト、倉庫、保管場所など)、在庫追跡方法(バッチ番号、シリアル番号)も合わせて品目をグループ化する時に検討しておくと良いでしょう(図2)。

図1　Dynamics 365では品目グループは勘定科目と紐づけてグルーピングするのが良い

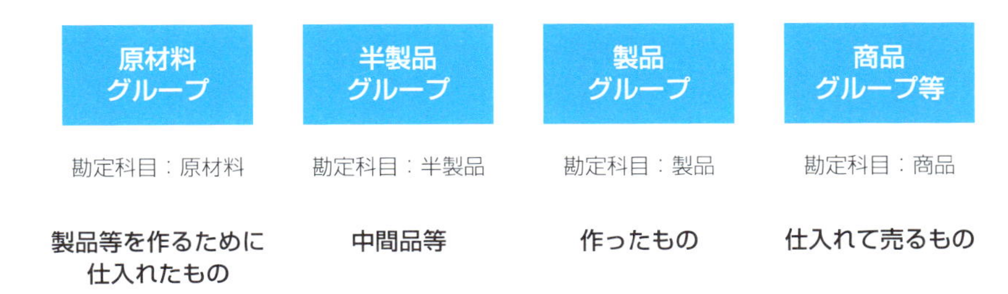

図2　Dynamics 365では品目グループレベルで在庫評価方法や在庫管理単位を整理する

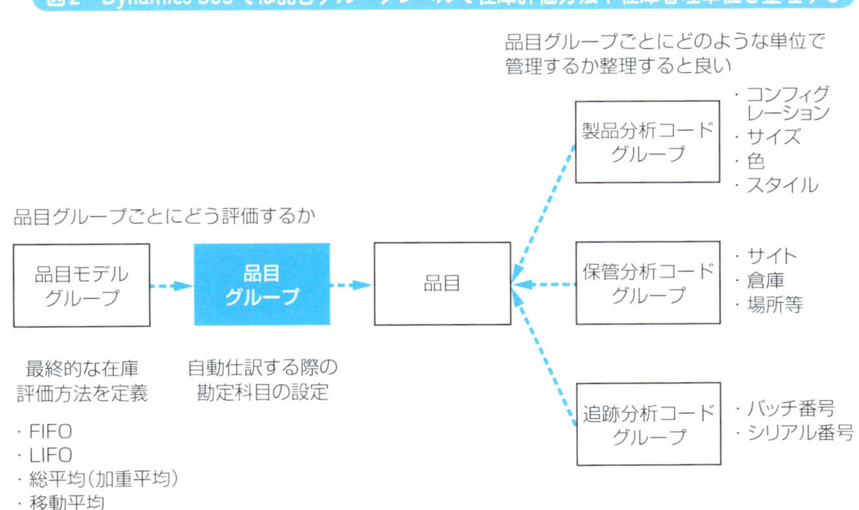

68 与信管理の問題

ワンポイント

- どの単位で与信管理をするか
- 与信残高とは

どの単位で与信管理をするか

与信管理は、取引先との信頼関係度合いに応じて、過去の実績や信用調査会社の点数などから与信限度額を定め、これをオーバーした場合は、回収するまでは新たな取引を認めないか、取引そのものを停止するまたは、限度額を変更して対応します。

与信限度額を設定する単位は、通常は得意先単位として設定しますが、会社のグループに対して限度額を設定する場合もあります。また、半期ごと、年次などで限度額の見直しを行います。

SAPでは、このようなケースに対応できるように設計されています。特に、限度額を管理しているヘッドオフィスが外国にある場合は、限度額も外貨金額で設定できるようになっています(図1)。

与信残高とは

一般的に与信残高には、売掛金残高だけでなく、手形や出荷済み未請求残高、受注残高なども含まれます。与信残高は、「与信限度額－以下のいずれかの残高」で計算します。

・債権残高のみ
・債権残高＋出荷済未請求残高
・債権残高＋出荷済未請求残高＋受注残高

与信限度額をオーバーした場合は、エラーとして先に進めなくするか、警告表示させるかなどの設定が選択できます。

図1　与信限度額の設定を考える場合のポイント

与信限度額をオーバーした場合の処理は？

- エラー表示または警告
- 対応策
  - 回収する
  - 与信限度額の変更
  - 取引中止

与信限度額の設定単位は？

- 得意先（顧客）ごと
- 得意先（顧客）グループ全体に対して設定

与信限度額の見直し時期は？

- 半年ごと
- 年1回など

設定通貨は？

- 自国通貨
- ヘッドオフィス通貨

Column　ドイツへの一人旅の思い出

ドイツのヴァルドルフ（Waldorf）にある、SAP社主催のカンファレンスに一人で参加した時のこと。フランクフルトからレンタカーを借り、ちょっとした旅行気分に。宿泊したハイデルベルクのホテルと、会場までの途中にSAP本社があり、ひと際目立つ存在でした。

会議では、活発な議論が行われ、たくさんのエンジニアやコンサルタントがいることに仲間として勇気付けられました。帰り道に夕日に映えた大きなSAPの文字がとてもきれいだったことを思い出します。

69 Excelバッチインプット機能がほしい

ワンポイント

- Excelバッチインプット機能が必要かを検証する
- Dynamics 365もSAPもExcelとの親和性が高い

◎Excelバッチインプット機能が必要かを検証する

クライアントから「画面で1件ずつ会計伝票を入力すると、時間がかかるので、使い慣れたExcelからまとめて入力したい」という要望をいただくことがありますが、本当に必要なのでしょうか。

そもそもERPシステムでは、取引の発生時点で会計仕訳が自動的に作られるので、経理担当者が会計伝票を入力する機会は少なくなっているはずです。

考えられるケースは、ERPシステム上ですべての基幹業務を処理しているのではなく、ERPシステムの外に、いろんなシステムが存在していて、そのERPシステム以外のシステムから発生した取引を会計伝票として一括で取り込む場合です。

しかし、この方法では、取り込んだ会計伝票から取引の経過を追跡しようとしても、元のデータがERPシステム上に存在しないため、取引の証跡が分かりません(図1)。

◎Dynamics 365もSAPもExcelとの親和性が高い

Dynamics 365は、Microsoftの製品ですので、伝票入力画面をExcelモードに切り替えて伝票を入力することができます。また、他のシステムから伝票の形になったExcelデータをもらえる場合は、それを標準の会計伝票入力画面に張り付けて入力することも可能です。SAPもExcelとの親和性が高く(標準でExcelのボタンが付いている画面が多くある)、レポートをExcelモードで照会したり、予算の入力をExcelイメージで登録することができます。

なお、GUIやExcelのバージョンアップを行った場合に、パラメータなどの変更が必要になる場合があります(図2)。

図1　会計伝票の一括取込処理は必要か？

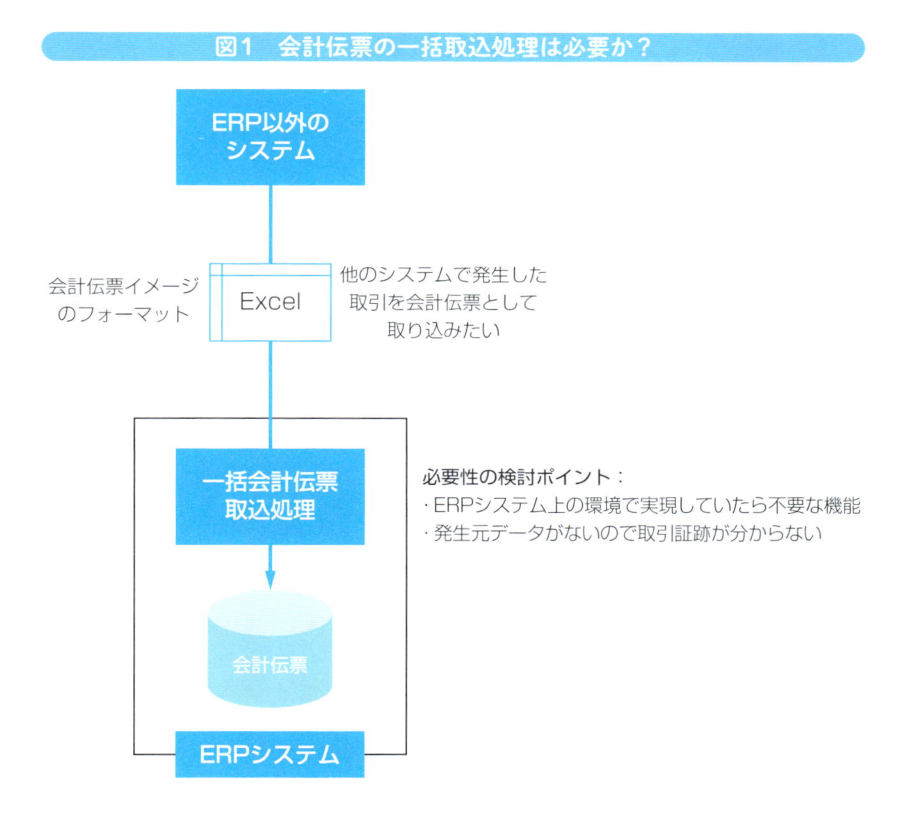

図2　Excelを使って会計伝票を入力したい(Dynamics 365の例)

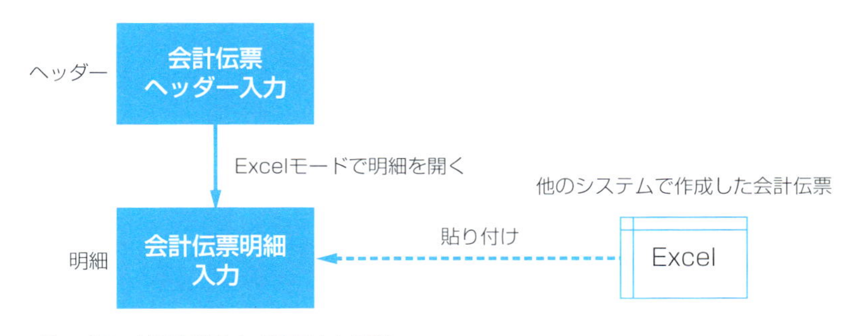

70 不要な項目が多い、日本語の誤訳がある

ワンポイント

- 汎用性を高めるため項目が多くなっている
- 外国製の場合に多い

汎用性を高めるため項目が多くなっている

本来、入力に必要な項目だけが画面上に表示されていて、入力作業を効率的に行いたいところですが、ERPパッケージの場合は、汎用性を高めるため、どうしても入力項目や表示項目が多くなっています。

ただし、ユーザーごとに、不要な項目を画面上から非表示にする機能が付いている(SAP、Dynamics 365とも)ので、この機能を使用して必要な項目だけを画面に表示したり、項目の表示位置を移動させることができます(図1)。

外国製の場合に多い

SAPの場合は、元がドイツ製ということもあり、ドイツ語➡英語➡日本語と訳してきていますので、どこかの翻訳過程で翻訳が間違ったために、日本語の表示がおかしく表示されている場合があります。

この場合は、英語などでログインして元の項目名称が何になっているかを確認することで、おおよその理解ができる場合があります。いずれ、今後、改善されていくものと考えます。

図1　項目の表示・非表示、項目の移動の例

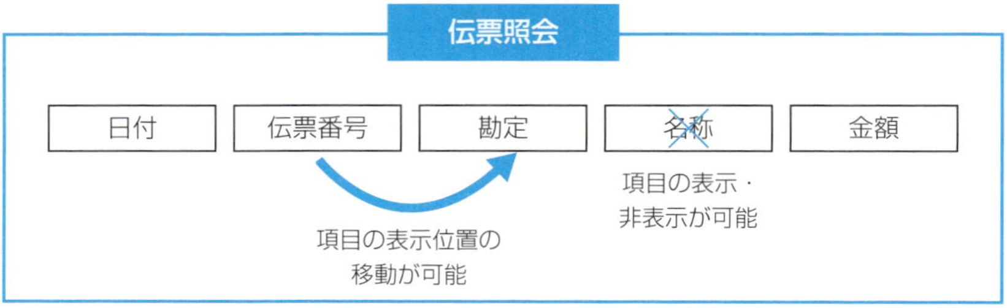

71 検索、フィルター機能が使いにくい

ワンポイント

- クラウド版の検索、フィルター機能が使いにくい
- クラウドではレスポンスが落ちる

クラウド版の検索、フィルター機能が使いにくい

Dynamics 365のオンプレミス版の場合は、フィルター行を挿入して、各項目ごとに、検索条件やフィルターを指定できましたが、クラウド(Web)版ではフィルター行の挿入ができなくなり、すべて左端に表示される条件欄に絞り込み条件を入力する形に変わりました。

はじめて使う場合は、分かりやすいですが、慣れてくると条件を選択するオペレーションより、条件式を直接入力して検索したほうが早く、使いやすい気がします(図1)。

クラウドではレスポンスが落ちる

クラウドの場合、オンプレミスに比べ、多少レスポンスが落ちます。

時間帯なのか、何らかの条件が重なった時なのか、検索時などのレスポンスでストレスを感じることがあります。

図1　Dynamics 365の検索、フィルター使用例

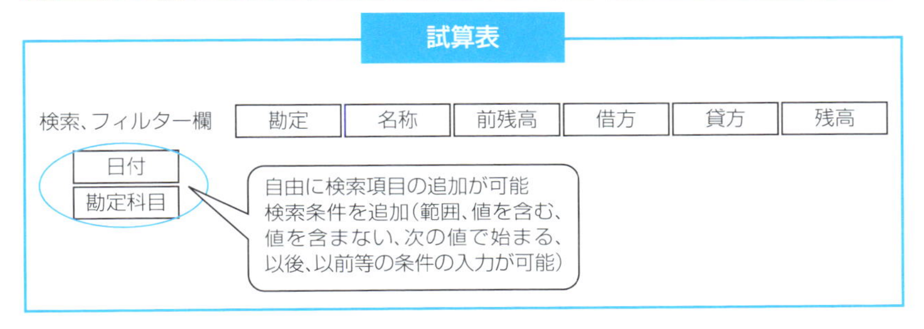

72 Excelを使った手作業による集計・チェック作業が多い

ワンポイント

- ERPシステムを使いこなしているか
- ERPシステム自体に問題がないか

⊙ERPシステムを使いこなしているか

ERPパッケージを使用している場合は、パッケージ自身にいろんな標準機能が用意されています。機能が多すぎて、どれを使ったらいいのか分からない場合は、やりたいことを明確にして担当のコンサルタントなどに相談しましょう。

標準の機能で使えるものがあれば、それ使うことで本来、やらなくてもいいExcelなどを使った集計作業やチェック作業をなくすことができます。

また、情報を必要としている人が、自らERPシステムを使うことで、報告のための集計作業や、二重のチェック作業などを削減していきたいものです。

⊙ERPシステム自体に問題がないか

今使用中のERPシステムから、ほしい時点のほしい単位の情報が入手できるでしょうか。これができない場合は、ERPシステム自体に何らかの問題を抱えているかもしれません。

本来、必要とする情報が存在していないか、ERPシステムの外に別なシステムがあり、それぞれのシステムからデータを集める必要があるため、集めたデータの集計やチェック作業が多いということが考えられます。

これらの集計・チェックプロセスは、本来、必要なプロセスなのか、会社全体の最適化の視点から、今一度、再検討してみるのが良いでしょう。

第3章

経営者、監査の悩み解決

第3章では、会社の経営および監査にかかわる方々が持っている悩みを取り上げ、これからERPシステムの導入や再構築を行う場合の意思決定のための判断材料を提供します。

また、ERPシステムが本当に経営に役立っているのか、投資した効果が出ているのか、外部監査に対応できているのかといった経営者や監査人の悩みにも答え、ERPシステムが会社のマネジメントシステムとして機能を発揮し、原動力となっていくためのあるべき方向を示していきます。

73 キャッシュフローは大丈夫か？

ワンポイント

- 少なくとも6ヵ月先のキャッシュフローは知っておきたい
- 今時点の精度の高いキャッシュフローが見たい

少なくとも6ヵ月先のキャッシュフローは知っておきたい

経営者として、資金繰りは常に気になるところです。

毎月の経営会議などで、運転資金の収支状況や借入・返済状況、投資による収支状況を絶えずチェックしているはずです。そして、不足が予測される場合は、調達方法を検討しなければならず、少なくとも6ヵ月先のキャッシュフローは見ておきたいところです。

SAPやDynamics 365では、債権・債務が確定した分の入金予定表や支払予定表をリアルタイムで作成できるほか、受注した分(未請求)の取引を加えた、**キャッシュフローのシミュレーション機能**が用意されています。

例えば、Dynamics 365では受注時は、「出荷予定日＋出荷予定日と請求日の間の期間＋支払条件」の計算式で入金予定日を予測します。請求時に受注時のシミュレーション分を取り消し、新たに確定した債権分を支払条件に基づいて発生させます(図1)。

今時点の精度の高いキャッシュフローが見たい

現時点の精度の高いキャッシュフローを見るためには、日々の業務処理がリアルタイムに行われていなければなりません。例えば請求処理は、カレンダー上の請求日に行われなければ、正しいキャッシュフローになりません。

また、銀行からの入金処理は、入金日に消込処理する必要があります。実務的には、このあたりの運用が難しいところでもあります。

そのほか、得意先や仕入先との支払条件が正確に定められ、それぞれのマスターに登録・運用されていなければなりません。特に、支払条件が変更になった場合は、その変更後の支払条件が各取引に反映される仕組みにしておきます。

図1　Dynamics 365でのキャッシュフロー・シミュレーションの例

①受注時点での入金予定日の求め方

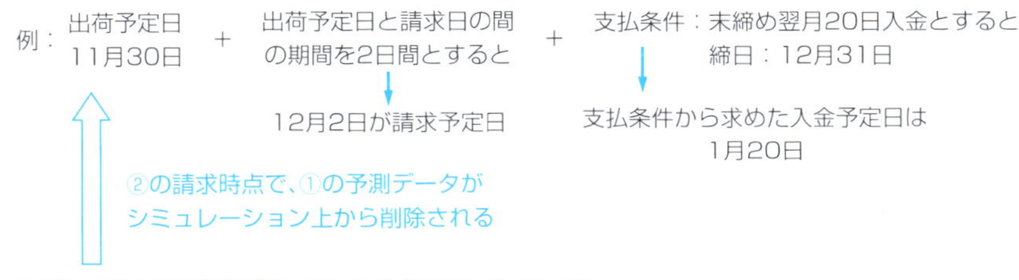

②請求時点（確定債権）での入金予定日の求め方

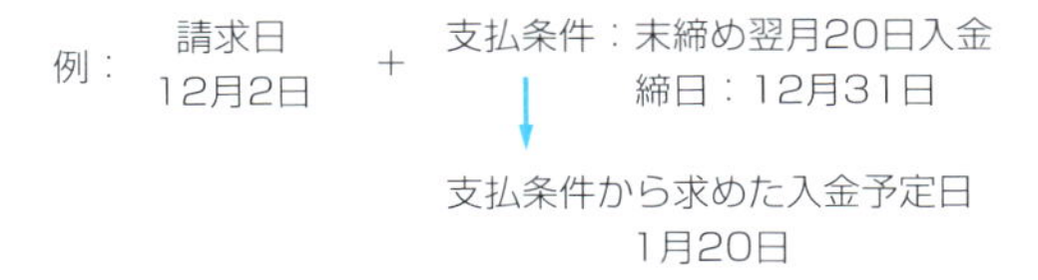

Column　長く現役で仕事を続けてこられた訳

著者は長い間、個別システム開発のPG、SE、PL、PMをやってきて、そろそろ別な形の仕事もできるようになりたいと思い、システム監査や中小企業診断士の勉強を始めました。運よく試験に合格でき、新しい人的ネットワークが増えていきました。

ちょうどそのころ、SAPの研修に参加することになり、ERPパッケージの導入ビジネスに携わったのが転機でした。トレーニングセンターに通い、1.5ヵ月間、まさに学生に戻った気分でした。46歳の時でした。その後、Dynamics 365の仕事にも携わるようになり、「両方のERPパッケージに関係できたこと」「役に立つことに喜びを感じながら、どんな仕事でも、断らずに受け入れてきたこと」で、ここまでやってこられたのかもしれません。

74 会社が儲かっているか、儲かっていないのか分からない！

ワンポイント

- 儲けの定義が必要
- 営業活動から生まれるキャッシュが増えること

⊙ 儲けの定義が必要

「儲け」とは、何を意味しているのでしょうか。これも人によって解釈がいろいろ分かれるところですが、一般的な儲けとは、「利益」を意味していると考えます。この「利益」は、計算によって求められますので、その計算過程で発生する実績の取り方で変わってきます。

ここでは、**経常利益**のこととして考えてみましょう。以下の計算式で、計算できます。

・売上高－売上原価－販管費＋営業外収益＋特別利益－営業外費用－特別損失

この利益の計算方法は、**金融商品取引法**、**会社法**、**法人税法**などの法律によって異なります。

また、日本以外の国に上場している場合は、その国の基準を使って利益を計算する必要もあります（図1）。つまり、どの法律に基づいて計算した「利益」なのかをはっきりさせることが重要です。定義した「利益」が増えたか減ったかということで儲かっているか儲かっていないかが見えてきます。

「利益」は、期間損益計算（期首月～決算月の取引を計算）ですので、この期間に属する取引を集計して計算します。

例えば、決算日が3月31日で、この日に売上にするかどうかといった収益の認識基準の相違や、会社法と法人税法で、ある固定資産の耐用年数や償却方法が異なるため、求めた減価償却費が違うことがあり、これらが最終的な「利益」に影響してきます。

また、日次決算や月次決算を行っている会社では、その日またはその月の取引がその集計期間内に計上されていなければ「利益」が違ってきます。

リアルタイム経営を目指す場合は、今日のことは今日やることで、正しい損益が計算できるようになります。

◎ 営業活動から生まれるキャッシュが増えること

「利益」から儲かっているか、儲かっていないかを把握する方法のほかに、営業活動から生まれたキャッシュが増えたか減ったかで把握する方法があります。

会社は、資本金を元手に原材料を調達し、それを使って製品を作り、販売して代金を回収するという循環の中でキャッシュを増やし、増えたキャッシュを使って新たな投資をしていく活動を行っています(図2)。

本業から、いかにキャッシュが増えたかどうかで儲かっているか儲かっていないかを判断できます。ただし、急成長中で、売掛金などの債権が増え、一時的に営業活動におけるキャッシュが不足する場合がありますので、この点を考慮して判断する必要があります。

SAP、Dynamics 365では、資金繰り実績表を作成することで把握できます。

図1　どの基準で計算した利益かはっきりさせる

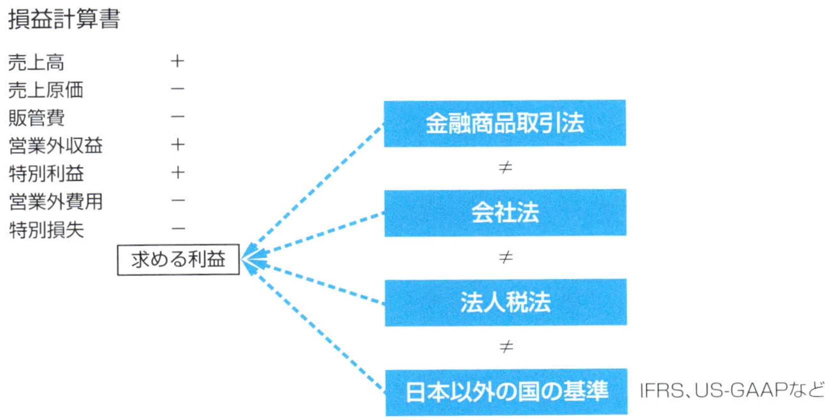
損益計算書
売上高　＋
売上原価　－
販管費　－
営業外収益　＋
特別利益　＋
営業外費用　－
特別損失　－
求める利益
金融商品取引法
≠
会社法
≠
法人税法
≠
日本以外の国の基準
IFRS、US-GAAPなど

図2　営業活動から生まれたキャッシュが増えることで儲かっているかを把握

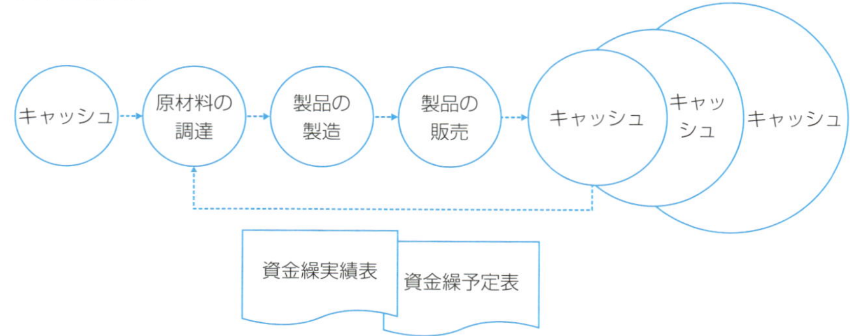

75 報告書ごとに数字が異なるので困る！

ワンポイント

- 担当者が報告書を作成している
- 報告のために数字の元ネタが複数システムに存在している

◎ 担当者が報告書を作成している

報告書は、ERPシステムなどからダイレクトに作成できるでしょうか。もし、ダイレクトに作成できる場合は、わざわざ担当者に報告書を作成してもらわなくても、自ら必要な時にアウトプットできるはずです。

担当者が作成している場合は、恣意性が介入しやすく、数字が作られている可能性があります。また、報告内容が過去の情報となっていることが考えられます。当然ですが、担当者が報告書を作るためのコストが発生しています(図1)。

◎ 数字の元ネタが複数システムに存在している

報告のための、数字の元ネタが複数システムに存在しているケースは多いのではないでしょうか。報告書に必要な情報がいろんなシステム上に存在していて、それをExcelなどで集めて加工して報告書を作成しているケースです。

この場合、システム間での情報の鮮度の違いや情報の入手タイミングで数字が違ってくる場合があります。1つのシステム上から入手する運用であれば、報告書の数字が異なることがなくなります。

この時、対象月のデータは、入力や変更ができないようにした上で(例えば、会計期間のCLOSEなど)アウトプットします(図2)。

図1　担当者が報告書を作成している例

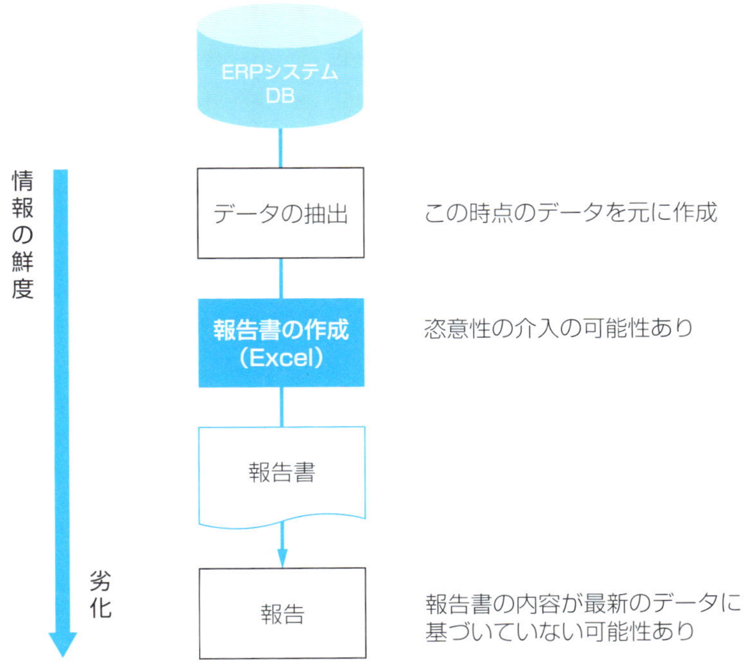

図2　報告書の数字が異ならないようにシステムを改修する

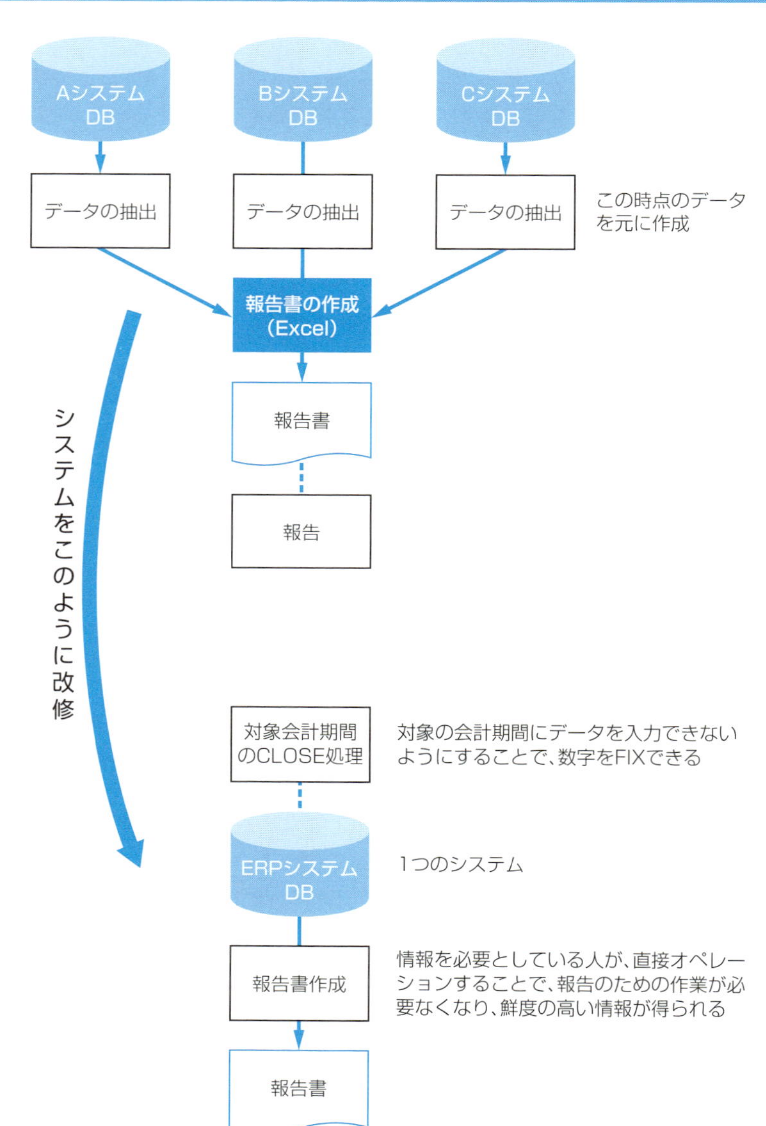

76 アウトプットされる将来の予測値が根拠のある事実に基づいているか？

ワンポイント

- 正しい情報やデータを基に意思決定すべき
- 会社の取引境界を明確にする

正しい情報やデータを基に意思決定すべき

過去の実績値は比較的収集しやすいのですが、根拠に基づいた将来の正確な予測値となると、難しくなってきます。

情報の重要性やタイムリー性などによって違ってくると考えますが、具体的に、経営者が意思決定を求められる場面で使われる情報やデータにどのようなものがあるのでしょうか。

考えられる例として、次ページの表1のようなものがあります。

これらの意思決定に際して必要となる情報やデータを明確にする必要があります。その上で、必要とする情報やデータの正確性やタイムリー性を確保できるように管理していくべきだと考えます。

これらの情報やデータがERPシステムに存在することが望まれますが、市場情報や他社情報などERPシステムの外にある情報やデータが含まれているかもしれません。

その場合、ERPシステムの外で管理する情報を明確にした上で、外で管理するという方針を打ち出してはっきりさせておくことが良いでしょう。そのことによって、無理にERPシステム上にで情報やデータを管理する必要がなくなります（図1）。

◎ 会社の取引境界を明確にする

納品および検収に基づいて計上した債権・債務は、確定した数字として捉えることができます。相手から代金をもらえる権利が生じますし、また、相手に代金を支払う義務が生じます。

さらに受注および発注において請書を授受した時点で相手先との契約が成立しますので、品物を納品する義務および品物を購入する権利が発生します。受注伝票および発注伝票で入力した金額は確定数字と考え、将来の売上高および将来の仕入高とみなすことができます。

それ以前の見積もりのやり取り段階や案件情報段階の取引は、未確定情報として捉えるべきです。これらの情報やデータは絶えず変化していきますので、いかに、最新のリアルタイムの情報を見えるようにしておくかがERPシステムにとって重要になってきます(図2)。

表1 意思決定を求められる場面で使われる情報やデータ

No.	情報やデータ
①	案件数・予想受注金額、受注確度
②	販売予測件数・見込受注金額
③	需要予測額
④	見積もり提示件数、金額
⑤	受注残高、発注残高
⑥	債権残高、債務残高、借入残高、在庫残高
⑦	資金残高、運転資金の過不足額、余裕資金高
⑧	期末の損益予測
⑨	期末の見通し予算と実績の乖離幅
⑩	設備投資額
⑪	システムの再構築額
⑫	社員の採用による労務費
⑬	新規商品の投入・廃止
⑭	品揃え構成の見直し
⑮	新規ビジネスへの参入コスト
⑯	部門の統廃合コスト
⑰	店舗の新設・廃止コスト
⑱	配置転換コスト
⑲	昇給率・昇給金額
⑳	負担すべき税金金額　など

図1　ERPシステムの中の情報と外の情報をはっきりさせる

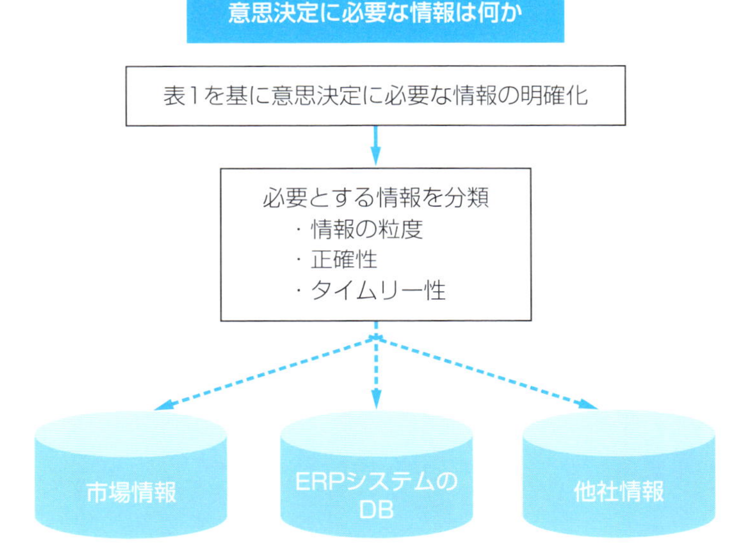

Column 経理の仕事の今昔物語

昔は経理の仕事と言えば、ソロバンが必須技能でした。当時は電卓もなく、あっても8桁しか計算できないものでした。今では総勘定元帳や補助元帳は、コンピュータ上で自動的に記帳されますが、当時は手作業で記帳を行っていました。決算の時は転記された総勘定元帳を締めて、残高試算表を作成しますが、ソロバンを使って残高の集計が行われていました。ソロバンの達人と呼ばれる人がいて、羨望の眼差しで見られたものです。

通常は借方残高合計と貸方残高合計が一致する訳ですが、総勘定元帳への転記漏れや金額の書き違いなどがあり、一回では合わず、これを合わせるために徹夜になることもありました。

今では必要のない作業ですが……、当時はこれが重要な作業だったのです。

図2　会社の取引境界と権利と義務をはっきりさせる

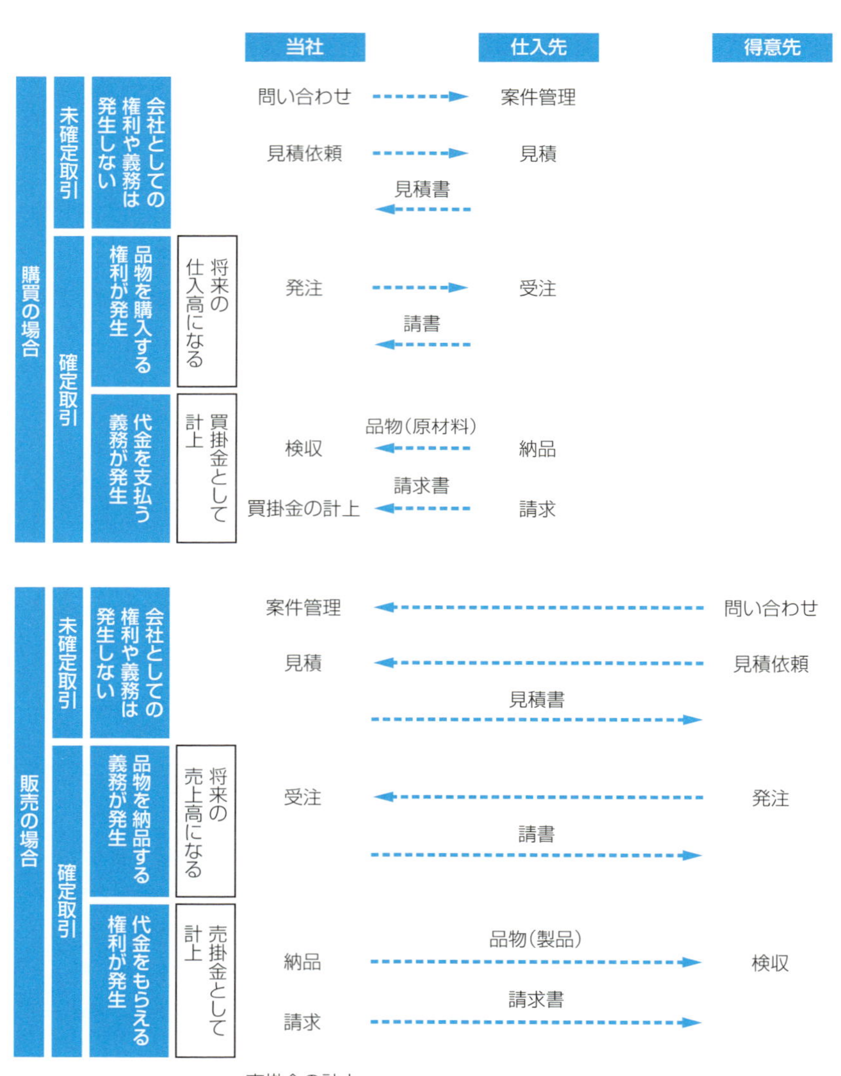

77 月次決算の締めが遅い！

ワンポイント

- 債権債務の確定が遅れる場合がある
- 日次決算が基本

⊙ 債権債務の確定が遅れる場合がある

「月次決算が遅い」と感じている経営者は多いと考えます。1年は12ヵ月しかありませんので、今月目標に達成しなかった場合は、翌月、取り返さなければなりません。

しかし、翌月の中旬頃に経営成績がつかめても、残り2週間で取り戻すことになり、無理が生じます。月次決算が早いほど、次の手やリカバリーショットを打ちやすくなります。

原因として、例えば月末に請求書の受け取りが遅れる場合があります。請求書を受け取ってから債務を計上しようとすると、月次取引の締め日を先延ばしにすることになり、その分、月次決算が遅れることになります。

また、社員からの経費精算が遅れる場合もあります。特に出張中で精算ができない場合もあります。最近は、あまり見られませんが、受注金額が確定しないまま、役務の提供などを行い、月末を迎えた場合も債権金額が確定していませんので月次決算の遅れにつながります。

月次決算の遅れの原因となるケースを洗い出し、ある程度、見込で処理して翌月に調整するなどの工夫が必要になります。もちろん、決算月においては、正確に処理する必要があります(図1)。

◎ 日次決算が基本

後でまとめてやるという人間の習性なのかもしれませんが、報告や入力作業が月末に集中する傾向にあります。リアルタイム経営を目指すためには、この辺から変えていく必要があります。

もし、日次決算だとしたら、今日のことを今日やるしかありません。今日の積み重ねが、月次決算へ、月次決算の積み重ねが四半期決算、半期決算、年次決算へとつながっていくと考えるべきです(図2)。

図1　月次決算の遅れの原因と対策例

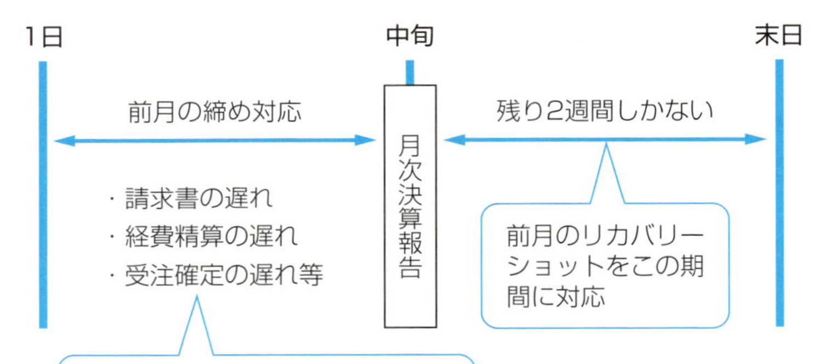

図2 日次決算→月次決算→四半期決算→半期決算→年次決算と積み重ねていく

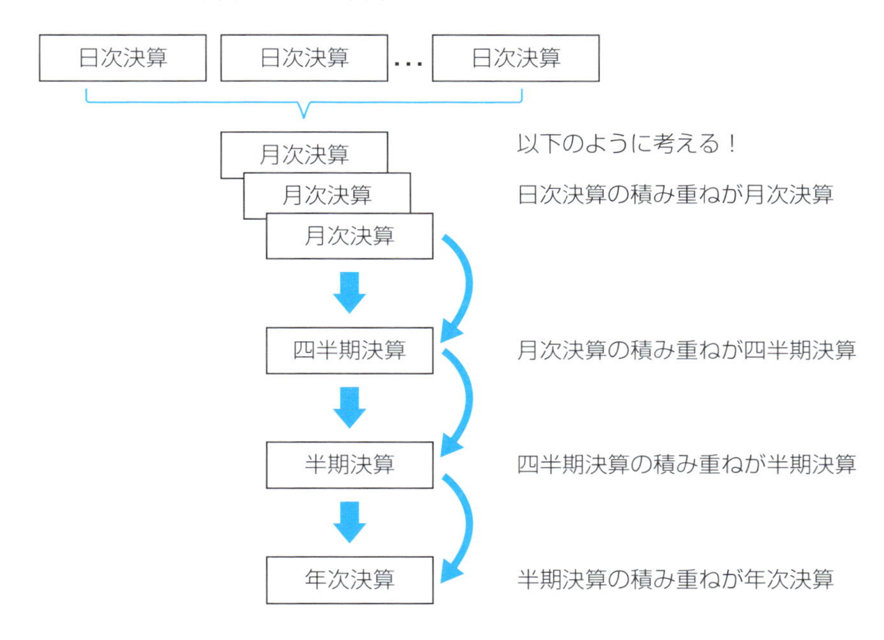

Column 世界から見た日本の「御中」の不思議

日本では請求書に「御中」と記載するのが常識ですが、世界ではそのような文化がありません。アメリカの会社が日本の販売子会社にSAPをロールインした時の話です。この「御中」の必要性を理解していただくことに相当のエネルギーが取られました。

外国の方も日本人を呼ぶ時に「ｘｘさん」と言うように、日本では会社に対しても「さん」が必要だと説得し、対応していただいたことがありました。ただ、これは小さい問題だと判断され、カットオーバー時は「御中」のハンコを調達して、なんともアナログ的な対応をする羽目になりました。

78 IT投資の効果が出ているか?

ワンポイント

- 投資の目的や狙いがはっきりしているか
- 投資目的や狙いの実現度合いをチェックしているか

◎ 投資の目的や狙いがはっきりしているか

ERPシステムを導入する場合や再構築する場合には、投資目的や狙いがはっきりしているべきです。今までのシステムの延長線上で考えるのではなく、何のために投資するのか、それを実現することでマネジメント・システムがどのように変化するのか、ゴールを明確に持っていなければなりません。

特にサービスソフト産業においては、ERPシステムがコストではなく、ビジネスの収益源となりうるからです。

新システム構築プロジェクトのTo-Beを描く際に、参画しているプロジェクトメンバーやエンドユーザーに対してヒアリングを行うと、「どうしても、今できていることができないと困る」「業務が回らない」といった現状中心の要望に注力する結果、本当の投資目的や狙いが変わっていく場合があり、注意が必要です(図1)。

◎ 投資目的や狙いの実現度合いをチェックしているか

ERPシステムが完成して運用に入ってしまうと、運用管理に視点が移り、本来の投資目的や狙いが実現できたのかどうか、チェックすることを忘れがちになります。

しかし、経営にインパクトを与えるほどの金額を投資している場合は、なおさら検証が必要だと考えます。もちろん、新システムのTo-Beを描いた時に投資目的や狙いが実現するかどうかの裏付けを取っておくことも重要なことです。

図1　投資目的をはっきりさせる

投資目的、狙いは何か？

例

これをはっきりさせること！

- リアルタイム経営の実現
- グローバル化対応（多言語、多通貨、IFRS）の実現
- 在庫の適正化によるキャッシュフローの改善
- 情報の見える化・共有の実現
- 営業利益率x%の実現
- キャッシュの増加率y%の実現
- トータルコストの削減
- 社員一人ひとりの力量の向上

今できていることの積み重ねがTo-Beではない！

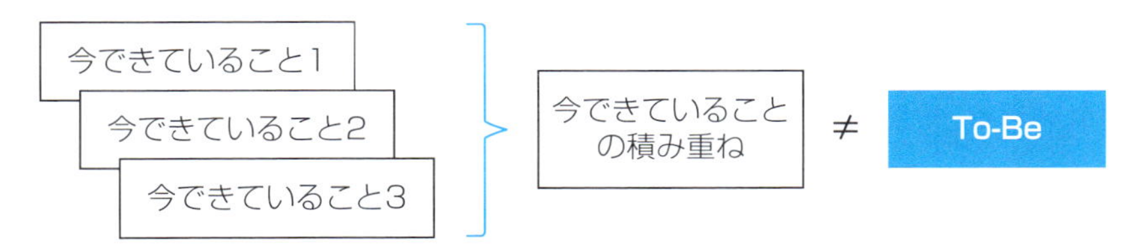

Column　災い転じて

Dynamics 365の仕事で、タイのSIerに依頼したプログラムに不具合が発生した時のこと。メールのやり取りでは解決できず、現地に行くことになりました。白板に間違い個所と、直してほしいロジックを書いて説明するのですが、相手は「間違っていない！」の一点ばり。結局、パソコンの画面を見ながら一つひとつ確認して分かってもらえたのですが、予定の飛行機に乗れず、延泊する羽目になりました。

ところが、それまで工場とホテルの往復で気づかなかったのですが、日曜日を挟んだことで、ホテルの近くにリゾートビーチがあることを知り、ちょっと得した気分を味わえた思い出があります。

79 組織の合併・分割にすばやく対応できる仕組みになっているか？

ワンポイント

- 組織の改編、合併・分割を前提にシステムをデザインする
- 移行方法も準備しておく

組織の改編、合併・分割を前提にシステムをデザインする

近年、M&Aや資本提携などが当たり前に行われるようになってきており、会社そのものが消滅するケースや、合併・分割などのケースがERPシステムに与える影響は少なくありません。

このような時代においては、合併・分割がありうるという前提でERPシステムをデザインしておくことが重要だと考えます。

合併の場合は、ERPシステムを再構築するのではなく、どちらかのシステムを採用し、採用したシステムに合わせてプロセスを変えていくという方法や、事業領域を追加して対応する方法のほか、入り口を1つにしておき、ERPシステムは別々に動かし、アウトプットする時に1つにするといった方法が考えられますが、一時しのぎに過ぎず、いずれ再構築が必要になってきます。

ERPパッケージの多くは、1つのシステム上に会社コードを複数社設定できるようになっており、この会社コードを分けて運用する方法も考えられます(表1)。

移行方法も準備しておく

分割の場合は、残高などを正確に分離できるかどうかという問題があります。

事業部制などを導入している場合は、その事業部別の残高を移行に使用できますが、そうでない場合は、移行データの作成に時間がかかります。残高の分離の視点から考えると、期首日に移行するのが最も合理的と言えます。

B/S(貸借対照表)残高だけを移行すれば良く、会計伝票の開始仕訳的な伝票

を使って移行することで負担が少なくて済みます。期中移行の場合は、P/L(損益計算書)残高の移行など移行するデータが増える上に、その時点の残高の確定などに時間がかかります。

　移行時点では、残高ゼロでスタートしていき、残高が確定した時点で、残高を移行するなどの工夫が必要になってきます(表2)。

表1 合併・分割があることを前提にシステムをデザインする

企業形態の変化	対応例
企業の合併	・どちらかのシステムを採用→採用したシステムに合わせてプロセスを変えていく ・事業領域を追加して対応
企業の分割	・同じ資本関係の場合は、1つのERPシステム上に会社コードを分けて運用 ・分割先会社でシステム再構築

表2 移行方法を事前に準備しておく

企業形態の変化	移行方法
企業の合併	・合併会社別に次の残高を移行する ①勘定科目別B/S,P/L残高 ②補助簿残高(売掛金、買掛金) ③在庫残 ④固定資産簿価 など
企業の分割	・事業部制→事業部B/S、P/L残高を使用することで対応する ・そうでない場合は、残高を分ける作業に時間を要する

80 基幹データの情報セキュリティはどのようにして担保できるか？

ワンポイント

- 自社と専門のデータセンターが管理する場合の差は何か
- クラウドの利用などによるデータの流出の恐れはないか

◉ 自社と専門のデータセンターが管理する場合の差は何か

ERPシステムをクラウド環境で実現する場合、基幹データのセキュリティ確保をどうするかという問題に突き当たります。

Amazon社やMicrosoft社などのクラウドサービス提供会社は、ISO(27017)の認証を受けており、セキュリティ機能が完備された強固な設備を持ち、万が一に備えた対策を講じていて、自社でサーバを持った場合より、セキュリティレベルは高いと言われています。

もし障害が発生した場合は、障害が発生したサーバから別のサーバに自動的に切り替えを行い、運用中のERPシステムを止めることなく、利用できる仕組みになっています(表1)。

◉ クラウドの利用などによるデータの流出の恐れはないか

デジタル化された基幹データなどの機密情報は、どこでどのように管理するのが良いのでしょうか。プライベートクラウドを利用する場合でも、自社内に置いておく場合でも、アクセスできる権限を持つ人だけが見れたり、書き換えたりできる仕組みになっている必要があります。

アクセス権限を持っている人がデータを流出させた場合は防止することが難しいですが、アクセスログなどを随時監視しておくことで、ハッカーなどからの集中的なアクセスを発見しアラームを出すことは可能です。

機密性、完全性の観点から、機密情報とは何なのか、それに対して誰がアクセスできるのかをはっきり定義し、メニューおよびアクセス権の設定、ユーザー

ID、パスワードの管理を規定通りきちんと管理していくことが大切です（図1）。

表1 自社と専門のデータセンターの違い

種類	インフラの選択	特長
データセンター	クラウドを利用	・堅牢な建物（対災害） ・複数データセンターを持っている ・サーバの自動切換え
自社	自社内でサーバを持つ	・堅牢な建物（対災害）？ ・複数データセンターを持っている？ ・サーバの自動切換え？

図1　情報セキュリティ管理方法は、外部に出しても自社でも同じ

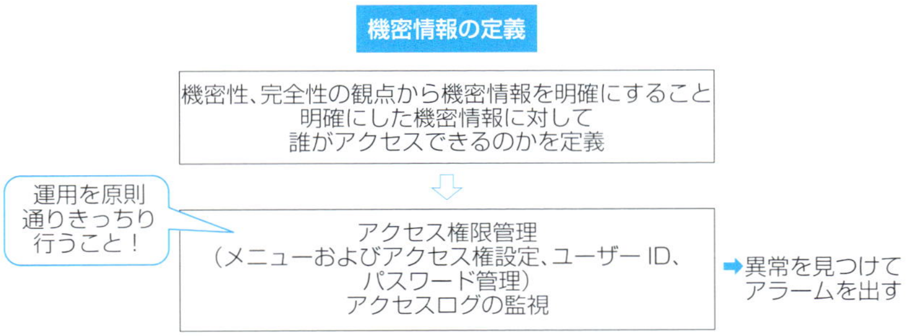

機密情報の定義

機密性、完全性の観点から機密情報を明確にすること
明確にした機密情報に対して
誰がアクセスできるのかを定義

⇩

アクセス権限管理
（メニューおよびアクセス権設定、ユーザーID、
パスワード管理）
アクセスログの監視

運用を原則
通りきっちり
行うこと！

➡異常を見つけて
アラームを出す

Column ホテル暮らしの生活

仕事柄、全国に行くことがあります。東京から離れたプロジェクトに参加する場合は、ホテル住まいが多いのですが、長期に渡る場合は、ウィークリーマンションを借りることもあります。

愛媛県のある都市で、3年に渡る長期のプロジェクトに参加した時の話です。お気に入りのホテルが見つかるまで、その町の50軒ものホテルに宿泊したことがありました。見つかったお気に入りのホテルは、毎日朝食のメニューが変わる家庭的なホテルでした。顔パスでホテルの人が覚えていてくれて、今でも懐かしく思い出します。

81 自分でERPシステムを使いこなせるようになりたい

ワンポイント

- 興味を持ち、やってみる
- 人を頼らない、自分のことは自分でやる

興味を持ち、やってみる

ある年代の経営者の多くは、忙しい日々の中でノートパソコンなどを持ち歩いて、自らERPシステムに直接アクセスしないのではないでしょうか。

自分が知りたいと思ったら、自らパソコンやタブレット端末などを使いこなすことで、知りたい時に知りたい情報が得られるということは、リアルタイム経営を実現するためにとても重要なことです。そのためには、まずは、興味を持ちやってみることが大切です。ゲーム感覚で触っている中で、自然にERPシステムに入り込んでいけると考えます。

2015年に、ドイツのホッフェンハイムというサッカーチームの監督就任が話題になりました。当時28歳の監督は、SAPのサッカー分析ソフトウェアを使いこなし、同チームを上位で争えるチームに変身させたことでも有名です。

過去の実績だけではなく、「いかにテクノロジーを使いこなせるか」がトップにも求められています。

人を頼らない、自分のことは自分でやる

経営者自身が、自分のことは自分でやると決めることで、会社で経営者のサポートをしている社員を本来やるべき仕事に振り分けることができます。同時に、最新の情報やデータを元に、事実に基づいた意思決定が行えるようになります。

クラウドを利用して「いつでもどこからでも」情報やデータを得ることができる時代となりました。

82 システムダウン時のバックアップ体制は大丈夫か？（事業継続）

ワンポイント

- 誰がどのような方法でどこにバックアップを取るか
- BCPを考慮する

誰がどのような方法でどこにバックアップを取るか

業種業態によっても異なりますが、オンプレミスの場合は、一般的に運用管理部門の担当者が、自社のパックアップ用のサーバなどにデータをバックアップします。

例えば毎日、夜、曜日ごとにバックアップ先を変えながらバッチジョブを起動させてバックアップを取ります。そして、翌朝、正しくバックアップが取れていること(正常終了)を確認します。

クラウドの場合は、クラウドサービス提供会社がデータのバックアップを行っています。発生したデータをその都度、別々の場所に設置してあるデータセンターのサーバにそれぞれ書き込み保存(ミラーリング)しています(図1)。

BCPを考慮する

昨今の震災や火災などにより、ある業界の生産ラインが停止したり、別の配送ルートへの切り替えに数日かかったこともあり、**BCP**(Business Continuity Plan：**事業継続計画**)の問題が浮き彫りになってきています。

SCM(Supply Chain Management：**供給連鎖管理**)の視点で、在庫の最適化や効率化を実現している会社では、会社横断システムがダウンした場合のリカバリー方法を複数案用意しておくとともに、万が一に備えて、日ごろから訓練を行うなどの対策が必要です。

図1　システムダウン時に備えたデータのバックアップ

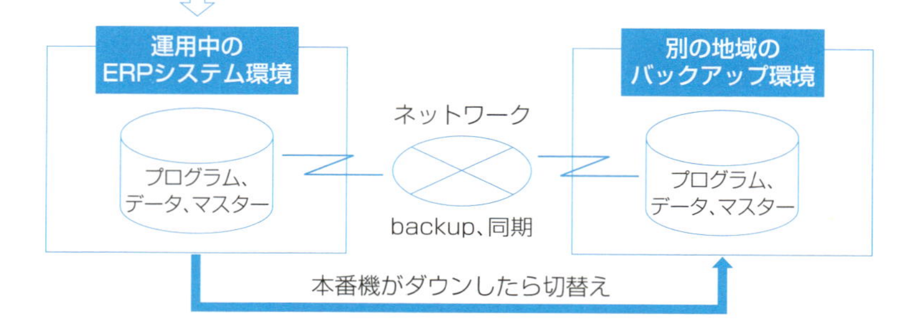

83 監査法人などによる会計監査に対応できているか？

ワンポイント

- 会計監査で何をチェックしているのか
- SAPでは、会計監査人が直接ログインして監査する

◎ 会計監査で何をチェックしているのか

監査法人や公認会計士が行う会計監査は、上場企業(非上場の大会社も監査の対象)の株主や投資家に対して、会社が作った財務諸表が正しく会計処理した結果の報告書となっていることを保証するために、会計データの網羅性、正確性、正当性、ファイルの維持継続性などをチェックしています(表1)。

⊙SAP では、会計監査人が直接ログインして監査する

SAPを使用している場合は通常、会計監査人用のユーザーIDとメニューが用意されていて、会計士がSAPにログインして監査を行うことがあります。実際に帳票をアウトプットしたり、対象の取引データを取り出して会計監査を行います。

また、内部統制や権限との関係を確認するために、**ユーザーメニュー**や紐づく**権限プロファイル**を確認することもあります。

なお、SAPやDynamics 365では、一度、転記した会計伝票は削除できないようになっており、取引の追跡、伝票番号の連番管理など、会計監査人からの要求に対応した仕組みになっています(図1)。

表1 会計監査のチェックポイント

項目	説明
網羅性	漏れなく、ダブリなく転記されている
正確性	原本の数字とコンピュータに入力された数字は同じ、適切な勘定に計上されている
正当性	実際に発生した取引であり承認されたものだけが転記されている
ファイルの維持継続性	取引が補助簿と総勘定元帳に正確に更新されている

図1 SAPにログインして会計監査をする例

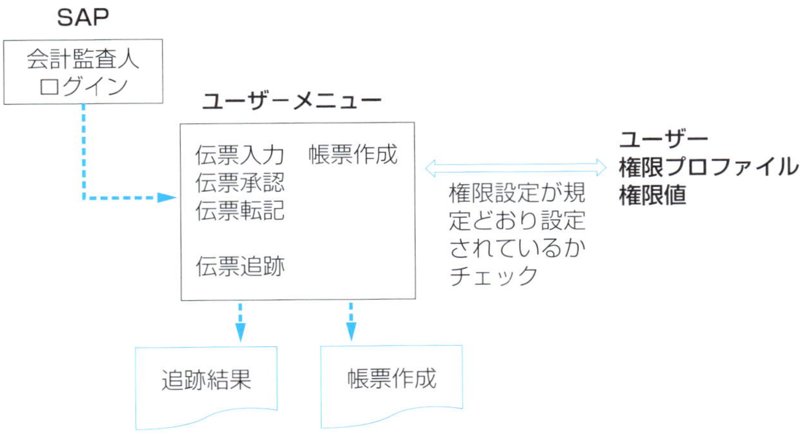

84 内部統制用のチェック機能はあるか？

ワンポイント

- 内部統制で何をチェックしているのか
- SAP、Dynamics 365は内部統制に対して何ができるか

⊙ 内部統制で何をチェックしているのか

内部監査人などが定期的に監査を行っていますが何をチェックしているのでしょうか。一般的に、社内業務処理規程などに照らし合わせて、業務が遂行されているかどうかをチェックします。

例えば、仕入先から送られてくる請求書は、その前に発注書や納品書が存在してなければ、担当者が勝手に発注した恐れがあります。

逆に、得意先にサービスや物を提供する場合は、注文書(請書)が存在しているはずです。注文書がない場合は、受注が取れていないのに、サービスや物を提供してしまっているということになります(図1)。

そのほかにも、会計監査や**QMS**(Quality Management System：**品質マネジメントシステム**)、ISMS(Information Security Management System：**情報セキュリティマネジメントシステム**)監査の前に、問題がないかどうか事前に確認しておく場合もあります。

⊙SAP、Dynamics 365は内部統制に対して何ができるか

SAP、Dynamics 365では、権限管理がしっかりできていて、担当者は担当している業務だけが行えるようになっています。逆に、担当していない業務は行えないようになっています。

このような人による内部統制のほか、プロセスをコントロールすることもできます。例えば、発注➡入庫➡請求書照合という一連のプロセスを踏んでいない場合は、先に進めないようにパラメータでコントロールすることができます。

受注についても、受注➡出荷➡請求のプロセスを踏んでいない場合は、先に進めないようにコントロールできます（図2）。

このほか、ワークフロー機能が用意されていて、社内の業務処理規程に合わせて、処理担当者に取引データを渡していくこともできます。特に承認ルールをワークフロー上に組み込み、権限を持っている人に承認の依頼を行えるようになっています。

このように、ERPシステム上に内部統制の仕組みを組み込み、定められている手順以外でやろうとしてもできないようにすることで、不正や監査で問題になるリスクを事前に低減することができます。

図1　内部監査時のチェックポイント

社内業務処理規定

仕入先
請求書
購買管理規定の例
請求書に対応する発注書、
納品書が存在しているか
発注書
納品書

得意先
請求書
販売管理規定の例
請求書の元となる注文請書、
納品書が存在しているか
注文請書
納品書

図2　Dynamics 365は内部統制に対して何ができるか

発注
入庫
請求書照合
×
入庫処理が済んでいない場合は
請求書照合ができない

パラメータ設定で
コントロールできる！

受注
出荷
請求
×
出荷処理が済んでいない場合は
請求書の発行ができない

85 ISMSに対応できているか？

ワンポイント

- ISMS(27001)への取り組み方
- ISMSが求める基準
- SAP、Dynamics 365でどのような対応ができるか

⊙ISMS（27001）への取り組み方

ISMS(情報セキュリティマネジメントシステム)は、根底にあるのがISOのQMS(品質マネジメントシステム)であり、マネジメントシステムの視点から捉えるべきだと考えます。

QMSには、7原則が定義されており、いずれも企業経営にとって重要な要求事項となっています。原則の1つにプロセスアプローチがありますが、このプロセスアプローチこそ、ERPシステムの根幹をなす考え方で、1つ1つのプロセスがつながっていることに着目して、新しい価値を生み出していこうというものです(図1)。

ISMSは、マネジメント・システムの中の情報セキュリティの部分にスポットを当てたもので、ISMS単独で捉えるべきではありません。経営管理の中に情報セキュリティの仕組みを組み込み、社員が使える情報は効率的に取り出せ、守るべき情報はしっかり守っていくことが重要です。

また、トップ自らが率先して行動することで、情報セキュリティ管理を行うことは当たり前なんだという企業風土を作り上げ、社員が自主的・能動的に行動できるようになることがベストだと考えます。

⊙ISMSが求める基準

ISMSや法律、対顧客との契約、社内規程などの要求事項が求める基準となります。**Confidentiality(機密性)**、**Integrity(完全性)**、**Availability(可用性)**の観点から、定めた要求事項に照らし合わせて、現状「できているのか・できていないのか」、また、できていないものに対して「対策を講じるのか・リスクを取るのか」を明確にします。日常の業務遂行状況の監視・チェックを行い、問題があれば、それを改善するといったPDCAサイクルを回していくことになります(図2)。

⊙SAP、Dynamics 365でどのような対応ができるか

ISMSの要求事項は、大きく次のようなものになっています。

・方針、組織、人的資源、資産の管理、アクセス制御、
・暗号、物理的および環境的セキュリティ、運用、
・通信、システムの取得・開発・運用、供給者関係、
・インシデント管理、事業継続、法律の遵守

SAP、Dynamics 365に関係する項目として、アクセス管理、運用、通信、システムの取得・開発・運用が挙げられます。プログラムなどの品質管理のためのランドスケープの考え方や移送によるプログラムの変更管理、ユーザーのアクセス管理などがSAP、Dynamics 365に用意されています。

そのほか、SAPでは、メニューの中にマーケットプレイスがあり、この中で、ユーザー同士がよく使うマニュアルなどが共有できたり、メールの交換をすることもできます。ISMSで求められている情報の可用性を高めるツールとして利用することができます。

ちなみにDynamics 365では、操作誘導型のガイドが用意されていて、ユーザーがいちいちマニュアルを見なくてもオペレーションができる仕掛けになっています。

図1 プロセスアプローチがERPシステムの根幹をなす考え方

情報セキュリティ
マネジメントシステム
(ISMS)

根底にQMSがある！

ISO品質
マネジメントシステム
(QMS)

PDCAを回していくという
マネジメントシステム

7原則
①顧客重視…………………お客様の要求と期待に応える
②リーダシップ……………みんなが同じ方向に向かって進んで行くよう環境を作り出す
③人々の積極的参画………全員参加
④プロセスアプローチ……全体(目標設定から顧客まで)を1つのシステムとして運用していくこと
⑤継続的改善………………これを組織の永遠の目標とすべき
⑥意思決定への事実に基づくアプローチ…データ・情報に基づいて意思決定すること
⑦供給者との互恵関係……相互に依存している対等の関係である

図2 ISMSの導入・運用例

関係する要求元

ISMS要求事項 / 法律 / 対顧客との契約 / 社内規定など

自社のISMS基準を設定・見直し ⇦ 機密性、完全性、可用性の観点

対策の作成

運用・監視 PDCAを回していく

継続的改善

86 IFRS対応は大丈夫か？

ワンポイント

- IFRSの考え方
- SAP、Dynamics 365でどのような対応ができるか

IFRSの考え方

国際会計基準の**IFRS**(International Financial Reporting Standards：**国際財務報告基準**)は、原則主義と言われています。基本的な原則について設定していますが、細かな規程や数値基準がなく、会社が自分で対応方針を決めておく必要があります。

これに対して、日本は規則主義とも言われ、会計基準だけでなく実務指針や解釈指針が公表されていて、事細かに決められています。

IFRSは、演繹法の考えを採用していて、あるべき姿を掲げて、それに具体的な基準を設定するという方法を取っています。

日本の会計基準は、実務的に多くの会社が採用しているものを一般的に公正妥当なものと考えて設定されていて、帰納法的アプローチを取っています。そういう意味で日本の会計基準と根本的に考え方が違っています。

日本では、これまで日本基準をIRFSに合わせるべく、基準の見直し改訂を行ってきました。一時は、日本もIFRSの強制適用の話もあったのですが、アメリカの動きや震災などの影響もあり、いまのところトーンダウンしているように見えます(図1)。

SAP、Dynamics 365でどのような対応ができるか

SAPおよびDynamics 365は元々、ヨーロッパの会社が作ったERPパッケージで、ヨーロッパ主導のIFRSに基づいて作られています。

主な機能として、以下の表1のようなものがあります。

表1 IFRS対応例

機能	説明
過去の会計期間にさかのぼって遡及修正できる	一度締めた会計期間をOPENして過去の取引を入力することができます
総勘定元帳を複数持つことができる	IFRS用、日本基準用、US-GAAP基準用などの総勘定元帳を持つことができ、これからそれぞれの基準用のB/S、P/Lを作成することができます
収益認識基準は、納品、検収基準に対応している	出荷時点では、在庫から売上原価へ、請求時点で売上の計上を行う仕組みになっています
財務諸表(B/S、P/L、C/S)の作成ツールが用意されている	B/S、P/L、C/Sを各基準に合わせてデザインすることができます
外貨評価機能は標準機能として持っている	売掛金、買掛金の未決済明細および外貨預金などを評価用為替レートにより、未実現・実現の為替差損益として計算することができます
固定資産関係のコンバージェンス対応済など	200%定率法、会計基準別のマスター登録および減価償却計算、リース取引、減損会計、資産除去債務計上などへの対応が実現できています

図1 IFRSおよび日本基準の考え方

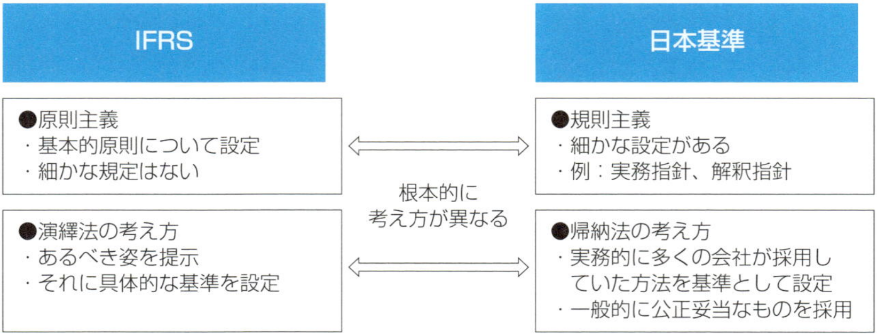

IFRS

●原則主義
・基本的原則について設定
・細かな規定はない

●演繹法の考え方
・あるべき姿を提示
・それに具体的な基準を設定

根本的に
考え方が異なる

日本基準

●規則主義
・細かな設定がある
・例：実務指針、解釈指針

●帰納法の考え方
・実務的に多くの会社が採用していた方法を基準として設定
・一般的に公正妥当なものを採用

87 IT統制の視点での問題はないか?

ワンポイント

- 金融商品取引法(J-SOX)が求める基準
- 全般統制と業務処理統制への対応
- SAP、Dynamics 365はどのように対応しているのか

⊙ 金融商品取引法(J-SOX)が求める基準

上場会社を対象とした金融商品取引法(J-SOX)では、内部統制の基本的要素として次のものを挙げています。

・統制環境
・情報と伝達
・統制活動
・リスクの評価と対応
・監視活動
・ITへの対応(IT統制)

この中のITへの対応の中に「IT環境に対応した情報システムに関する内部統制を整備および運用すること」と定義されています。

上場企業において、コンピュータを使っている場合は、そのコンピュータを動かす環境に問題がなく、個々のプログラムが正確に処理される仕組みになっていることが問われています。使っているコンピュータごとに正確さを証明することになります(図1)。

⊙ 全般統制と業務処理統制への対応

全般統制において、ITのインフラ、例えばハードウェア、ネットワークの運用管理、ソフトウェアの開発・変更・運用および保守、アクセス管理などが問題なく運用されていていることをチェックします。

また業務処理統制において、個々のアプリケーション・プログラムによって、承認された取引がすべて正確に処理され、記録されているかどうかをチェックします(図2)。

⊙SAP、Dynamics 365はどのように対応しているのか

基本は、1つのIT環境の中でERPパッケージを運用しますので、IT統制は、このIT環境の統制ができていれば問題がなく運用されているということになります。

複数のIT環境(コンピュータシステムが複数存在)がある場合は、その複数のIT環境ごとに統制が必要になりますので運用管理の負担が大きくなります。

プログラムの開発・変更においては、十分なテストを行うことはもちろんですが、プログラムの変更履歴管理や移送管理などがきちんと整っていなければなりません。移送管理については、SAPは厳密な仕組みが用意されていて、開発機➡検証機➡本番機と各環境ごとへの移送・テストを繰り返して行う形になっています。

また、システムを利用するユーザーに対しては、ユーザーグループごとにメニュー(このメニュー上に存在しているプログラムしか使えない)を割り当て、その割り当てたプログラムごとにも登録・変更、照会、削除などの各実行レベルの権限設定も行えるようになっています。

さらに取引ごとに、ユーザーIDや日時(時刻)を記録しているので、誰が・いつ・どの処理をオペレーションしたのかを後でトレースできる仕組みになっています。

図1 J-SOX内部統制の基本的要素

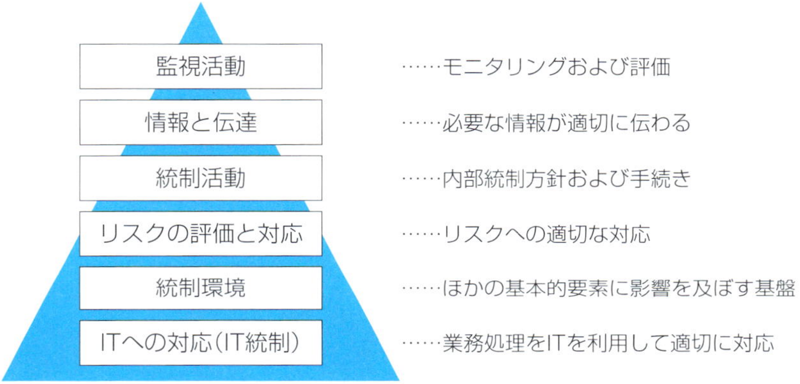

監視活動	……モニタリングおよび評価
情報と伝達	……必要な情報が適切に伝わる
統制活動	……内部統制方針および手続き
リスクの評価と対応	……リスクへの適切な対応
統制環境	……ほかの基本的要素に影響を及ぼす基盤
ITへの対応(IT統制)	……業務処理をITを利用して適切に対応

図2 87-2 全般統制と業務処理統制の関係

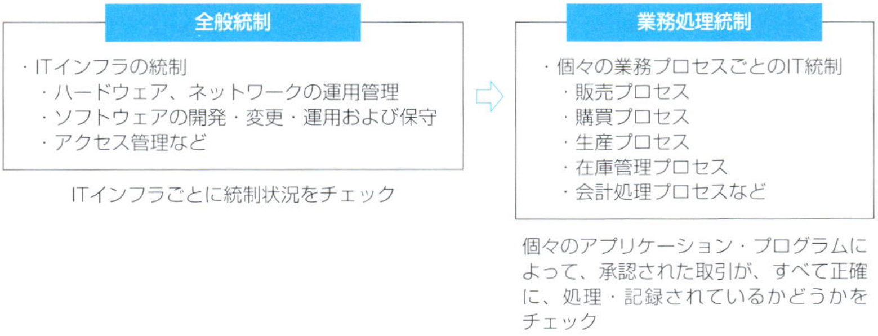

全般統制

・ITインフラの統制
  ・ハードウェア、ネットワークの運用管理
  ・ソフトウェアの開発・変更・運用および保守
  ・アクセス管理など

ITインフラごとに統制状況をチェック

⇨

業務処理統制

・個々の業務プロセスごとのIT統制
  ・販売プロセス
  ・購買プロセス
  ・生産プロセス
  ・在庫管理プロセス
  ・会計処理プロセスなど

個々のアプリケーション・プログラムによって、承認された取引が、すべて正確に、処理・記録されているかどうかをチェック

Column 美味しいものの食べ歩き

Dynamics 365のトレーナーとして名古屋に行った時の話です。10人ほどの社員の方に研修を行いました。一度に、10人がログインしたところ、サーバにアクセスが集中したためにレスポンスが悪く、冷や汗をかきながら研修した思い出があります。訪問先から教えていただいたお店の味噌煮込みうどんや串カツ、手羽先がとても美味しく、行った先の地元の郷土料理を堪能できるのもコンサルタントの楽しみの1つです。

Column 今、話題のマインドフルネスとは？

日常の生活の中で、心に休息をあげていますか？　仕事ではもちろん、オフの時間でも絶えず、人の心は何かを評価、判断し、不安や迷い、恐怖や否定に揺れ動いています。そんな精神状態を意識的に改善していくために、今この瞬間の自分の体験に注意を向け、現実をあるがままに受け入れることで、心の平安を得ていきましょうというのがマインドフルネスの考え方です。

Googleなどでも取り入れられているマインドフルネス瞑想が典型的ですが、通常の生活の中でも、例えば食べる時には、食べ物に集中し時間をかけて心から味わうことで、心が浄化されてストレスが解消でき、また集中力が高まるそうです。

第4章

情シスの悩み解決

第4章では、情報システム部門の方々が持っている悩みを取り上げます。

情報システム部門は、システム開発や運用維持管理を中心に業務を担当していますが、日ごろ行っている作業の中で疑問に感じている点やERPシステムを構築および維持管理していくための諸問題の解決の糸口を提供していきます。

88 情報システム部門の役割とは？

ワンポイント

- システムの構築および運用維持管理がメイン
- 情報システム部門の役割の再構築を図る

◎ERP システムの構築および運用維持管理がメイン

情報システム部門は、一般的にシステムの構築やITインフラの整備、構築後のシステム維持管理の業務がメインになっています。また近年では、クラウド化やコンピュータ技術の進化により、その役割が変化しつつあります。

金融関係の会社や、ネットビジネスを中心としている企業においては、コンピュータシステムそのものが収益を獲得するための経営基盤となっており、マーケティングや経営資源管理の視点が求められる業務へと守備範囲が広がってきています(図1)。

◎ 情報システム部門の役割の再構築を図る

コンピュータシステムが収益源となっている企業では、「企業の成長のために何が必要なのか」「経営戦略に基づいたシステムとは、どのようなシステムなのか」を考え、絶えず改善が要求されます。

このような企業では、情報システム部門の位置づけを**コストセンター**ではなく、**プロフィットセンター**として捉え、役割を変えていく必要があります(図2)。

図1　情報システム部門の役割の変化

システム構築・維持管理		マーケティング・経営資源管理
ITインフラ管理中心		守備範囲が拡大

図2　情報システム部門の役割の再構築

コストセンター	⇨	プロフィットセンター
コスト部門		収益獲得部門

89 情報の「見える化」対応をどのように実現するか？

ワンポイント

- なぜ情報の「見える化」が必要か
- 実現のための方法
- どんなツールがあるか

なぜ情報の「見える化」が必要か

情報の「見える化」は、なぜ必要なのでしょうか。おそらく、今までも情報は見えていたはずです。しかし、その情報の鮮度や見せ方に問題があったのではないかと考えられます。

バッチジョブ中心のコンピュータシステムでは、例えば、月次報告書が帳票として見えるようになるまで時間がかかったり、数字だけの帳票が作成され、どこにどのような問題があるのか、注意深く見ないと分からないといったことがありました。

刻々と変わる現時点の情報を、一目で理解できる形で見えるようにすることで、目標との乖離や機会損失が発生している場合に、すぐ手が打てるようにしたいといったニーズから出てきたものです（図1）。

実現のための方法

前提として、情報システム上のデータが、リアルタイムに現時点の情報に更新される仕組みになっていなければなりません。これができていなければ、どのようなツールを使用しても、最新の鮮度の高い情報を見ることができません。

社員や関係者間で共有したい情報を「見える化」の対象にします。例えば、今日の売上目標値と達成状況、売れ筋商品、動きのない商品、今月および今期の目標値と現在の達成状況などがあります。

実現のためのツールとして、SAPでは**BO**(Business Objects)、**BW**(Business Warehouse)、Dynamics 365 では、**Power BI**(Business Intelligence)などがあります(図2)。

図1　なぜ情報の「見える化」が必要か

バッチジョブ中心の
システム

リアルタイム処理中心の
システム

情報の鮮度が低い

情報の鮮度が高い

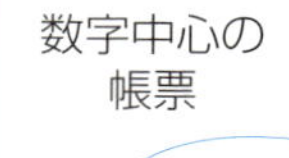

・数字だけで分かりにくい
・すぐ手が打てない

・一目で分かる
・すぐ手が打てる

図2　共有したい情報の例とツール

「見える化」の例：
・今日の売上目標値と現在の達成状況
・売れ筋商品
・動きのない商品
・今月および今期の目標値と現在の達成状況

社員や関係者間で共有

利用可能ツール

SAP
BO
BW

Dynamics 365
Power BI

90 全体最適化の「全体」とは何か？

ワンポイント

- まず、スコープとしての全体を決める
- 今できていることに縛られずにTo-Beを描くこと

何のためのシステム化なのか目的をはっきりさせること

全体最適化の「全体」とは、何を意味するのでしょうか。例えば、社員、部、事業部、会社、グループ会社、親会社、仕入先、販売先、公共機関、国内、国外など様々な切り口から全体を考えることができます。

発生する日々の取引の1つ1つがプロセスとしてつながり、関係する人や会社間で影響し合っています。自社だけを対象とするのか、グループ会社までを含めるのか、さらに取引先も含めたシステムとして考えるのかによって全体が変わってきます。

何を目的としてシステムを構築するのか、その目的を実現するためには、対象とすべきスコープはどうあるべきかという視点で全体を定める必要があります。その定めたスコープの中で全体最適化を目指すべきです（図1）。

今できていることに縛られずにTo-Beを描くこと

組織が大きくなるにつれて、システムが複雑化します。特に再構築においては、現状できているものは新システムでも実現させ、その上で投資目的の実現を目指そうとすると無理が生じるケースが多く見られます。

投資目的の実現のためには、システムの整理統合をしながら、必ずしも、今できていることに縛られることなく、To-Beを描くべきだと考えます（図2）。

図1　全体最適化の「全体」とは

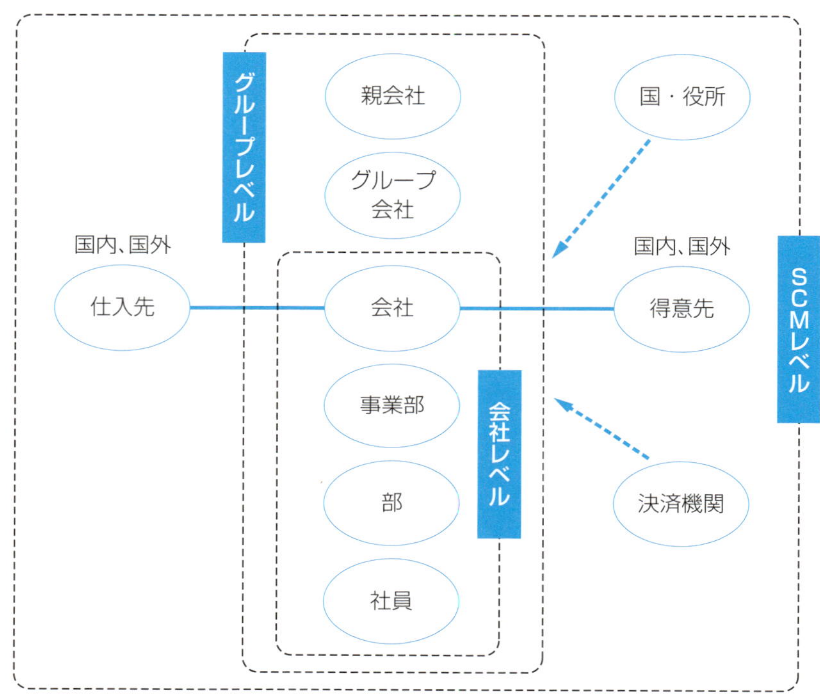

1つの取引がプロセスでつながっている

図2　今できていることに縛られずにTo-Beを描く

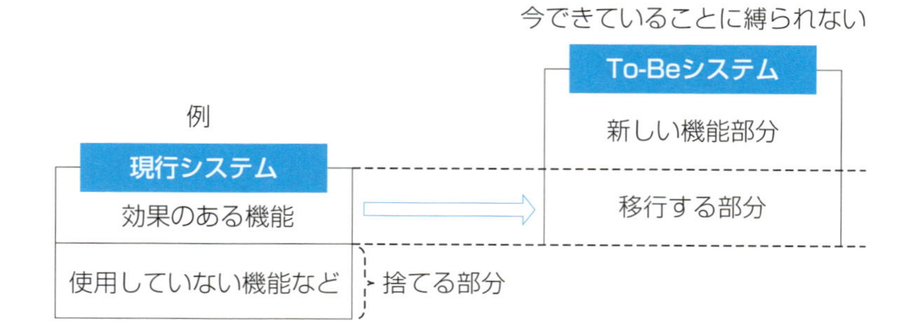

91 要件定義、フィット&ギャップの洗い出しの進め方は?

ワンポイント

- まず、従来の方法や仕組みを変える
- 従来の進め方の例
- 投資目的に対してどう実現するか

まず、従来の方法や仕組みを変える

投資目的を達成するためには、ERPシステムを導入する前に、まず今までの方法や仕組みを変えるという考え方が必要です。ERPパッケージを導入すれば達成できるのではなく、目的達成のために何を変えていくのかが重要になります。

方法や仕組みを変えた上で、ERPパッケージの導入を検討することが求められます(図1)。

従来の進め方の例

一般的にERPパッケージの導入が決まってから、要件定義フェーズを始めるケースが多いのではないでしょうか。各部や各担当者に要望を挙げてもらって、この要望をどのように実現するのかをパッケージの標準機能と照らし合わせながら、フィットかギャップかを決めていきます。

フィットするものは、標準機能をそのまま使用し、フィットしないものは、代替案を検討します。基本的には、要望を取り下げるか機能追加するということになります。

ただ、この方法だと、今までの業務処理の方法を前提(ボトムアップアプローチ)としているのでギャップが多くなります。また、業務処理方法などの変更作業とERPパッケージの導入作業を一緒にやることになり、混乱が生じます。

変えるべきことが変えられない、決めるべきことが決められず、時間だけが経過し、要件定義フェーズの終了時期が見えなくなります(図2)。

⊙ 投資目的に対してどう実現するか

本来の要件定義は、各部や各担当者の要望ではなく、投資目的に対してどう実現するかということであって、トップやプロジェクトの責任者が明確な方針を持っていなければなりません。その方針に基づいて、フィットかギャップかを判断していかなければなりません。

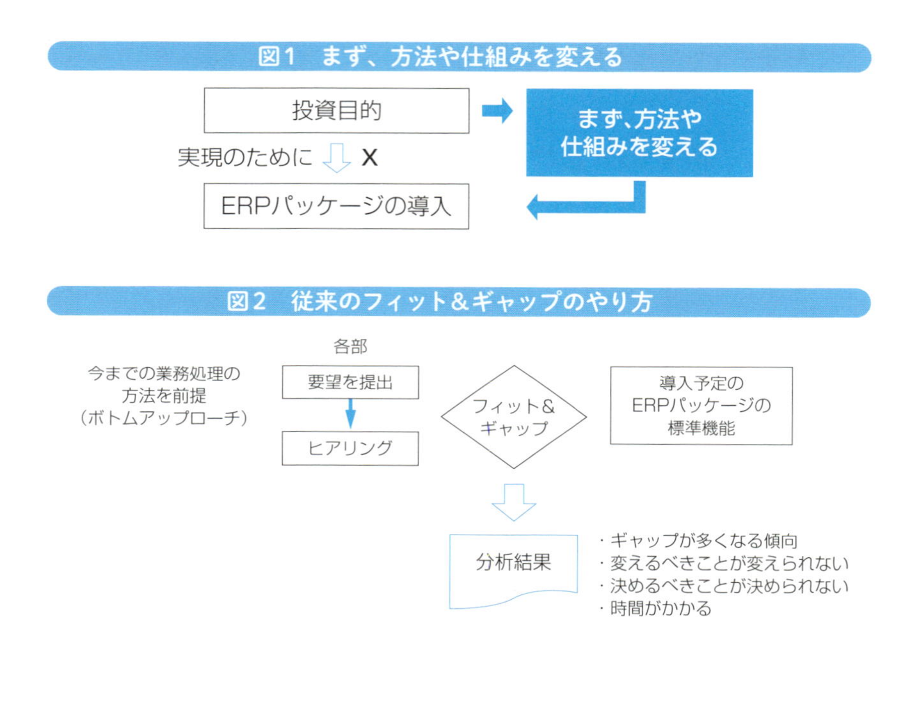

図1 まず、方法や仕組みを変える

図2 従来のフィット&ギャップのやり方

92 組織構造の定義が難しい！

ワンポイント

- どのような組織構造の定義が考えられるのか
- 具体的な定義の方法

どのような組織構造の定義が考えられるのか

ERPパッケージを導入する場合、まず、どの組織のどの業務を対象とするのか、どのモジュールを使用するのかスコープを決めなければなりません。その上で、どのような組織構造にするのかを定義にしていきます。

この組織構造がこれから実現するERPシステムの処理やアウトプットに大きな影響を与えるので、慎重にかつ、優先順位高く決める必要があります（図1）。

具体的な定義の方法

組織構造として明確に定義が必要なコードについて、SAPを例に、主なものを下の表1に示します。そのほかの組織構造に関する項目については、図2で確認してください。

表1 明確に定義が必要なコード

コード	説明
クライアント	処理する環境
勘定コード表	勘定科目を定義したもので会社横断的に使用が可能
会社コード	対象とする会社（複数会社処理が可能）
与信管理領域	与信管理で使用
財務管理領域	資金管理で使用
管理領域	管理会計で使用
原価センター	コストの管理単位
利益センター	利益の管理単位

コード	説明
事業領域	事業部（セグメント）別の財務諸表作成用
購買組織	購買発注組織
プラント	工場、物流センターなど
販売組織	受注組織
保管場所	在庫品の管理場所など

図1　スコープを明確にする

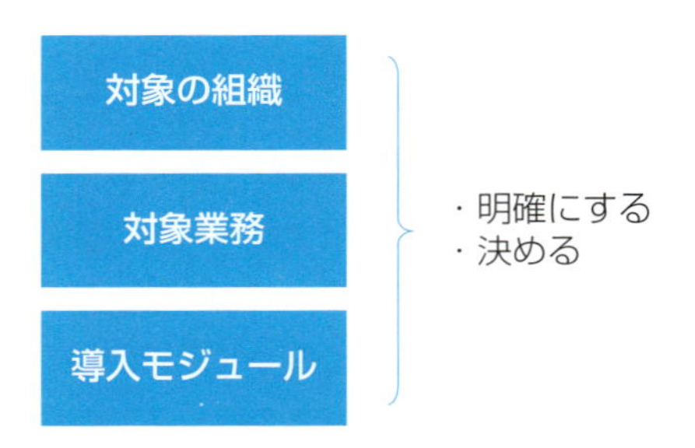

その上で組織構造を定義

図2　SAPの組織構造設定の例

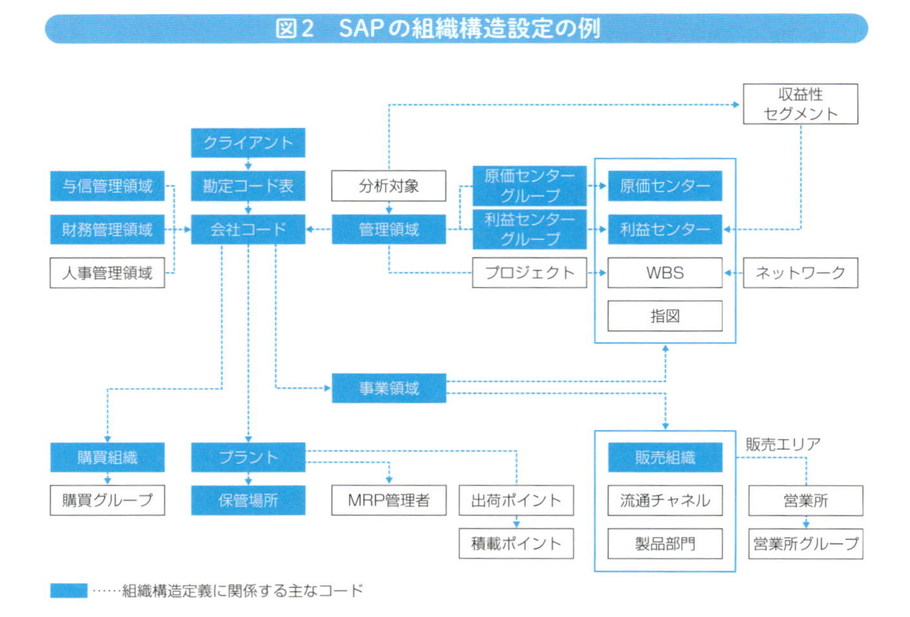

93 クラウドか、オンプレミスか？

ワンポイント

- オンプレミスで何が問題になっているのか
- クラウドにした場合、どのような運用方法に換わるのか
- クラウド、オンプレミス、そのミックスのいずれが良いのか

オンプレミスで何が問題になっているのか

オンプレミスでITインフラを運用管理している場合、例えば、次ページ上の表1に示した多岐にわたる作業が必要になります。これを自社の中で要員を用意し、対応していくことが難しくなってきています。

クラウドにした場合、どのような運用方法に換わるのか

クラウドサービス提供会社は、基本的に次ページ下の表2に示した作業を行うことになります。

今まで自社でやっていた運用管理のほとんどの部分をクラウドサービス提供会社が行うことになるので、クラウドサービス提供会社に作業を委託する形になります。

クラウド、オンプレミス、そのミックスのいずれが良いのか

まず重要なのが会社の方針です。これからのシステム開発および運用管理をどのような方針で取り組んでいくのかを明確にする必要があります。そのため、「情報システムおよび情報資源を外部に任せていくもの」と「自社の中で守って管理していくもの」の２つに分けて対応方針を決めるのが良いでしょう。

クラウド化するかどうかの主な判断ポイントは、コスト、安全性、セキュリティ管理になりますが、今後、クラウド化するのかオンプレミスでいくのか、その

両方を使用していくのか経営的判断が求められます。

表1 オンプレミスで発生する主な社内作業

No.	内容
①	IT基盤の調達・運用管理
②	メールやファイルの管理
③	ツール・アプリケーションソフトウェアのバージョンアップ対応
④	システムの構築・改修
⑤	業務量の拡大に合わせたハードウェアの増設
⑥	業務量の拡大に合わせたレスポンスの改善
⑦	ネットワーク管理
⑧	情報漏洩などの情報セキュリティ対策
⑨	運用監視
⑩	システムダウンに備えたデータのバックアップ対応

表2 クラウドサービス会社が提供可能なサービスの例

作業	内容
IT環境の提供	・情報セキュリティ管理環境下のIT基盤(サーバ、OS、データベース、ソフトウェア、バージョンアップ) ・開発、テスト、本番環境の提供
IT環境の拡張	・メモリ、サーバなどのストレージ管理
アプリケーションの管理	・ERPパッケージアプリケーション ・メール、ファイル共有アプリケーション ・プログラムの改修時の移送 ・バックアップ ・バージョンアップ
運用監視	・システムのパフォーマンス状況管理 ・アクセス状況管理など

94 業務プロセス、業務フローは誰が管理しているのか？

ワンポイント

- 業務プロセス、業務フローは管理されているか
- システム構築や再構築の時だけ見直ししていないか
- 専門の管理部署が必要

業務プロセス、業務フローは管理されているか

日常の業務では、使用しないことが多いためか、システムの構築時に作成した業務フローがメンテナンスされていないことがあります。そのため、システムの改修や再構築時などに、業務担当者にヒアリングして最新版に修正した上でTo-Beを検討することがあります。

しかし、担当者が人事異動になっていたり、退職してどうなっているのか分からないケースもあります。このケースでは、業務プロセスや業務フローの管理責任部門が不明確で、会社として業務プロセスを重要視していないように見えます。

専門の管理部署が必要

会社にとって「業務をどのような流れで処理していくのか」という業務プロセスの管理は、非常に重要です。プロセスとプロセスのつながりの中から、改善すべき点が見えてくる場合が多くあります。

そのためには、プロセス管理を責任持って行う部署が明確になっていなければなりません。この部署が業務フローや社内の業務処理規程などの管理を行うことで、会社として、最新の業務フローを維持していく必要があります。

95 コード定義および管理は誰が行っているのか？

ワンポイント

- コード定義は重要
- コード管理部署が必要

コード定義は重要

コンピュータシステム上でデータを集めたり、集計したりする場合に使用するコードの定義は、情報資源管理の観点からもとても重要です。

その一例として、部門コード、得意先コード、仕入先コード、銀行コードについて考えてみましょう(図1)。

部門コードは、経営成績管理単位(利益センター)や原価管理単位(原価センター)に関係します。得意先コードは、顧客分析や請求管理、債権管理、与信管理に関係します。仕入先コードは、購買先分析や請求書の受取部署、債務管理、支払管理などに関係します。銀行コードは、通帳ごとの取引管理や入金口座、振込支払先に関係しています。

コード管理部署が必要

得意先コードは営業部門、仕入先コードは購買部門、部門コード・銀行コードは経理部門といった、主に使用する部署が管理している会社が多いのではないでしょうか。

コード定義が重要なのは、デジタル情報を経営資源としてストックする時のキーとなる情報ですので、会社の方針として明確な意思を持って管理していく必要があります。

各部門でバラバラに管理するのではなく、コンピュータ上のマスターメンテナンス作業も含めて、例えばデータ管理センターなどの専門のコード管理部署が経営資源の1つとして管理すべきだと考えます(図2)。

図1 コードの定義は、情報資源管理の観点からも重要

部門コード		部門別経営管理情報（利益センター）	原価管理単位（原価センター）		
得意先コード		顧客分析	請求管理	債権管理	与信管理
仕入先コード		購買先分析	請求書受取部署	債務管理	支払管理
銀行コード	⇨	通帳の取引管理	入金口座	振込支払先	

図2 コード管理は専門の部署で管理

コード管理部署の例

データ管理センター

部門コード　得意先コード　仕入先コード　銀行コード

⇩ コードをキーにデータを蓄積

デジタル経営
情報資源
（DB）

96 情報系および管理会計、財務会計ニーズの違いは？

ワンポイント

- それぞれ目的と利用者が異なる
- 数字を一致させる必要はないが、同一環境で実現させるべき

それぞれ目的と利用者が異なる

情報系のデータと管理会計および財務会計の数字は、利用目的と利用者が異なります。情報系は、マーケティングを中心とした営業に携わる人、管理会計は経営管理にかかわる経営者や管理者、財務会計は、外部への公表のための情報で株主や銀行、税務当局などに対するものになります。　利用目的によって把握したい情報が異なりますが、それぞれの情報の基となるデータは1つであることが望まれます（表1）。

数字を一致させる必要はないが、同一環境で実現させるべき

利用目的が異なることから、それぞれの数字は必ずしも一致させる必要はありません。ただし、それぞれが同一のシステム環境の中に存在することで、利用者に関係づけられた情報として提供することができます。

例えば、案件情報は、将来の受注金額となり、将来の売上へとつながっています。潜在顧客は、将来の見込み顧客となり、やがて自社の得意先となる可能性があります。このように情報系、管理会計、財務会計の基となるデータは、1つのシステム上に存在することで利用価値が高まります（図1）。

表1 情報系、管理会計、財務会計のニーズの違い

情報の種類	利用目的	主な利用者
情報系	マーケティング	営業関係者
管理会計	経営管理	経営者
財務会計	外部公表	株主、銀行、税務当局など

図1　1つのデータベース上に存在させる

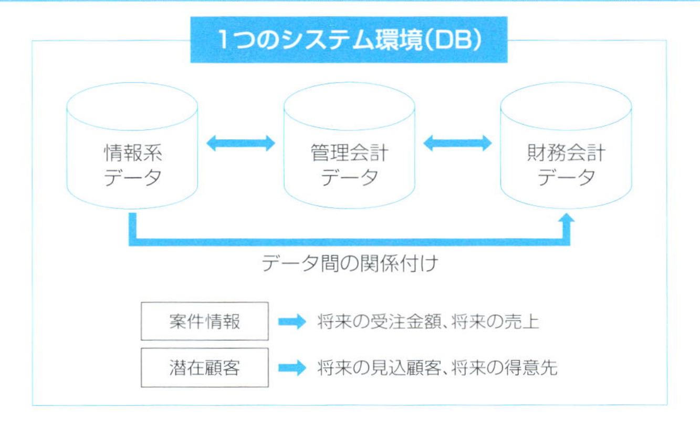

97 システム全体を理解している人がいない！

ワンポイント

- 過去のシステム構築歴史の理解が必要
- どのようにして人を育てるか
- 経営管理の視点が大事

過去のシステム構築歴史の理解が必要

コンピュータシステムを長年利用してきた歴史のある会社ほど、全体を理解している人がいないと言われています。その理由として、次ページの表1に示した、過去のシステムの運用や社員の退職、特別ロジックなどの問題が挙げられます。

どのようにして人を育てるか

システム全体を理解している人がいない状況の中で、新たに人を育てるには、2つの方法が考えられます。

1つは過去のレガシーシステムを再構築し、再構築時にプロジェクトリーダーやプロジェクトマネージャーを経験しながら、システム全体の仕組みを理解していく方法が考えられます。

もう1つは、ジョブローテーションにより、長い期間をかけて、会社のいろんな部署の仕事を経験することで、会社全体から鳥観図的視点でプロセスを見つめ直す力を養っていくという方法です。

そのほか、他社に出向して、その会社の仕組みを体験することで、自社の経営管理のあり方を考えられるような人材に育て上げる方法もあります。

いずれにしても時間がかかりますので、社員のキャリアパスを明確にして取り組んでいくべきテーマです(図1)。

表1 システム全体を理解している人がいない

問題点	説明
過去のシステムの運用	現在も過去に構築したシステムが多く運用されている
社員の退職	システムにかかわった社員が定年などにより退職
構築の背景があいまい	当時のシステムの構築の背景やシステム構成などがあいまいになっている
改修箇所が分かりづらい	維持管理のためのプログラムの改修箇所を見つけるのに時間がかかる
特別ロジック	顧客からの要望による特別ロジックが存在する

図1 どうやって育成していくか

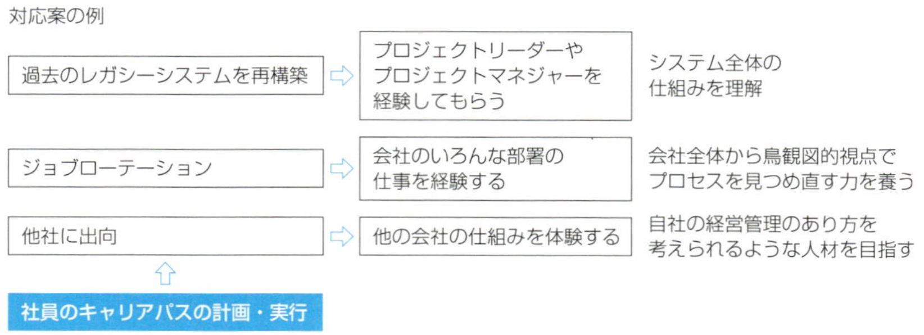

対応案の例

過去のレガシーシステムを再構築 ⇨ プロジェクトリーダーやプロジェクトマネジャーを経験してもらう ― システム全体の仕組みを理解

ジョブローテーション ⇨ 会社のいろんな部署の仕事を経験する ― 会社全体から鳥観図的視点でプロセスを見つめ直す力を養う

他社に出向 ⇨ 他の会社の仕組みを体験する ― 自社の経営管理のあり方を考えられるような人材を目指す

⇧

社員のキャリアパスの計画・実行

98 外部システムとのインターフェースの問題をどうするか？

ワンポイント

- どのような方法が存在するか
- データチェックおよびコード変換が必要

どのような方法が存在するか

1つのITインフラの中で、システムをクローズして運用している場合は、インターフェースそのものが少ないですが、現実には多くの外部インターフェースの仕組みが存在する会社が多くなっています。インターフェースが多いと、どうしてもシステムが複雑になり、リアルタイム性を阻害する大きな要因の1つになります。

その解決方法として、大きく分けて、次ページの表1に示した４種類があります。

まずファイル転送は、大量データの受け渡しに向いていますが、バッチ処理で行われるため、リアルタイムの連携が必要な業務には適しません。

メッセージ・キューイングは、SAPのIDocのように少量のトランザクションのリアルタイム連携に向いています。プロシージャー・コールは、リアルタイム連携に向いていますが、障害対応に十分に配慮した設計が必要です。

また、**EAI**(Enterprise Application Integration：**企業アプリケーション統合**)ツールは、価格が高いイメージがあります。

データチェックおよびコード変換が必要

システムが異なることにより、それぞれで持っているマスター間の同期や、同じ項目でもコード体系が異なる場合には、コード変換の仕組みが必要になります。

受取側では、受取側システム上でエラーにならないよう事前にマスターの存在チェックをする必要があります。また、エラーになった場合のリカバリー方法も明確にしておかなければなりません。

このように、外部システムとのインターフェースが必要な場合は、受取側と送り側間でどちらがどのようなチェックと変換を行うのか、あるいはメッセージのフォーマットや送受信タイミングなどについて、事前に取り決めておく必要があります(図1)。

表1 インターフェース方法の例

インターフェースの方法	特長	補足
ファイル転送	大量のデータ転送が可能	バッチ処理
メッセージ・キューイング	少量トランザクションのリアルタイム連携（キューに入れてメッセージ単位で処理）	例：SAPのIDoc
プロシジャー・コール	リアルタイム連携（相手のプログラムを直接コール）	障害対応に配慮が必要
EAIツールの利用	リアルタイム連携（専用のサーバを経由）	価格が高いイメージ

図2 インターフェースで必要となるチェック、コード変換の例

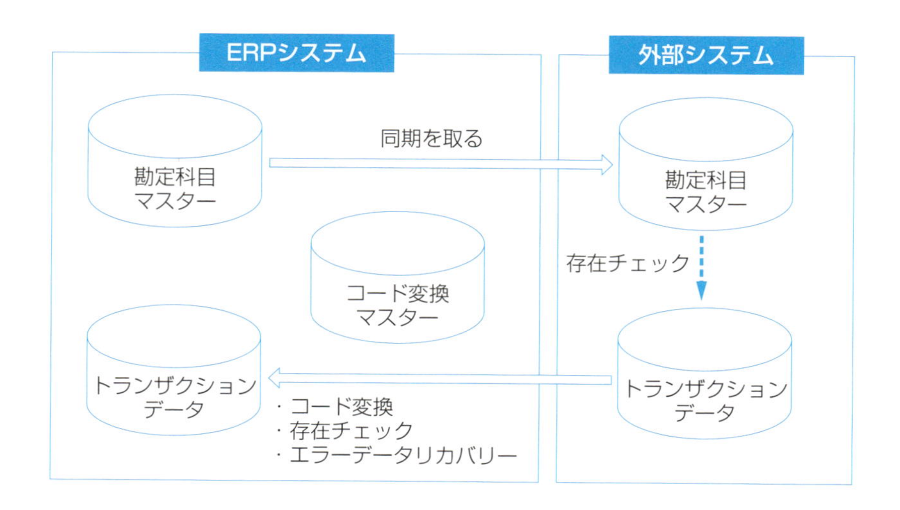

99 エンドユーザーコンピューティングにどう対応するか？

ワンポイント

- 必要とする情報は何か
- セキュリティとの関係
- どのようなツールを提供するか

必要とする情報は何か

すべてのユーザーの情報要求に応えようとすると、膨大な帳票の数になることがあります。その一例として、著者がクライアントから要望をヒアリングした際に、Excelで数百のシートに分けて帳票を作成しているケースがありました。

このExcelシートを分析したところ、会計上の試算表データ、受注･売上データ、発注・仕入データ、固定資産データの４種類であることが分かり、この４種類のデータを出力できるビューを作り、提供したことがあります。

このようにエンドユーザーが必要としている情報が明確になっていれば、エンドユーザーが直接データを取り出すことで、分析用の膨大な帳票を用意する必要がなくなります（図1）。

セキュリティとの関係

利用者ごとに権限設定は必要です。業務分担が明確に行われていない場合は、まず、利用者ごとに担当する業務を明確にしなければなりません。その上で、担当者が直接利用できる処理に対してアクセス権限を設定してコントロールします。

上記の例のデータを扱う利用者に対しても権限を付与し、利用できるユーザーを限定できるようにします。

また、給与データなど一般社員に公開していない情報は、権限付与も含めて慎重に扱う必要があります。

⊙ どのようなツールを提供するか

ExcelやWord、PowerPointなどを利用しているユーザーが多いと考えますが、Excelのほか、SAPではクエリを、Dynamics 365ではFinancial Reportsなどをユーザーに開放することで、エンドユーザーコンピューティングによる情報リテラシーを高めることが可能です。もちろん、権限管理をしっかり行うことが前提となります（図2）。

図1　必要とする情報を明確にする

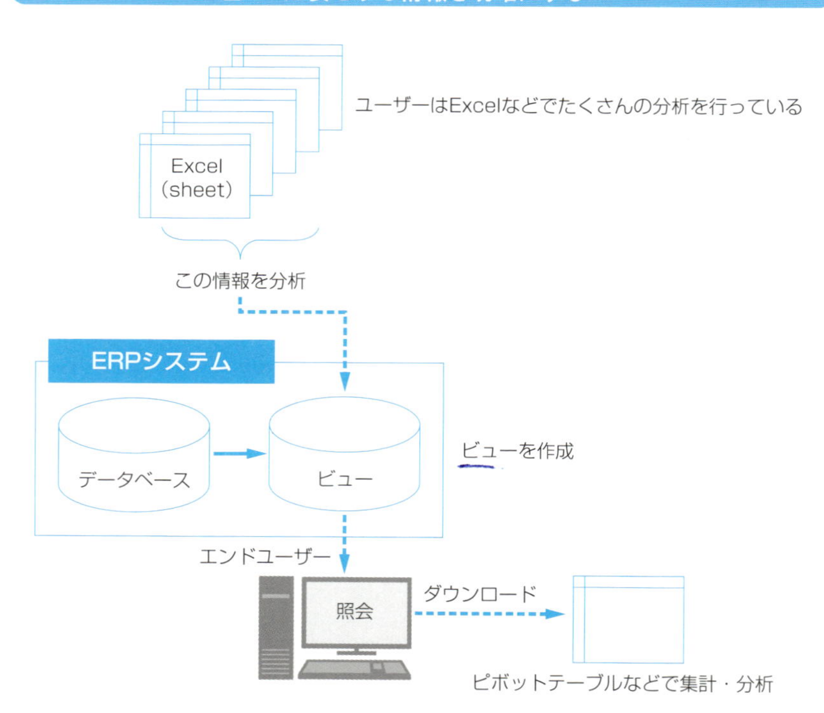

図2　情報リテラシーの向上を図る

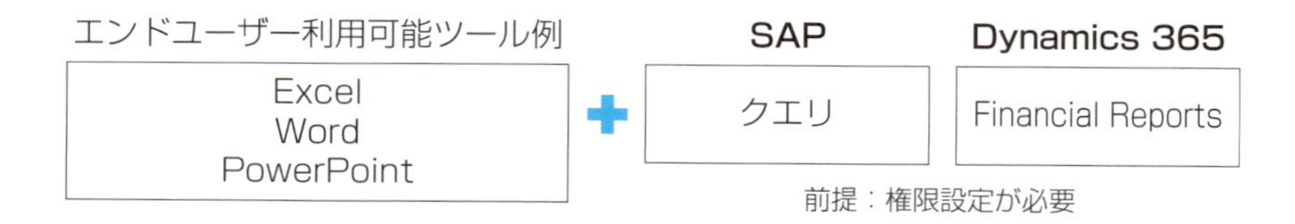

100 多言語やタイムゾーンの問題をどうするか？

ワンポイント

- 言語別のマスター名称の登録が必要
- タイムゾーンの設定

言語別のマスター名称の登録が必要

グローバル展開を行っている企業にとって、言語や**タイムゾーン**の問題は必須対応となります。特に画面に表示される項目名称や帳票などに出力される項目名称は、ユーザーが使用している言語で入力および表示させる必要があります。

SAPとDynamics 365は、多言語対応となっており、ユーザーが使用したい言語を選択することができます。また、マスター登録の際にも、必要とする言語の名称を登録できるようになっています。

タイムゾーンの設定

世界で同じサーバを利用している場合は、サーバ上のタイムゾーンをあらかじめどの基準で使用するか設定しています。このサーバ上に設定された日付、時刻がタイムスタンプとして発生する取引データに書き込まれます。

よく問題になるのは、「在庫の出荷可能日および時刻は、何時までなのか？」ということです。出荷ポイント上の倉庫のタイムゾーンやその国の慣習で休日になっている場合も考えられるので、出荷ポイントが存在する国のカレンダーやタイムゾーンの設定が必要になります（図1）。

図1　タイムゾーン、カレンダーが在庫の出荷可能日・時間に関係する

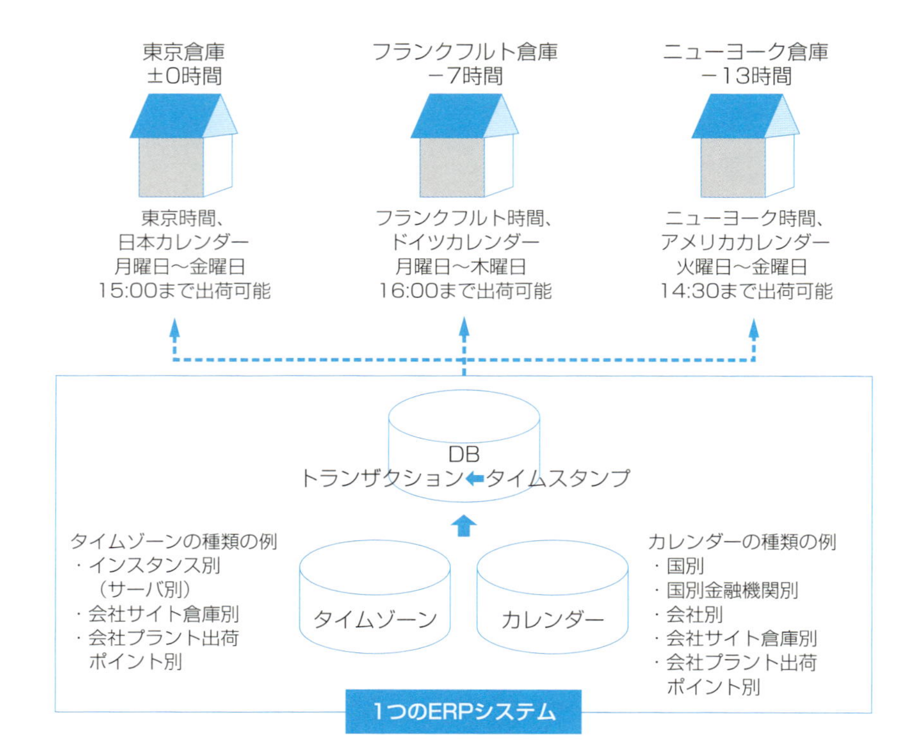

101 操作マニュアルは、どのように作成するか？

ワンポイント

- 操作マニュアルは共通操作と個別操作に分けて作成する
- 常に最新の状態に保持されていること
- ツールの利用

操作マニュアルは共通操作と個別操作に分けて作成する

利用者向けの操作マニュアルの作成には、予想以上に時間がかかります。業務処理メニューや業務フローに沿って、共通的な操作マニュアルおよび個々のプログラムの操作マニュアルを用意する必要があります。

具体的には、本番環境に近い状態で動作を確認しながら、スクリーンショットを取り、手順や注意点を記載して作成します。会社によっては、マニュアル作成の専門の業者に依頼して作成する場合もあります

運用開始後に仕様変更などにより操作方法に変更が生じた場合は、変更履歴管理を行うとともに、操作マニュアルがタイムリーに最新の状態に保持されるように仕組みを用意しておくことが大切です(図1)。

ツールの利用

操作マニュアル作成ツールを利用することで、効率的に操作マニュアルを作ることが可能です。

例えば、Dynamics 365では、レコーダ機能を使用して、対象のプログラムの操作内容を記録し、操作結果をWordに生成することができます。また、生成された操作マニュアルにポイントなどを追記して加工できます。

そのほか、カーソルを次に処理する項目に自動的に移動させるガイド付きのマニュアルの作成や、動画によるマニュアル作成ツールもあります。

SAPも同様のツールがあります。

図1　操作マニュアルの作成

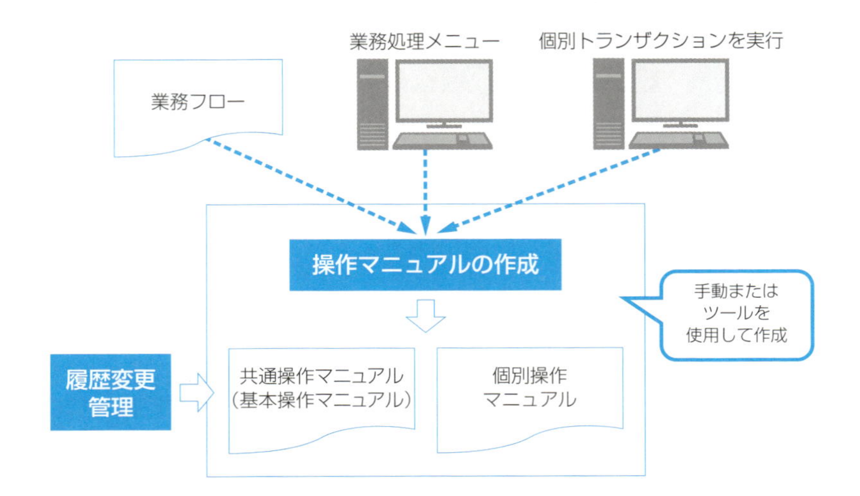

102 採用技術の陳腐化と維持管理をどうするか？

ワンポイント

- システムごとに採用している技術を一覧にする
- 計画的に対応していく
- 止めるものを明確にする

◎ システムごとに採用している技術を一覧にする

採用技術の陳腐化を防ぐには、まず運用中のシステムごとに採用している技術の一覧表を作成し、導入してからの経過年数および維持管理状況を明確にすることが大切です。その上で、採用されている技術と現在の技術レベルを評価して、採用している技術が陳腐化しているかどうかを判断します。

判断基準は、「耐用年数の経過」「今までできなかったことが可能になった」「処理の能力および処理スピードの改善が図れる」「コストダウン」「システム間の親和性の向上」などです。コストダウンの中には、維持管理コストも含まれます(図1)。

⊙ 計画的に対応していく

陳腐化した技術を新しいものに変えていくという方針を明確にした上で、中長期のシステム改善計画の中に組み入れ、計画的に進めていきます。例えば、

- 改修で対応する技術
- 廃棄する技術
- 維持管理業務を外部委託することで、自社から切り離す技術
- クラウドサービスの活用などにより、常に最新バージョンを使えるようにする技術

などに分けて対応していくのが良いでしょう。

図1　システム採用技術一覧表/中長期システム改善計画の例

採用技術一覧表

システム	利用技術	導入目的	導入年月	耐用年数	利用部門	維持管理状況	改善方針	廃棄

判断基準例
- 耐用年数の経過
- 今までできなかったことが可能になった
- 処理の能力および処理スピードの改善が図れる
- コストダウン
- システム間の親和性の向上

中長期システム改善計画

システム	利用技術	改善内容	改善時期	改善方針	耐用年数	期待効果

改修方法例
- 買い替え
- 改修
- 廃棄
- 業務処理の外部委託
- クラウド化

103 バージョンアップの方法は？

ワンポイント

- 標準機能に対してAdd-onしている場合
- 標準テーブルが変更になった場合

標準機能に対してAdd-onしている場合

バージョンアップは、主に提供しているプログラムの機能追加や改良版(不具合の改修を含む)のソフトウェアを提供するもので、保守契約をしていれば、SAPやMicrosoftから提供されるバージョンアッププログラムをインストールしコンパイルすることで可能です。

問題になるのは、新しい機能が追加になった際に、今まで使っていた標準のテーブルに変更が生じている場合や、標準プログラムをカスタマイズして利用している場合です。バージョンアッププログラムをそのまま当てるのではなく、当てた場合の影響を検証環境などで事前に調査する必要があります。

当てた場合に問題が生じる場合は、選択して必要なプログラムだけバージョンアップする等の個別対応が必要になります。また、バージョンアップ後のプログラムの動作確認が重要です(図1)。

標準テーブルが変更になった場合

標準テーブルが変更になるような大規模なバージョンアップの場合は、一般的に既存のテーブル上のデータの移行ツールが提供されます。

ただし、標準テーブルを直接読み込んでいるようなAdd-onプログラムは、改修が必要になります。このようなバージョンアップの場合は、プロジェクトを立ち上げ、時間をかけてプログラムの改修やバージョンアップ後の動作検証を行います(図2)。

図1 バージョンアップ時の注意点

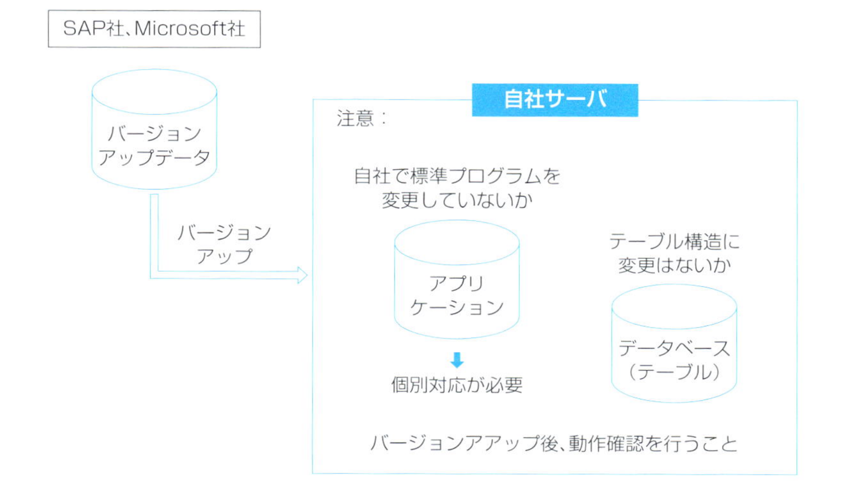

図2 テーブル構造が変わる大規模バージョンアップの場合の対応例

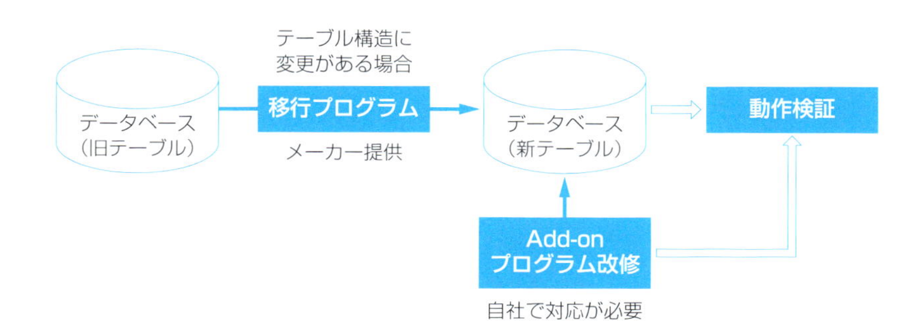

104 保守料・運用コストがアップしている！

ワンポイント

- 保守料アップ
- 保守料の支払を止めても再度保守契約をする場合は、止めた時にさかのぼって支払わなければならない
- 運用コストは外部委託やクラウド化で変えられる

保守料アップ

保守料の中には、問い合わせ24時間サポート、バージョンアップの権利、法制度の改正対応プログラムの提供などが含まれています。

一般的にライセンス料の17%程度の年間保守料が発生しますが、SAP社がこの保守料を毎年アップして17%から22%にすると発表し、そのアップ率の高さがSAP導入済の会社経営に大きなインパクトを与えました（その後、2010年に年間保守料18%の契約パターンが追加されました）。

保守料を支払わないことも可能ですが、その場合、上記のサービスを受けられないほか、もし後で保守契約を希望した場合は、保守料の支払いを止めた時からさかのぼって支払う必要があります。

運用コストは外部委託やクラウド化で変えられる

システムの運用を自社から外部に業務委託することで、運用コストを改善する方法があります。運用を外部に委託することで自社の要員の人件費などの維持管理コストの改善が期待できます。

また、クラウドサービスを利用することで、ITインフラに関するコスト改善が図れます。外部に運用を委託する場合は、委託先のIT設備や運用管理体制、情報セキュリティ管理などがしっかり行われていることを確認する必要があります。

105 複数のマスターの整合性をどう実現するか？

ワンポイント

- 同じようなマスターがシステムごとに存在する
- それぞれのメンテナンスは同期を取って行う必要がある
- データセンターなどマスターのオーナー部署が必要

同じようなマスターがシステムごとに存在する

過去のシステム開発の歴史から、複数のITインフラを使っている会社が多いと考えます。このようなケースでは、例えば、得意先マスター、仕入先マスター、品目マスター、部門マスター、勘定科目マスターなど、同じようなマスターがそれぞれのITインフラ上にあります。しかし、それぞれのメンテナンスのタイミングやマスター上の必要項目が異なっています。

そのため、システムごとにメンテナンスを行うか、インターフェースして、他のシステム上のマスターを転送するプログラムを開発して対応しています(図1)。

それぞれのメンテナンスは同期を取って行う必要がある

あるシステム上のマスターメンテナンス結果を、同じマスターを持つ別システムに配信するツールを作成し、二重のマスターメンテナンス作業の省力化や、整合性を確保する方法があります。この場合、各システムに配信した時点で、システム間のマスターの同期が確保されます。

また、同一のコードの定義や、マスターの配信システムを考える場合は、データセンターなどのマスターのオーナー部署が必要になります。この部署でコードの定義やマスターの元データを作成し、マスターを必要とする各システムに配信することで、システム間で漏れなく同期したマスターとして、運用管理できるようになります(図2)。

図1　ITインフラごとに同じようなマスターが存在

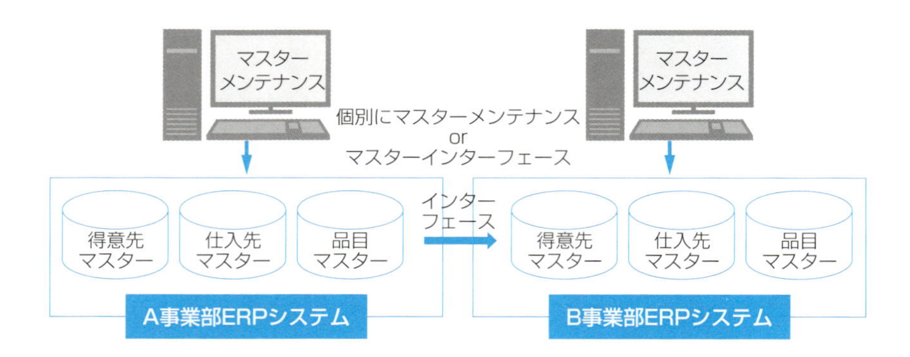

図2　データセンターからマスターを配信する方法

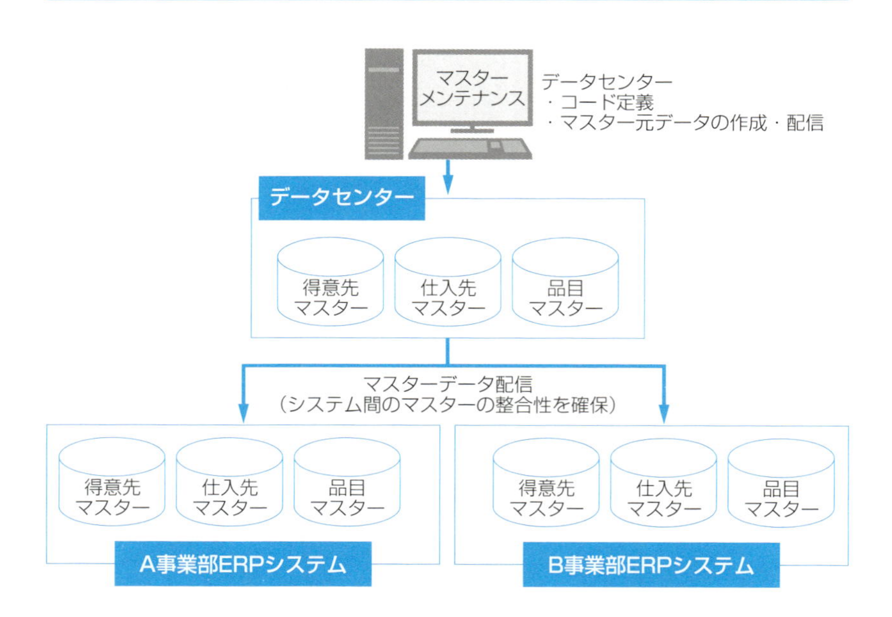

106 昔から使い続けてきたサブシステムをどうするか？

ワンポイント

- 必要性を目的に照らし合わせて判断する
- 存在することで無駄な作業が生じている場合がある
- システムをスリムにしていく

◎ 必要性を目的に照らし合わせて判断する

昔から使い続けてきたサブシステムが、今でも現役で使われている場合があります。本当に必要なのか目的と照らし合わせてシステムの棚卸しをする必要があります。

例えば、手形発行システムについて考えてみましょう。手形を発行することで、支払を遅らせ、資金繰りに余裕を持たせることができます。しかし、発行した手形にかかる印紙代や手形一枚ごとの管理コストが発生するので、これらのコストと比較して今後も残して使い続けていくのかを検討する必要があります。

もし、金利負担の少ない資金調達が可能であれば、手形を廃止することで、使い続けてきた手形システムを捨てることができます。また、手形に代わる方法として**ファクタリング**の利用や、金融市場からの資金調達なども考えられます（図1）。

◎ システムをスリムにしていく

昔から使い続けているサブシステムの一覧を作成して、必要性を検討の上、止めるもの、使い続けるもの、新しいシステムに統合するものに色分けします。その上で、計画的にシステムをスリムにしていくことで運用コストの改善や業務処理効率の向上を図っていくことをお勧めいたします（図2）。

図1　昔から使い続けてきたサブシステムを止める

支払手形発行
システムの例

ERPシステム

支払手形データを
インターフェース

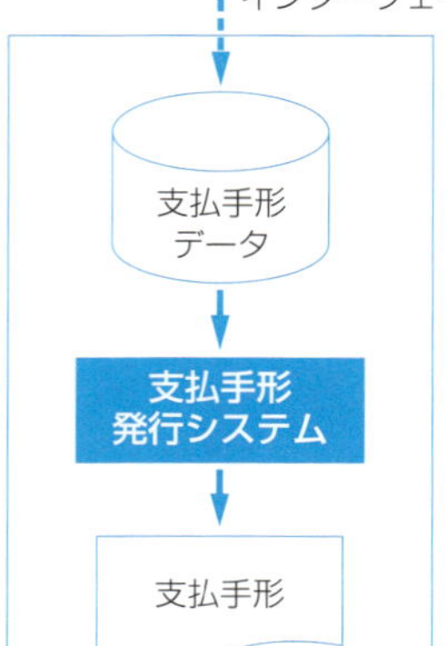

支払手形発行における諸問題
- 支払手形（手形番号付き）の用紙管理が必要
- 印刷時に印刷位置を調整（連続用紙）
- 印紙代がかかる
- 手形の現物管理が必要
- 支払期日管理が必要

代替案の例
- ファクタリングへ切り替え
- 金融市場からの資金調達

図2　サブシステムを色分けしてスリム化を図る

昔から使い続けてきたサブシステム

色分け
- 廃止（代替案で対応）
- 新システムへ移行
- 使い続ける

スリム化
- 運用コストの改善
- 業務処理効率の向上

107 ビジネステンプレートを使った場合の問題をどうするか？

ワンポイント

- テンプレートを修正する必要が出てきた場合
- バージョンアップへの対応

テンプレートを修正する必要が出てきた場合

ERPシステムの導入に際して、SIerなどが提供するビジネステンプレートを使って導入した場合、どのような問題があるのでしょうか。よくあるケースは、次の２つのケースです（図１）。

①テンプレートの納品・検収後にテンプレートに不具合が見つかった

このケースは、保守契約を結んでいれば、テンプレート提供会社の責任で修正してくれます。

②テンプレートの納品・検収後にテンプレートを変更した

自社で変更対応した場合は、その時点からテンプレート提供会社の責任範囲から除外されます。テンプレート提供会社に変更作業を依頼した場合は、引き続き、保守契約の範囲でテンプレート提供会社の責任で対応してくれます。どちらにしても、テンプレート提供会社と、今後どのような関係を維持していくのか会社の方針決めが重要になります。

バージョンアップへの対応

ERPテンプレートを使用している場合で、ERPパッケージの提供会社（SAP社、Microsoft社）がERPパッケージのバージョン更新をリリースした場合に、そのバージョンを適用するかどうか悩むことになります。

テンプレートの提供会社がバージョンアップを保証してくれれば問題ないで

すが、自社でテンプレートのプログラム改修をしている場合は、テンプレート提供会社は保証してくれませんので、自社で対応する必要があります(図2)。

図1　テンプレートを使った場合の問題点

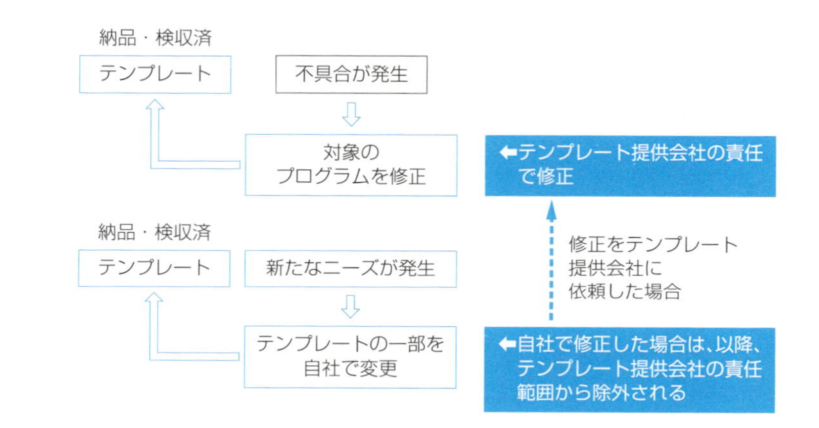

図2　ERPパッケージのバージョンアップでの問題点

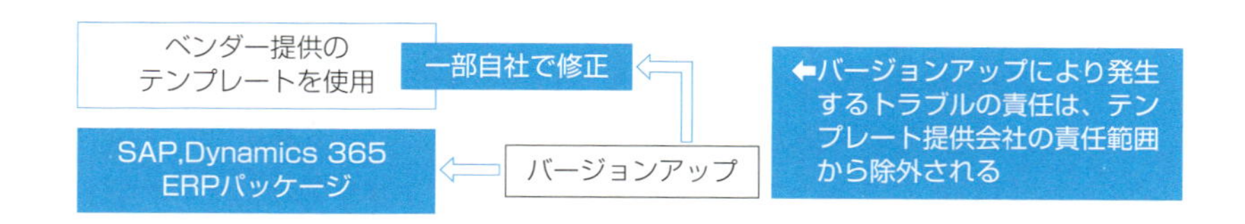

108 再構築時のマスター、トランザクション、残高の移行方法は？

ワンポイント

- マスターは数回に分けて差分を移行する
- 極力トランザクション移行は避ける
- 期首開始仕訳としてB/S残高を移行するのが望ましい
- 移行リハーサルは必須

マスターは数回に分けて差分を移行する

件数の多いマスターは、移行日に一気に全部を移行するのではなく、事前に、何回かに分けて移行していくことで、移行日の負荷を低減できます。

また、移行後に発生したマスターは、差分として追加で登録していきます。この場合、移行元のレコード件数と移行したレコード件数をチェックするなどして、漏れがないように移行していきます（図1）。

極力トランザクション移行は避ける

トランザクションの移行は、容易ではありません。

例えば、「受注データの場合は、在庫引き当て状態かどうか」「全部または一部出荷済未請求の状態かどうか」「全部請求済みか、一部請求済みか」などによって対応が変わってきます。

また、移行時点で在庫数量や在庫単価、在庫金額が確定していない場合の対応の仕方など、課題が多く存在します。

トランザクションの移行で確実な方法は、ステータスが途中のトランザクションは移行しないで、新システムで受注した時点の受注伝票をマニュアル、またはAdd-on機能などを使用して最初から入力し、現時点のステータスまでマニュアルなどで処理を行う方法です（図2）。

◎ 期首開始仕訳としてB/S残高を移行するのが望ましい

期中移行の場合は、B/S残高のほか、移行日時点のP/L残高(期首からの累計金額)の移行が必要になります。セグメント別、プロジェクト別、部門別、事業領域別などにP/Lを管理している場合は、これらの移行日時点のP/L残高の移行も必要になります。

期中で、これらのP/L残高を計算できれば問題ないですが、月次決算が遅く、翌月の中旬以降にならないと計算できない会社の場合は、P/Lの前月までの累計残高をゼロでスタートしておき、確定した時点で、後付けで移行することになります。

もし、期首日が移行日であれば、B/S残高のみを移行すれば良く、移行作業を軽減できます(図3)。

◎ 移行リハーサルは必須

移行するマスター、トランザクション、残高の種類や量にもよりますが、実際の移行日の前にリハーサルを行って、手順や作業時間の見積もりが想定通りか検証しておくことが重要です。

もし、これをしないで移行作業が想定より時間がかかった場合や移行できないマスターなどが発生すると、本番の運用開始に影響を与えかねません。そのためにも事前に検証しておくことが必要です。

図1　移行作業の負荷分散のために何回かに分けてマスターを移行

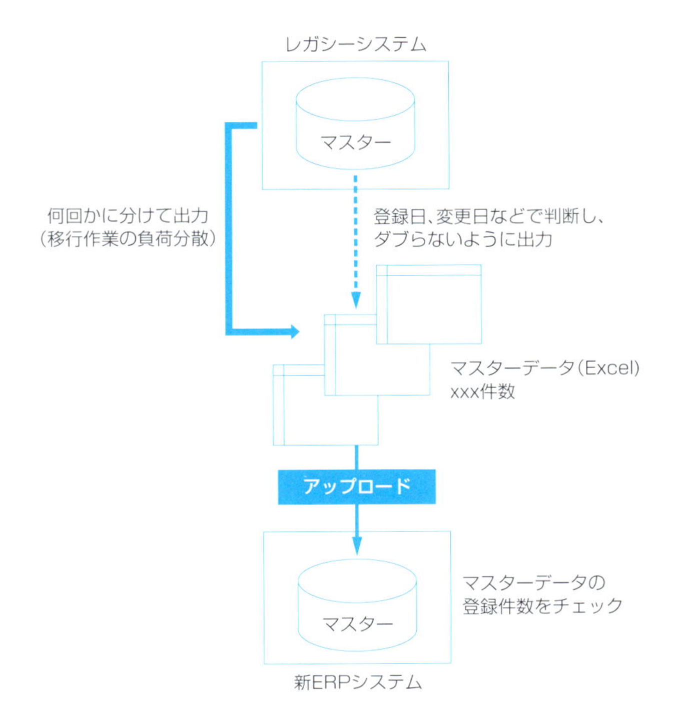

図2　取引中の受注伝票の移行は難しい

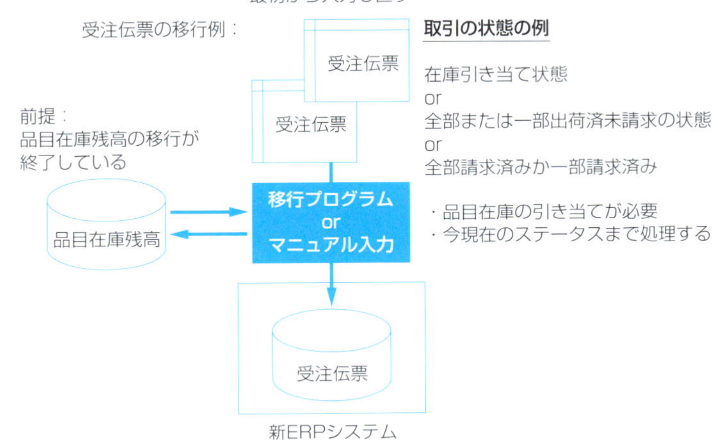

図3　期首日移行の場合はB/S残高の移行だけで済む

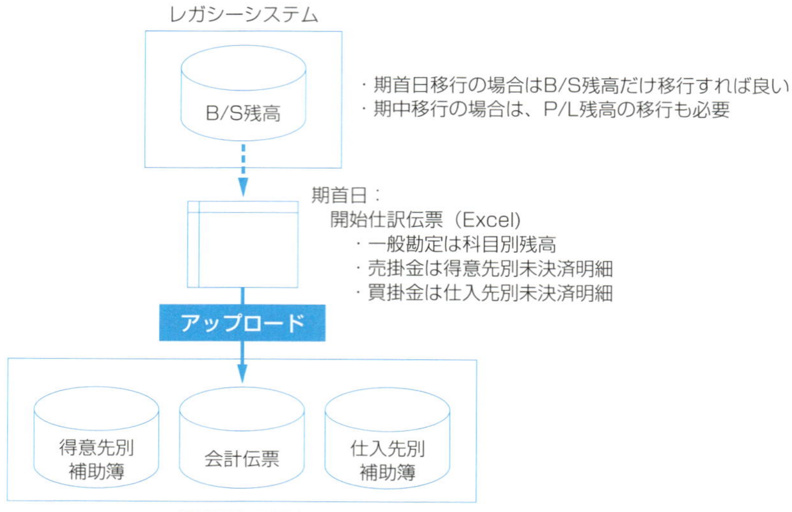

Column GreenfieldとBrownfiled

2025年の崖問題もあり、長くSAPを使い続けてきた会社では、どのような方法で新しいシステムに移行すべきかという悩ましい問題を抱えています。

SAP ECCからS/4HANAへの移行方法として、GreenfieldとBrownfiledの2つの方法があると言われています。

Greenfieldは、新規にS/4HANAを導入し、マスターだけを移行する考え方です。トランザクションデータは移行せず、従来のECC機を残し、ECC機上でトランザクションデータの検索・照会をします。

一方のBrownfiledは、従来のECC機を廃止して、新しいS/4HANAにマスターデータのほか、トランザクションデータやパラメータなども移行対象とするコンバージョンに近い考え方です。

どちらを選択するかという判断基準として、許容移行期間やトランザクションデータ量、カスタマイズ、Add-onなどのボリュームを考慮して判断する必要がありそうです。

109 ERPシステムは組織の役に立っているのか？

ワンポイント

- 導入して月次決算がどれだけ早期化できたか
- 在庫残高が適正に保持されているか
- 現時点の情報を入手できるか

導入して月次決算がどれだけ早期化できたか

ERPシステムを導入したことで、「月次決算日程がどれだけ早くなったか」が組織に役に立っているかどうかを推測する1つのバロメーターになります。

経営成績を早く知ることで、予算に対する達成度合いが分かり、達成していない場合は、そのリカバリーのために早く手を打つことができます。また達成している場合は、その達成している理由を知ることで、さらなる上の経営成績へと伸ばしていくことが可能になります。

在庫残高が適正に保持されているか

また「在庫が正確に管理され、適正在庫残高を保持できるようになったか」もバロメータの1つになります。もし、在庫が正確かつ適正に管理されていない場合、次のような問題が起きる可能性があります。

・キャッシュフローが悪くなる。
・販売機会を失う場合が出てくる。
・顧客に対する納期回答のレスポンスが悪いため、信頼を失う。
・在庫の特売や破棄による無駄が発生する。
・在庫の保管コストが余計にかかる。

◎ 現時点の情報を入手できるか

現時点の情報が入手できていない状況を考えてみましょう。例えば、次のような作業が必要になります。

・いろんなシステムや担当者からその時点の情報を入手してExcelなどで集計する。
・必要としている上司や担当者に報告のための資料を作成する。
・求められた時点から数日後に同じ情報の提出を求められた場合は、再度、上記の作業を繰り返して行う。
・意思決定する人が報告された時点の情報を使用して判断する。
・数字の異なるいろんな報告書が存在してどの数字が最新なのか分からず、関係者間で状況を共有できない。

これらの作業をする必要がなくなっていたら、あるいは改善されていたら、組織に役に立っていると考えて良いでしょう。

110 ユーザーメニューと権限管理が大変！

ワンポイント

- ユーザーメニューおよび権限管理は責任部署で管理する
- 人事異動、入社退職情報がリアルタイムに反映されているか
- ツール導入の必要性

ユーザーメニューおよび権限管理は責任部署で管理する

ユーザーメニューおよび権限管理は、権限管理者または権限管理部門によってユーザータイプ(ユーザーグループ)別に管理しなければなりません。

もし組織変更や人事異動(昇進を含む)などによって、ユーザータイプが変更された場合は、そのタイミングで変更管理を行う必要があります。またユーザーメニューに加えて、権限プロファイルもユーザータイプに紐づけて変更する必要があります。

なお、入社退職情報も、そのタイミングで反映される運用になっていなければなりません(図1)。

ツール導入の必要性

メンテナンス作業は非常に細かく、しかもミスがゆるされない作業のため、複数人による確認チェックを行うなどの労力のかかる作業です。その改善のために、ユーザーメニューや権限管理のメンテナンスツールが必要になります。

例えば、ExcelからのアップロードでAdd-onプログラムを開発するのも1つの方法です。対象のメニューと権限プロファイルとの関係が正しく変更されたかどうかを動作確認の上、リリースすることになります。専任の担当者が必要な作業と言えるでしょう(図2)。

図1　責任部署でタイムリーに変更管理を行うこと

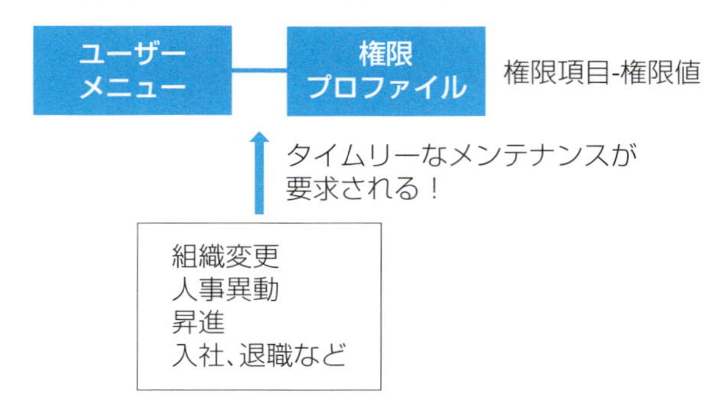

図2　メンテナンス機能をAdd-onで改善する例

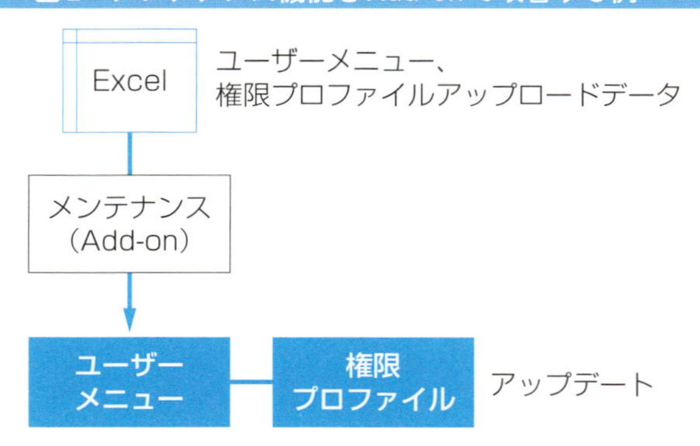

社員のスキルアップをどう進めるか？

ワンポイント

- ERPシステムを誰でも使いこなせるようにする
- いろんな場所でいろんな業務経験を積み重ねる
- キャリアプランを立案し計画的に実行する
- 自社の業務と関連させたカリキュラムの作成

ERPシステムを誰でも使いこなせるようにする

会社の方針として、どのように社員を育成していくのかという会社全体のキャリアパスがあるはずです。会社には、販売部門、購買部門、生産部門、情報システム部門、経理・総務部門など様々な部署があり、社員は、様々な部署への人事異動や転勤を重ねて自分自身のキャリアを磨いていきます。

会社は、その社員一人ひとりの中長期のキャリアプランを立案し、そのキャリアプランに沿って人材育成を行っています。

ERPシステムを使用している会社の場合は、どの部署に異動しても操作は同じですので、ERPシステムを使いこなせるようになることで、社員一人ひとりの業務処理能力を高めていくことができます(図1)。

自社の業務と関連させたカリキュラムの作成

例えば、IT関連では、iコンピテンシ ディクショナリ(IPA:情報処理推進機構が開発)を参考に、社員に自分が何を目指して、どのようにキャリアを積んでいくべきかが見えるようにすることも大切です。社員は、明確な目標と使命感を持つことで、主体的に自らを成長させていくことができると考えます。

図1　社員一人ひとりのスキルアップを図る

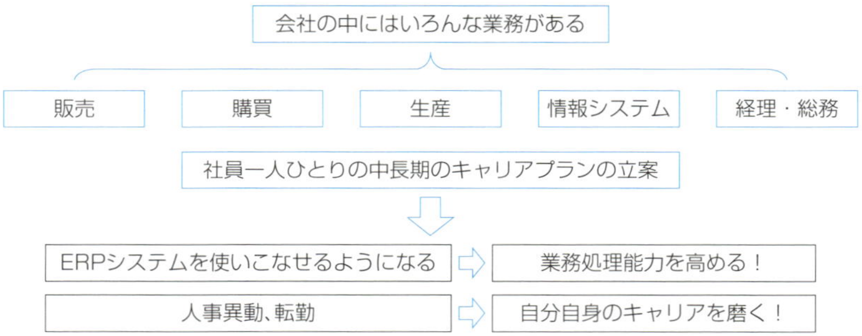

会社の中にはいろんな業務がある

販売	購買	生産	情報システム	経理・総務

社員一人ひとりの中長期のキャリアプランの立案

↓

ERPシステムを使いこなせるようになる ⇒ 業務処理能力を高める！

人事異動、転勤 ⇒ 自分自身のキャリアを磨く！

112 ワークフローの変更管理が大変！

ワンポイント

- 内部統制の業務の一環と考えるべき
- 社内業務処理規程とIT統制を連動させる
- 組織変更、人事異動とリンクさせ専門の部署がメンテナンスすべき
- タイムリーなメンテナンスが必要

◎ 内部統制の業務の一環と考えるべき

ワークフローの処理をコンピュータシステムに組み込んで運用している会社では、情報システム部門がその管理を行っている場合があります。

そもそもワークフローの管理は、内部統制の一環としてITを利用して実現しているものであり、本来、業務管理部門や内部統制部門が業務プロセス管理および業務フロー、ワークフロー管理を担当することが望ましく、紙上の流れ(業務フロー、業務処理記述書、リスクコントロールマトリックス)とシステム上のコントロールの仕組み(権限管理、ワークフロー管理)を一致させた運用にしていかなければなりません(図1)。

◎ 専門の部署が担当すべき

ワークフローや権限管理は、組織変更や人事異動が発生した時、そのメンテナンス作業が大変になります。これを情報システム部門ではなく、専門の担当部署が組織上の役割として存在し、担当すれば業務としてやっていくことになりますので、責任を持った運用管理が実現できます。

特に、承認者の変更や社内規程の変更時には、タイムリーな対応が要求されますので、紙のドキュメントの変更やワークフロー、権限管理のメンテナンスツールの導入やAdd-onによる効率的な変更対応が必要です(図2)。

図1 ワークフロー管理は内部統制の一環として管理

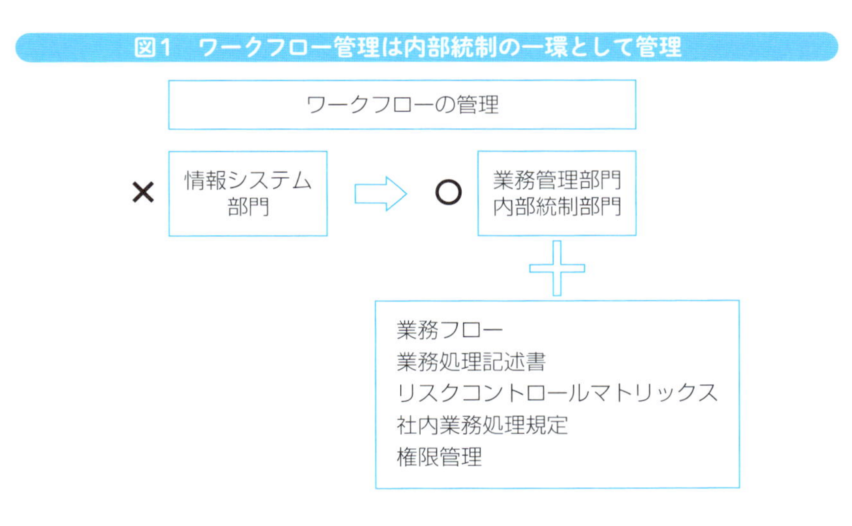

図2 ツールを活用して効率的に専門部署で管理すべき

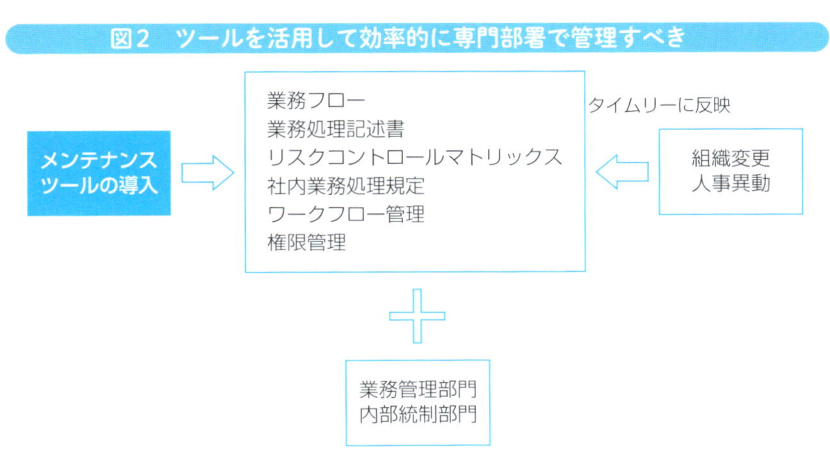

113 プログラムの変更管理をどうするか？

ワンポイント

- バージョン管理は必須
- プログラム変更履歴管理が重要
- 変更プログラムの移送と検証結果の保存

バージョン管理は必須

運用中のプログラムを変更する場合は、バージョン管理が必須です。ソースプログラム上に変更前と変更後が分かるようにコメントすることは、もちろん、どのバージョンが最新のものか明示できるようになっていなければなりません。

また、本番環境に移送後に、変更したプログラムに問題が見つかった場合は、バージョンを戻せる仕組みも必要です。SAPやDynamics 365では、バージョン管理が厳格に行われます（図1）。

プログラム変更履歴管理が重要

プログラムを変更した場合の履歴管理は、非常に重要です。いつ誰が、どのような目的でプログラムを変更したのか、また、責任者による承認が行われているなど管理されていなければなりません。

プログラムの変更に関しては、ISMSやIT統制監査でチェックする重点項目ですので台帳による変更管理や移送番号管理などが必要です（表1）。

変更プログラムの移送と検証結果の保存

通常、開発環境の中で担当者がプログラムを変更します。変更した結果の確認のために検証環境に変更したプログラムを移送しますが、移送は移送担当者に依頼します。

移送完了の連絡を元に、検証環境を使用してテストを行います。この検証環境で動作確認などの検証ができたら本番環境に移送します。

この時、検証結果のエビデンスを残しておく必要があります。本番機への移送も移送担当者に依頼して行います(図2)。

表1 プログラム変更管理簿の例

NO.	システム	移送番号	変更内容	担当	依頼日	承認者	承認日	移送日	ステータス
1									
2									

図1　ソースプログラムのバージョン管理は必須

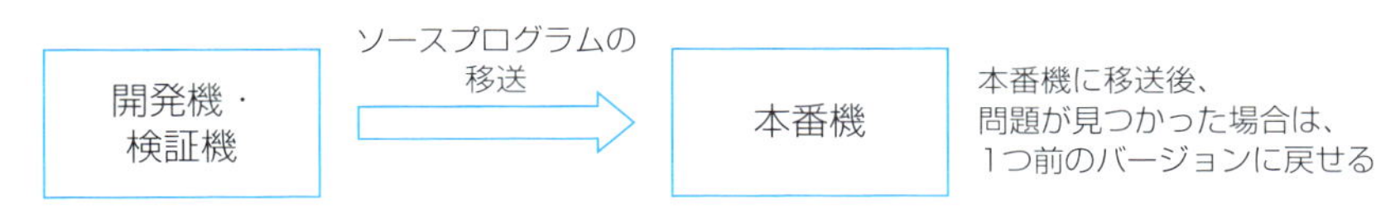

図2　移送とテスト結果のエビデンスを残す

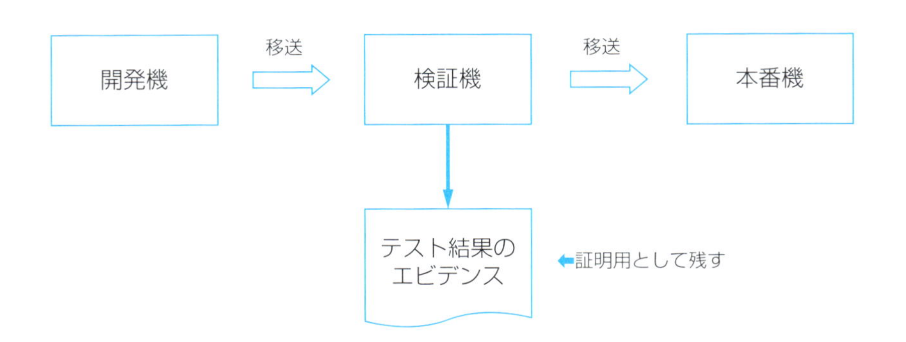

114 設定したパラメータの変更管理が大変！

ワンポイント

- 設定したパラメータのドキュメントを作成する
- 変更履歴と最新の設定情報を残す
- 専任の管理者が必要

◎ 設定したパラメータのドキュメントを作成する

通常、ERPパッケージを導入する際に設定した、パラメータおよびコードの設定値を「パラメータ設定書」または「コード定義書」などとして、将来の変更対応のためにドキュメント化しておきます。

SAPであればSPRO(SAP Project Reference Object：パラメータ設定用トランザクションコード)の設定メニューに沿ってドキュメント化するか、「コード定義書」として設定時の前後関係を意識して設定内容を記録として残します。

Dynamics 365においても同様に、メニュー上にモジュールごとに設定プログラムが用意されています(図1)。

◎ 変更履歴と最新の設定情報を残す

運用開始後、業務処理内容の変更などに対応して、パラメータの追加やパラメータの変更をする必要が出てきます。現在の設定値に新しいパラメータを追加したり変更する場合は、関係するモジュールへの影響範囲や対象となるプログラムの変更後の動作確認などのテストを実施し、問題がないかどうかチェックする必要があります。

また、この際に使用したテストデータや、テスト結果をエビデンス(証拠)として残し、変更履歴と最新の設定情報を監査人などの求めに応じ提供しなければなりません。

このように、パラメータに変更が生じた場合の変更管理が大変ですので、専任の管理者を用意するなどの対応が必要です。

図1　パラメータの設定情報をドキュメント化

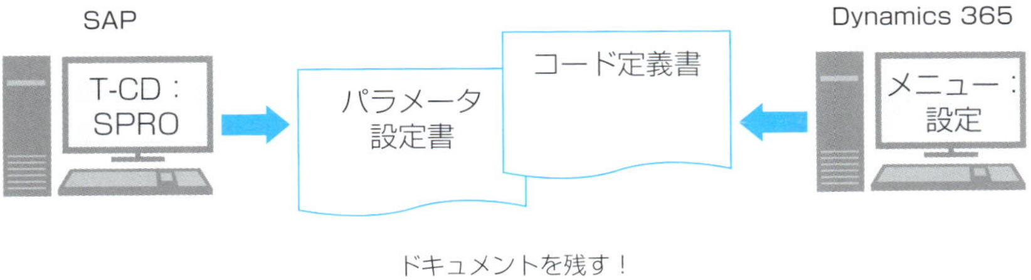

115 ローカルルールにどう対応するか？

ワンポイント

- どのようなローカルルールがあるのか
- ローカルルールへの対応方法

どのようなローカルルールがあるのか

ローカルルールとして国ごとの要件が存在するものに、消費税、源泉徴収税、減価償却計算があります。それぞれの国の税法などが異なるため、税率や計上時期、耐用年数、償却方法などが違います。

①消費税

税率や申告書の書式などが異なるほか、サービス（役務の提供）にかかる消費税は、発生時ではなく支払時に計上する場合があります。

②源泉徴収税

税率や申告書の書式などが異なります。

③減価償却計算

償却方法、耐用年数、申告書(日本の場合は、市区町村への償却資産税の申告、法人税対応)などが異なります。

◎ ローカルルールへの対応方法

まず、対象の国のローカルルールを理解する必要があります。どのようなローカルルールが存在し対応が必要なのか、現地のSIerや法律事務所、監査法人、税理士などに相談するのも1つの方法です。

ERPパッケージでは、基本的にパラメータの設定で対応できる仕組みになっていますが、申告書については国別のフォーマットが存在するため、Add-onして対応しなければならないことがあります。

116 分析のために必要な項目を追加したい!

ワンポイント

- 情報系項目と会計系項目で利用目的が異なる
- 要件定義時に必要とする項目を決定すること
- 分析項目が多すぎると運用管理は大変になる

◎ 情報系項目と会計系項目で利用目的が異なる

情報系項目は、一般的に数量や金額で管理する項目で会計からの制約を受けない項目になります。

会計系項目の場合は、会計からの制約、特に勘定科目および転記日付と紐づけて管理する情報でそれぞれ利用目的が異なります(表1)。

◎ 要件定義時に必要とする項目を決定すること

要件定義の時点で、追加したい項目が決定されていなければなりません。

「追加したい項目を使って、何かをしたい」という明確なゴールを持っていなければ、「どのような情報を集めるべきか」や「どのような情報をどのように分析して利用するのか」が分からないまま、要件を定義することになり、要件定義が終わらないということになります。

◎ 分析項目が多すぎると運用管理は大変になる

分析項目が多すぎると、分析項目のメンテナンスなどの運用管理が大変になります。初期値をマスター上に持たせたり、項目の値を誘導させるなど自動設定を基本に、データの入力時の負荷を軽減させるなどの対策を講じる必要があります。

表1 情報系項目と会計系項目

項目の種類	管理方法	例
情報系項目	数量、金額で管理	販売組織、最終需要家、品目、品目グループ
会計系項目	勘定科目、転記日付とセットで金額を管理	勘定科目

Column 仕事中心の生活に偏らないことが充実した毎日の秘訣

仕事が忙しく仕事中心の生活で、心に余裕がない時期がありました。そんな時に、たまたま観に行った地元サッカーチームの試合を見て、「サッカー観戦の楽しさ」に目覚め、いつのまにか仕事中心からサッカー観戦中心の生活に変わってしまいました。勝った時は嬉しいのですが、負けた時の悔しさを引きずらないために、私なりのコーピング術(忘れる、次の試合へと切り替える)を使って「心を整える」ようにしています。

この「心を整える」ことは、仕事に忙殺されている時にも役立ちます。リフレッシュすることが大切とよく言いますが、仕事以外のことに目を向けることによって、また、新たな気持ちで頑張ろうと思えるのは本当だなと思います。

117 グローバル化対応に必要な機能とは？

ワンポイント

- 多言語、多通貨、為替評価
- タイムゾーンの設定、国カレンダー
- 海外送金・振込

グローバル化対応に必要な機能

SAP、Dynamics 365では、以下の機能が標準で用意されています。

①多言語、多通貨、為替評価

世界で使われている言語および外貨取引対応は必須機能となります。マスター上の名称は言語別に登録変更ができる仕組みが求められます。

取引通貨については、自国通貨への換算機能や、月末および期末における為替評価機能も必要になります。

外貨取引に際しては、社内で決めたレートのほか、将来の回収または支払時の為替変動リスクのヘッジ（損失の回避）のために為替レートを予約する場合がありますので、レートの予約（Dynamics 365では固定レート）機能が必要になってきます。

②タイムゾーンの設定、国カレンダー

時差を前提とした時間管理が必須です。サーバや倉庫の設置場所別のタイムゾーンの設定やクライアント側のタイムゾーンの設定などにより、リアルタイムな時間管理が可能になります。

また、取引によっては国や地域、金融機関などのカレンダーが異なることがあり、出荷可能日や、支払予定日などの正確な管理が可能な仕組みが必要です。

③海外送金・振込

国内の送金機能のほか、海外送金機能も必要です。紙の送金依頼書を使用する場合と振込データ(SAPではDME)を作成して契約している金融機関にデータで依頼する方法があるので、その両方に対応できる仕組みが必要になります。

また国によって銀行コード、口座番号の長さが異なるので、これらの対応も必要になります。

そのほか、世界の銀行を特定するためのSWIFTコードや銀行口座を特定するためのIBANコードが必要な場合があります。

④通貨の小数数点以下の管理

小数点以下を持つ通貨と持っていない通貨があるので、このコントロールができる仕組みが必要です。

アメリカのドルの場合は、小数点以下が2桁あるので、第3位で丸め処理を行うことになりますが、日本の円は小数点以下がないので、円未満(小数点以下第1位)で丸め処理を行います。

なお、外貨取引を円貨に換算した時、仕訳の集計単位によっては、借方合計と貸方合計が合わないことが発生します。この場合、端数に円未満が出ないように調整して貸借の金額を一致させなければなりません。

⑤住所の並び順設定

国によっては、日本と違った住所の並び順で表記することがあります。この並び順を国ごとに設定できる仕組みが必要になります。

また、表記する言語の設定も必要になります。

⑥個別請求書発行、請求日から何日後の支払い

日本では、締め日請求が多いですが、海外では都度請求が一般的です。例えば、請求書発行から30日後に支払うケースがあります。もし、30日前に支払った場合は、割引するような契約になっています。

SAP、Dynamics 365とも、支払条件の設定で対応ができます。

⑦FOB/CIF

FOB(Free On Board:**本船甲板渡し条件**)は、売り主が輸出港の船上渡しの契約になります。また、**CIF**(Cost, Insurance and Freight:**運賃・保険料込み条件**)は、海上の運賃と保険料を含んだ契約のことです。ともに受注伝票や発注伝票上の入力項目として必要になります。

⑧**与信管理**

国内の得意先の与信に、同じ得意先の海外子会社の与信も含めて与信管理を行うことがあります。このような場合は、SAPでは、複数の得意先を1つのグループとして与信管理ができるほか、与信管理上の通貨の設定が可能です。

118 海外子会社の基幹業務システム化の進め方は？

ワンポイント

- **ロールアウトする場合**
- **別システムとして構築する場合**

◎ロールアウトする場合

日本で開発したERPシステムを海外子会社に**ロールアウト**(展開)する方法があります。日本の本社の考え方に基づいて構築されたシステムなので、グループ全体の経営指標や予算実績管理がやりやすくなります。特に円で管理する場合は、外貨から円貨への換算がリアルタイムで行われ、そのレートについても日本の本社が設定管理することになります。

問題は、子会社が所在する国々のローカルルールに、どのような方法で対応していくかという点です。現地のコンサルティング会社やSIerとタイアップして、消費税や減価償却、源泉徴収税計算などのローカルルールに対応していく必要が出てきます。

◎ 別システムとして構築する場合

ERPシステムを本社用と海外子会社用に別々に用意し、運用していく方法もあります。現地の信頼できるSIerなどと連携して、グループ経営情報の一元管理を行う方法です。

具体的には、連結などのグループ経営管理に必要な情報を明確にしておき、月次レベルでB/S、P/Lなどの経営情報をインターフェースして管理します。その際には、外貨換算、グループ取引消去、グループ勘定科目、グループセグメントなどの仕組みを用意する必要があります。

この方法を採用した場合は、子会社の自国に合ったシステムを構築することができ、かつ、ローカルルールの問題が解決されるというメリットがあります(図1)。

図1　海外子会社用に別システムを構築

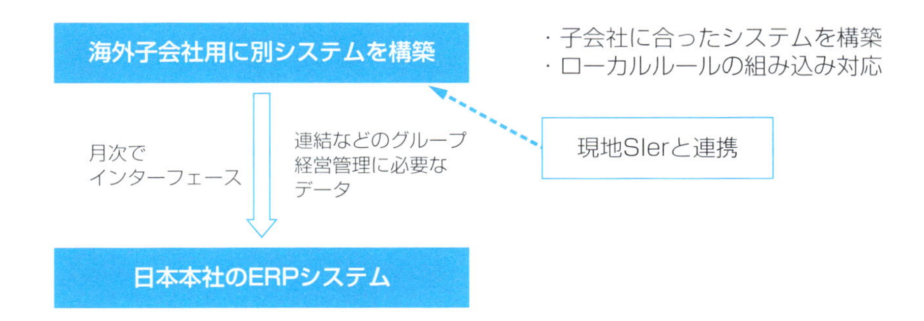

119 IFRS対応をどのように進めていくべきか？

ワンポイント

- 2つの対応方法がある
- 複数元帳案での対応
- 勘定科目案での対応

複数元帳案での対応

会社が海外の複数の株式市場に上場している場合は、それぞれの証券取引所の基準に基づいて財務報告書を作成し、公表する必要があります。

IFRSを採用している国ではIFRS基準で、アメリカでは米国会計基準(US-GAAP)、日本では、日本基準(会社法、金融商品取引法など)に則って財務報告書を作成するので、1つの会社が複数の総勘定元帳を用意し、それぞれの基準に基づいた報告書を作成します。

SAPではパラレル元帳を使って、Dynamics 365では転記階層を分けて使用することで対応できます(図1)。

勘定科目案での対応

勘定科目案は、1つの総勘定元帳上に記帳しておき、勘定科目をそれぞれの基準用に用意して、作成する財務諸表上で調整する方法です。

SAPでは、財務諸表バージョンを対象の会計基準ごとに用意して対応します。Dynamics 365では、Financial Reportsを使って、複数の財務諸表を作成することできます(表1)。

IFRSの基準は原則主義で、日本のような細かい基準がないため、どちらの案を採用しても自社担当の監査法人などと詳細な運用ルールを決めていく必要があります。

表1 勘定科目を各基準用に用意してIFRSに対応

パッケージ	使用バージョン/ツール	対応方法
SAP	財務諸表バージョン	対象の会計基準ごとに財務諸表バージョンを用意して対応
Dynamics 365	Financial Reports	勘定科目のグルーピングを変えて、それぞれの財務諸表を作成して対応

図1　複数元帳でIFRSに対応

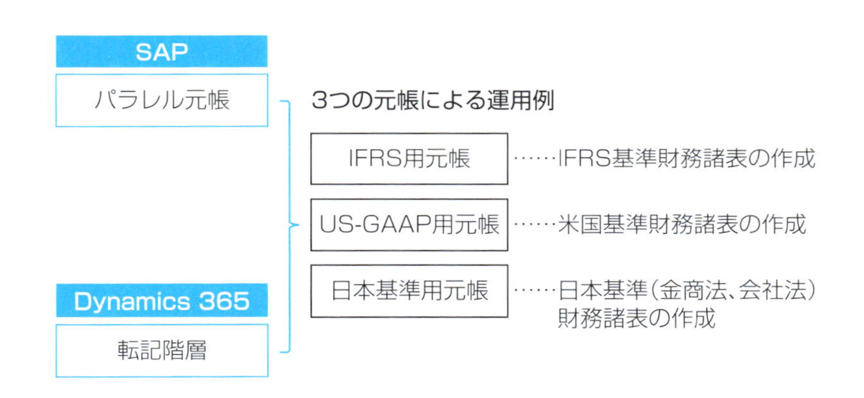

Column 人の成長と役割の拡大

人は学生時代には、自分を鍛えることも含めて全部の時間を自分のために使うことができます。ところが社会人になると、組織の一員としての役割を果たす必要が生じ、結婚により個人的にも夫や妻、そして親としての役割を求められていきます。つまり、通常は、誰でも成長に伴いより大きな役割を果たしていくというのが人生の流れです。

このような前提に立つならば、むしろ役割を果たすことに喜びを見つけ、人生の目的にもつながっていくと考え、より前向きに次なる役割を果たしていこうという生き方をしたいものです。

120 ユーザーからの問い合わせの対応方法は？

ワンポイント

- ヘルプデスク窓口が必要
- 問い合わせ依頼書を用意する
- 記録を残す、よくある質問へ反映する

◎ ヘルプデスク窓口が必要

システムを使っている中で、操作的なことやシステム的なことでどうやればうまく使えるのか、また誰に相談すれば良いのか悩むことがあります。

一般的に、運用を開始したら、ユーザーからの問い合わせに対する組織として、ヘルプデスクを用意します。ユーザーが困っていることに対して迅速に対応することで、システム利用者の業務処理能率を高めることができます。

ヘルプデスクの立ち上がり時は、ユーザーからの問い合わせにスムーズ対応するためにも、設計や開発に携わったメンバーの一部が残って、ヘルプデスク窓口を担当するのが良いでしょう(図1)。

◎ 問い合わせ依頼書を用意する

ユーザーからの問い合わせ内容を正しく理解するために、依頼書などの定型的なひな形を用意して「困っていることは何か」「どの場面でどのような操作をした時の問い合わせなのか」、さらに「緊急性などの情報」を収集した上で対応していく必要があります。

また問い合わせ内容や対応結果を記録に残すことで、同じような問い合わせに対しての対応策の検討やシステムの改善につなげていくことが可能になります。

例えば、質問内容をよくある質問一覧などに反映してWebで公開し、問い合わせする前にユーザー自身が自己解決できる仕組みにしていくことが考えられます(図2)。

図1 問い合わせ窓口を用意する

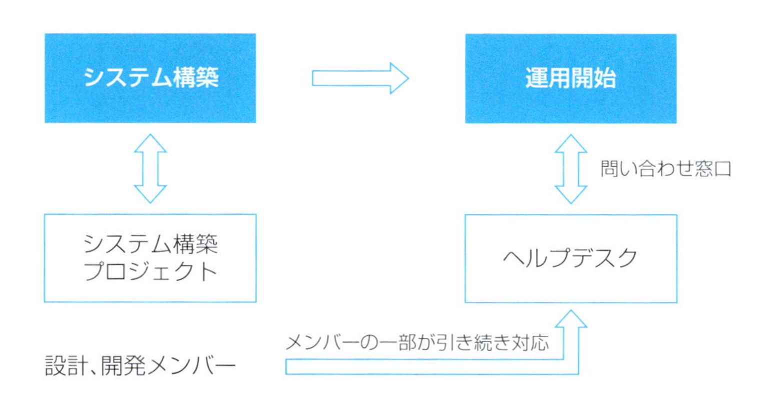

図2 問い合わせ依頼書でやり取りする

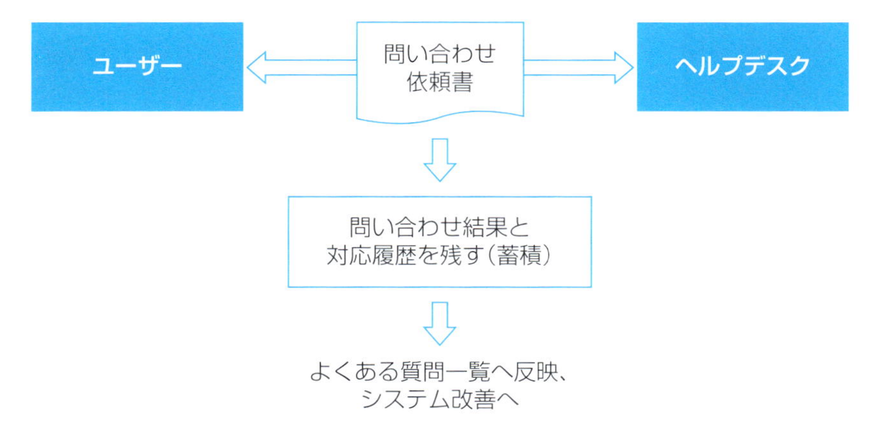

121 システムが複雑化・属人化している！

ワンポイント

- システム間のデータ連携が複雑化
- バッチジョブによる接続・更新タイミングが難しい
- 属人的なシステムが残っている
- シンプル、1つのインスタンスの方向へ

システム間のデータ連携が複雑化

いろんな環境で構築したシステムが存在していて、かつ、それぞれのシステム間のデータ交換をバッチ処理中心で行っている会社では、取引量や取引ケースの増加に伴い、年々、システムが複雑化してきています。

数十年前に構築したシステムを現役で運用している場合は、さらにシステム間の連携が複雑で、特に夜間のバッチジョブの実行順番やバッチジョブの開始時間から終了時間の調整などスケジュール管理が過密化している会社もあります(図1)。

属人的なシステムが残っている

歴史のあるシステムほど、維持管理が属人化していることがあります。

著者が相談を受けたクライアントの中には、その担当者でなければプログラムの変更が困難だというシステムを使っている会社も少なくありませんでした。1本のプログラムで20種類以上の紙請求書の作成のほか、ポータルでの請求書の「見える化」を1人の保守担当者が専任で行っているケースです。

もし、その担当者が定年になったり、個人的事情で退職した場合、システムの維持が困難になるので、プロセスを改善して、仕組みとして請求書の形式を1つに統合するなど、シンプルにしていかなければなりません。

目指すべき方向は、シンプル、リアルタイム、1つのインスタンスによる運用です(図2)。

図1 夜間のバッチジョブが過密化している例

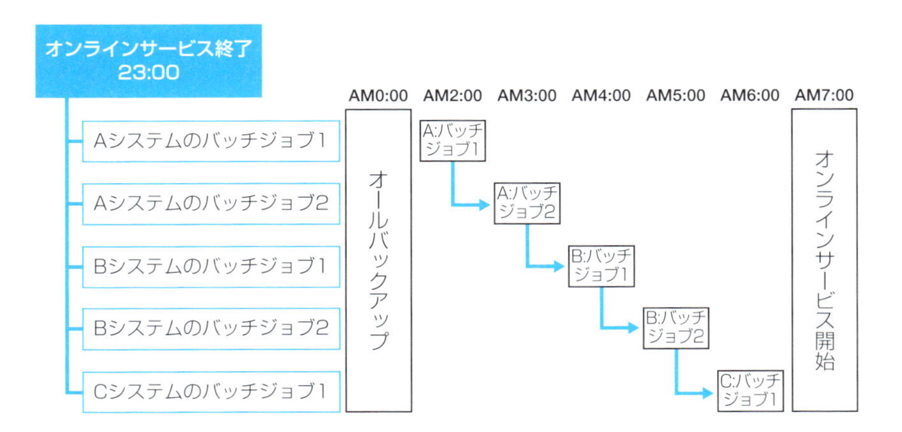

図2 システム維持管理の属人化の解決

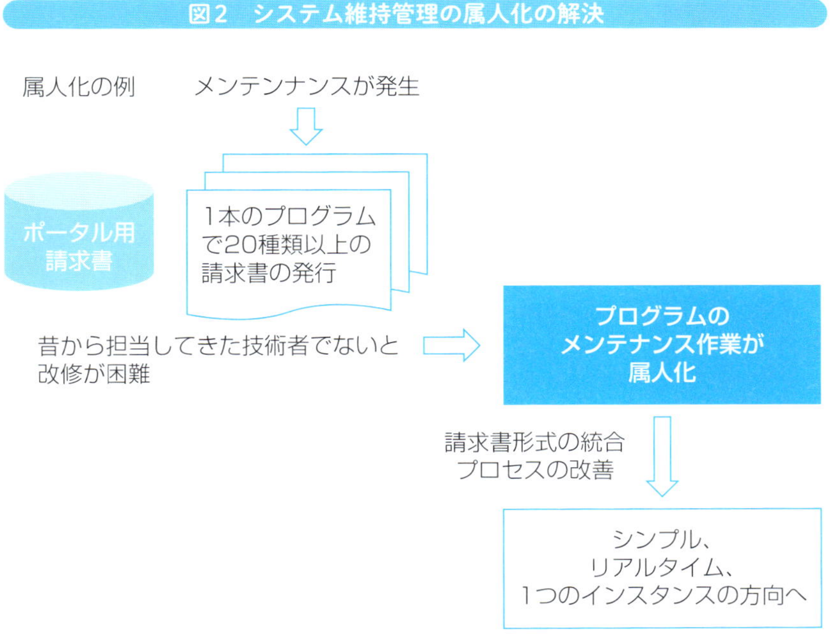

122 再構築・リプレースが難しい！

ワンポイント

- 多くのAdd-onプログラムの存在
- Add-onプログラムは少ないほうが良い
- プロジェクトリーダーが不在
- 将来のプロジェクトリーダーを育てる

多くのAdd-onプログラムの存在

ERPパッケージを導入しているケースで、Add-onプログラムが多く存在し、再構築やリプレースにあたって、そのAdd-onプログラムの扱いが問題になることがあります。

そのまま移植できるケースと、テーブル構造などが異なるため、作り直しになるケースがあり、作り直しになるケースのボリュームによっては、投資額や開発期間に大きな影響を与えるため再構築やリプレースの阻害要因になります。

Add-onプログラムを捨てるか、再構築する場合は、Add-onプログラムの少ないシステム作りを目指すという方針が重要になってきます(図1)。

プロジェクトリーダーが不在

大規模になればなるほど、システム全体のあるべき姿を描ける人材が少なくなります。社内にあるべき姿のゴールを明確に持ち、旗振り役となるプロジェクトリーダーがいれば、再構築やリプレースを推進していけますが、いない場合にこれを外部の人材に求めてもうまくいきません。

長い時間をかけて、いろんな部署でいろんな業務の経験を積み、困った時に相談できる仲間を多く持ち、コミュニケーション能力にたけた、物事を全体的に観られる人材を将来のプロジェクトリーダーとして育てていくしかありません(図2)。

図1 Add-onプログラムが多いため再構築・リプレースが困難

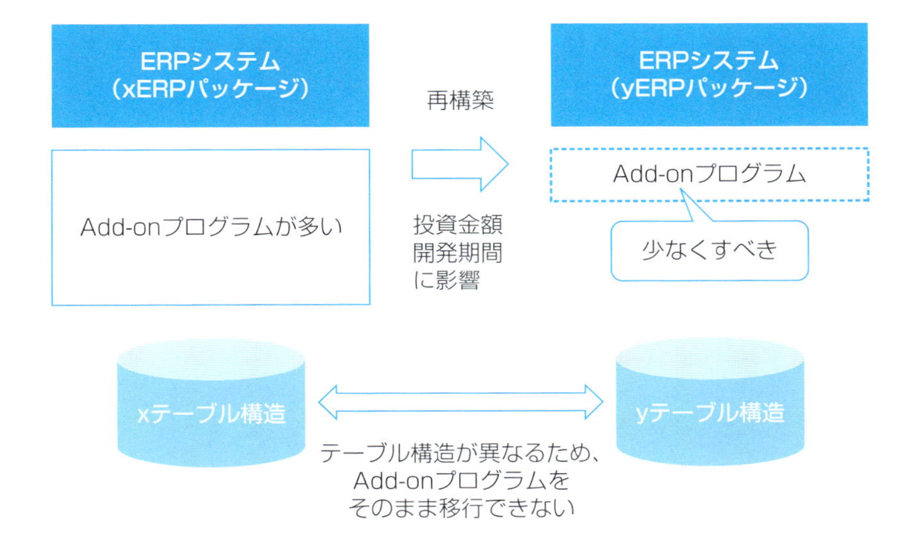

図2 時間をかけて社内にプロジェクトリーダーを育てていく

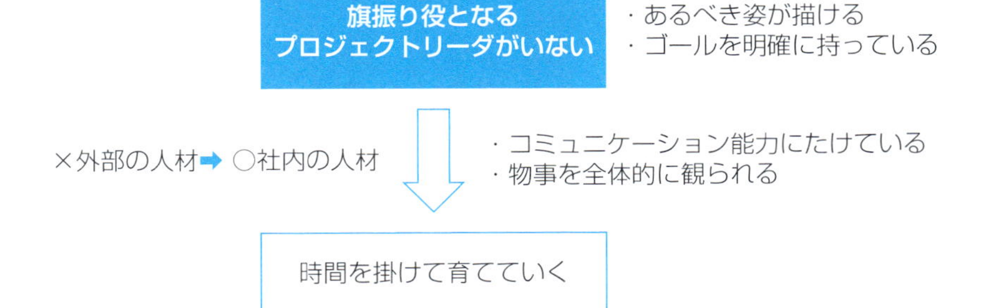

123 バグの存在をどうするか？

ワンポイント

- 一時的な回避策での対応
- 関係プログラムへの影響度合いの調査

⊙ 一時的な回避策での対応

致命的な不具合は少ないですが、ERPパッケージのプログラムに不具合が存在する場合があります。特に新しいバージョンのリリース当初に不具合が見つかることがあります。

一般的に、リリース前にパートナー会社などにベータ版が提供され、この中で見つかったものは、本番リリースまでに改修されます。本番リリース後に見つかったものは、メーカー(SAP社、Microsoft社)に問い合わせ、開発部門と調整の上、都度、パッチとして提供されます(SAP:ノート、Dynamics 365：Hothix)。改善されるまでは、一時的な回避策で対応します(図1)。

⊙ 関係プログラムへの影響度合いの調査

機能アップのためのアップデートプログラムが、定期的にメーカーから提供されます。この中には、不具合の解消プログラムも含まれます。提供されたアップデートプログラムをそのまま全部、当てるのではなく、関係プログラムに対する影響度合いを確認した上でアップデートする必要があります。

そしてアップデート後に、開発環境や検証環境でのテストを行い、本番環境に移送します(図2)。

図1 バグ対応

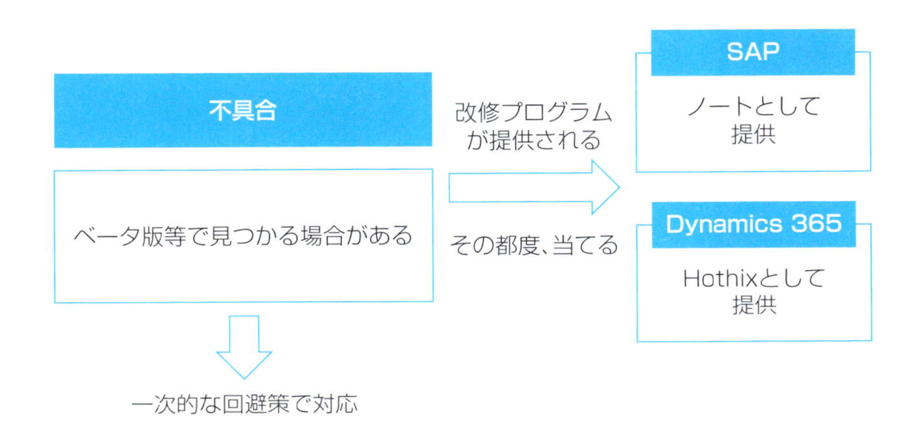

図2 関係プログラムへの影響を確認の上でアップデートする

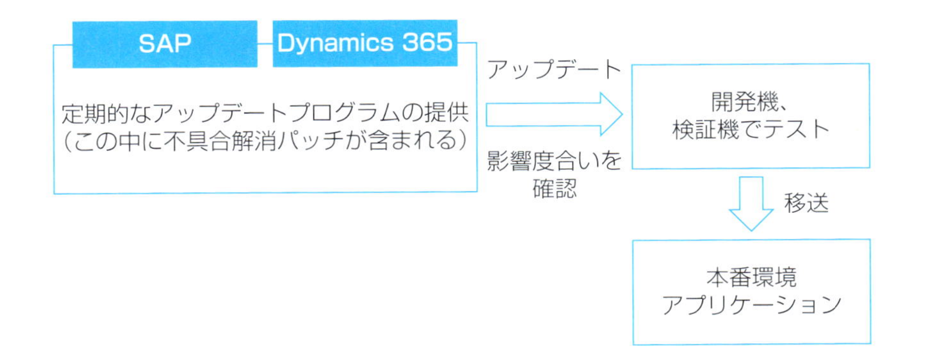

124 メーカーのサポート打ち切りの対応方法は？

ワンポイント

- 設備管理台帳を整備しておく
- 中長期的なシステム投資計画の中に組み込んで考える
- 代替案の検討
- サポート打ち切りになっても影響がなければ使い続ける

設備管理台帳を整備しておく

利用中のハードウェア、ソフトウェアなどのサポート有効期限を記載した**設備管理台帳**を作成し、有効期限管理を行っておく必要があります。

その上で、有効期限別の一覧が見られるようにしておき、期限が迫っている設備などの代替案を検討し、事前に対策を明確に持っておくことが大切になります(表1)。

中長期的なシステム投資計画の中に組み込んで考える

IT投資に関する中長期的な投資計画に基づいて、メーカーのサポート打ち切りに対する代替案を検討していくことが重要です。新しい設備の導入や買い替えにあたっては、コスト面だけで考えるのではなく、関連のある設備と一緒に検討していくのが良いでしょう。

メーカーのサポートが打ち切りになっても、システムに影響がなければ、そのまま使い続けるという選択肢もあります。また、資金的な問題があれば国や県、市区町村などのIT投資に対する補助金などを活用する方法を検討してみてもよいでしょう(図1)。

表1 ハードウェア/ソフトウェア設備管理一覧表の例

ハードウェア/ソフトウェア	名称	バージョン	サポート有効期限	メーカー	代替案	対応日	対応者

図1 サポート打ち切りハードウェア/ソフトウェア対応方針の例

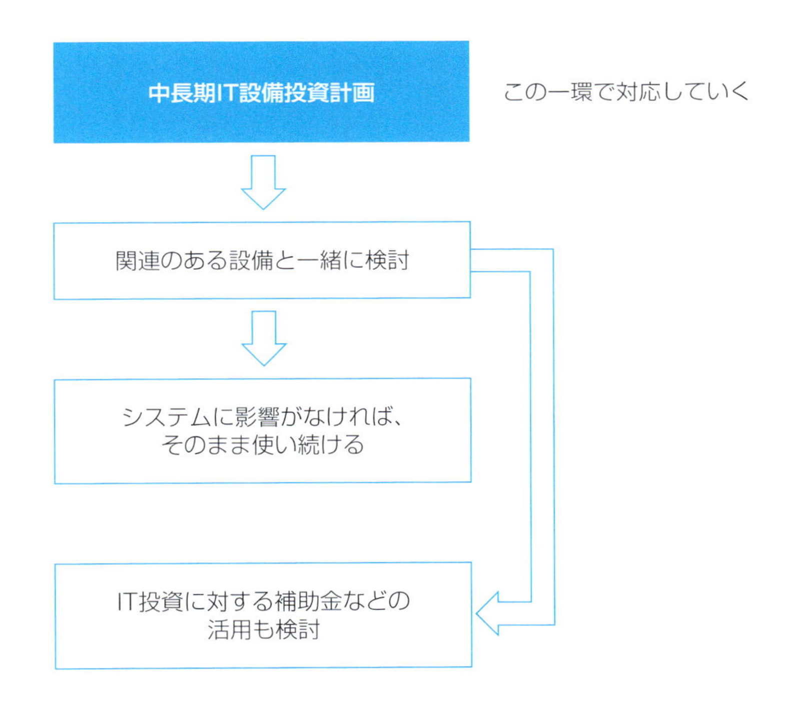

125 技術者が高齢化している！

ワンポイント

- コストがかかっても会社の中に育てる仕組みを作っていく
- パートナー会社など外部要員の活用
- AIなどの活用

コストがかかっても会社の中に育てる仕組みを作っていく

2008年のリーマンショック後、投資案件が減少し、それに伴い、SAP技術者が他の業界に転職したり、退職したこともあり、技術者が減少しました。

SAPの技術者は、一人前になるためには、プロジェクトの発足から運用開始まで参画した経験を持つことで身に付く技術が多いため、1～2年で育てることが難しく、数年かかると言われています。

プロジェクトにアサインされるSAPの技術者の年齢が年々高くなってきていて、このままでは、SAP技術者不足が予想され、多少コストがかかっても若い人材の育成が急務となってきています。

パートナー会社など外部要員の活用

自社で育成が困難な場合は、パートナー会社などからの外部要員を活用するのも1つの解決方法です。1つのプロジェクトの中にいろんな技術を持つ技術者を入れることで、その人の技術を吸収しながら技術者を育てていくことができます。

AIなどの活用

将来、保守などの作業にAIを活用し、技術者の高齢化に対応していくことが予想されます。業務処理の変更に際して、パラメータのどの部分をどのように変更すれば良いか提案してくれるといったAIが出てくるかもしれません。

第5章 SIerの悩み解決

第5章では、SIerが持っているERPに関連した悩みを取り上げます。

SIerが提供するサービスは、システムコンサルティング、ハードウェア/ソフトウェアおよびパッケージの販売、クラウドサービスの提供、ネットワークの構築、システム開発、運用保守、教育研修などがあり、幅広いサービス提供を行っています。そして、サービスメニューが多い分だけ、サービス提供の問題や人材の問題など多岐にわたる悩みが存在しています。

このようなSIerの悩みを取り上げ、その解決の方向を提示していきます。

126 案件規模が縮小しそうだが、どうすれば良いか？

ワンポイント

- ERPパッケージ市場の動向を見極める
- サービスの提供方法を変える
- 短納期プロジェクトの回転数を上げる

◎ERPパッケージ市場の動向を見極める

リーマンショック以降、企業のIT投資が抑えられ、プロジェクト案件が少なくなり、プロジェクト規模の縮小傾向が見られました。また、SAPなどのERPパッケージ投資が一巡したこともあり、SIerにとってもビジネスを継続することが難しい状況もありました。この数年は、若干の回復傾向にあり、IT投資を積極的に行う会社が増加し、案件の数も増えてきましたが、以前のような単価ではなく、価格を抑えたプロジェクトの規模が多く、それだけシステム開発ビジネスのうまみが少なくなったと言われています。

ERPパッケージの分野では、バージョンアップや、会社の合併によるシステム統合、または、事業売却による分社化などの案件が多く出てきました(図1)。

◎ サービスの提供方法を変える

中堅企業を見ると、これまで導入が高額だと感じていた会社がERPパッケージを導入することが多くなってきました。しかし、全体の受注額が抑えられていることもあり、従来ならモジュールごとにERPパッケージの導入コンサルタントをアサインできたところを、例えばロジスティクス系(ロジ系)および会計系の導入業務を1人のコンサルタントが行う(Dynamics 365のケース)など、少人数で兼任しながらプロジェクトを進める形に変わってきました。

納期そのものも短くなってきており、いかに効率良く案件の回転数を上げていくかが1つの課題と言えます(図2)。

図1 ERP市場は回復基調だが単価は下落

図2 ロジ系と会計系を1人のコンサルが兼務(Dynamics 365のケース)

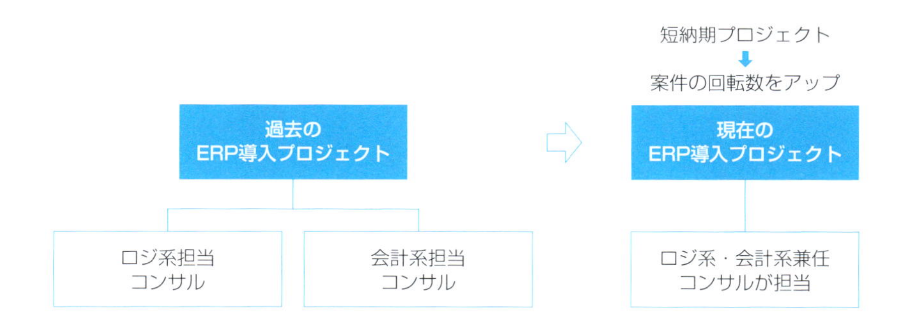

Column SIerの分類

SIerには、メーカーと強いつながりを持っているメーカー系、親会社の情報システム部門が独立してできたユーザー系、独自のサービス力で成長してきた独立系、監査法人などとタイアップしているコンサルティングファーム系などがあります。

127 競争激化で、提案貧乏になってしまう！

ワンポイント

- JV提案で提案コストを低減する
- 主副関係を明確にしておく
- 競争の少ない分野への取り組み

JV提案で提案コストを低減する

案件の数が少ない場合、1つの案件に対して提案するSIerが多くなり、受注の確率が低くなります。そして、受注できない場合、提案コストや要員のキープコストがかかっているため、確実に赤字になります。

提案貧乏を改善する方法として、**JV**(Joint Venture：**共同企業体**)による複数のSIerの連合で案件を提案する方法があります。SIer同士が一緒に組んで、お互いの強みをさらに強く、弱いところを補完し、かつ提案コストを低減できるといったメリットがあります。

なお、JVで提案する場合は、最初に受注できた場合の主副の関係や契約窓口、プロジェクト体制、お金の管理方法などをお互いに明確にしておく必要があります(図1)。

競争の少ない分野への取り組み

競争が激しいマーケットで勝負するのではなく、競争のないマーケットを作っていくという考え方があります。競争のない市場を作り出し、競争を無意味にするという**ブルーオーシャン戦略**です(W・チャン・キム氏、レネ・モボルニュ氏が提唱)。

まず他の製品との違いを明確にします。次に「減らす」「取り除く」「増やす」「付け加える」の4つのアクションを使って新しい価値を見つけていきます(図2)。

最後にアクション・マトリックスに具体的なアクションを書き込み、新しい分野のサービスや製品をデザインします。
この考え方を参考に、自社のサービスを見直してみるのも良いでしょう。

図1 JVで提案貧乏から脱却

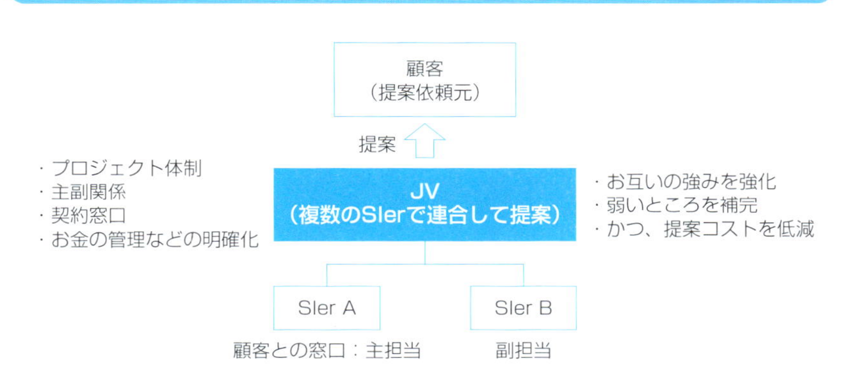

図2 ブルーオーシャン戦略の考え方

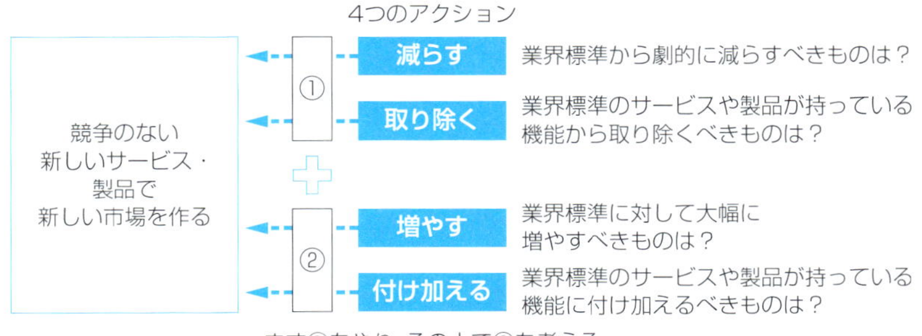

128 工数見積もりから脱却できない！

ワンポイント

- ERPパッケージ導入時の見積もり方法
- サービス提供方法を見直す

◎ERPパッケージ導入時の見積方法

ERPパッケージ導入案件の見積書を作る場合、一般的にライセンス料、保守料、テンプレート料、ソフトウェア、ハードウェア関係の料金のほかに、コンサル工数、Add-on工数(機能追加工数)を人月で積み上げて計算します。

特にAdd-on工数を見積もる場合は、基本設計、詳細設計、プログラミング、単体・結合テストなどの各工程で発生する作業量を見積もり、プログラム1本当たりの原価を計算しておき、これに「売価×プログラム本数」で計算して見積もります。

なお、このAdd-on部分の切り出しと、工数見積もりには時間がかかります。見積もりの段階では、出来上がりのイメージが確定していないため、どうしても多めの見積もりになります(図1)。

◎ サービス提供方法を見直す

これまでの「ERPシステムを構築する」という視点から、「利用するために必要なサービスは、何か？」という視点でサービスを見直すことで、開発中心の人月による工数見積もりから脱却する方法があります。

①クラウドサービスの提供

すでに販売業務、購買業務、会計業務がメニュー化されていて、それをユーザーに利用していただき、毎月使用料としていただきます。

②ERPパッケージのテンプレート化による導入サービス

運用環境やパラメータ設定、ドキュメント類を一式いくらで提供し、不足する機能は、機能部品の品揃えの中から選択して別途購入してもらいます。

また分からないことは、インシデント(1質問いくら)を事前に購入してもらって、それを使って問い合わせしていただく方法です。

このように、今までのコンサルフィーや開発代金といったお金のもらい方から、毎月の利用料や一式いくら、インシデントの形でお金をいただく方式に変えていくのも1つの方法です(図2)。

図1 ERPパッケージ導入時の見積もり例

ERPパッケージ導入見積書
- ライセンス料
- 保守料
- テンプレート料
- ソフトウェア料(OS,DB、ツールなど)
- ハードウェア料(サーバなど)
- ネットワーク料
- コンサル料 ……人月
- プログラムAdd-on料 ……Add-on本数×見積もり売価※

プログラムのAdd-on料は、工数計算で求める

※見積もり売価

①Add-on1本あたりの見積もり作業時間＝基本設計＋詳細設計＋プログラミング＋単体・結合テスト想定作業時間
②Add-on1本あたりの工数＝1本あたりの見積もり作業時間÷1ヵ月の稼働時間
③Add-on1本あたりの見積もり売価＝Add-on1本あたりの工数×(人月単価＋利益)

図2 ERPシステムを利用していただく観点からサービスを見直す例

ERPシステムを構築する視点

ERPシステムを利用していただく視点でサービスを見直す

利用していただくために必要なサービスとは何か?

例えば、

- クラウドサービスの提供(販売業務、購買業務、会計業務等が使える)
- ERPパッケージのテンプレート提供サービス
(運用環境、パラメータ設定、ドキュメント類を一式で提供)
- インシデントによる質問対応サービスの提供

129 クラウドになったら売上が減少するのか？

ワンポイント

- ITインフラ部分の売上が減少する
- 月額請求に変わるため短期的には売上が減少する
- 資金負担が大きくなる

ITインフラ部分の売上が減少する

顧客がクラウドで運用する際に、AmazonのAWSやMicrosoftのAzureを利用すると、これまでオンプレミス用にSIerが販売してきたITインフラ（ハードウェア、ソフトウェア、ネットワークなど）の売上が減少することになります。

また、ライセンス料および保守料がユーザー1人当たりの月額使用料金に変わるので、今まで導入時に1回でもらっていたライセンス料の売上や、年払いでもらっていた保守料の請求ごとの売上高が減少します。

ただし、ライセンス料や保守料を毎月もらうことになりますので、顧客に長く使い続けていただけば、売上増加が期待できます。

お客様の成長と共にユーザー数が増加していけば、長期的にはプラスになる可能性があります（図1）。

資金負担が大きくなる

今までERPパッケージの導入時に、一括でもらっていた売上が減少するので、自社の既存のサービスを見直し、ビジネススタイルを変えていくことが急務になります。また、SIerがクラウドビジネスに参入する場合、ビジネスが軌道に乗るまでの資金負担が大きいものになることが予想されます。

従来のオンプレミスによるビジネスとの両にらみで経営していくか、大手の資金力のあるSIerとの提携などを模索していく必要が出てくるかもしれません。

さらに、SAP社やMicrosoft社自身がクラウドビジネスに参入してきているので、SIerとERPパッケージメーカーのビジネス上の役割に変化が出てくる可能性があります(図2)。

図1 オンプレミス導入する場合とクラウドに変えた場合の売上比較

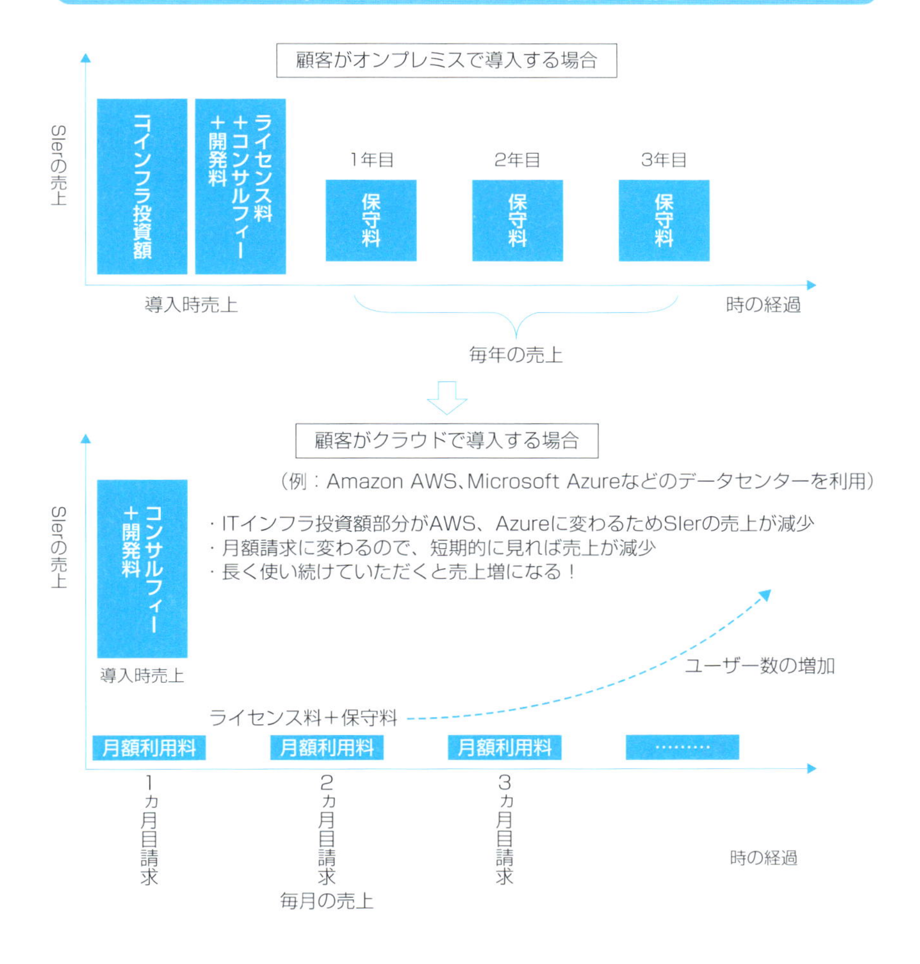

図2　ITインフラ設備を自前で調達し、クラウドビジネスを始めた場合の売上

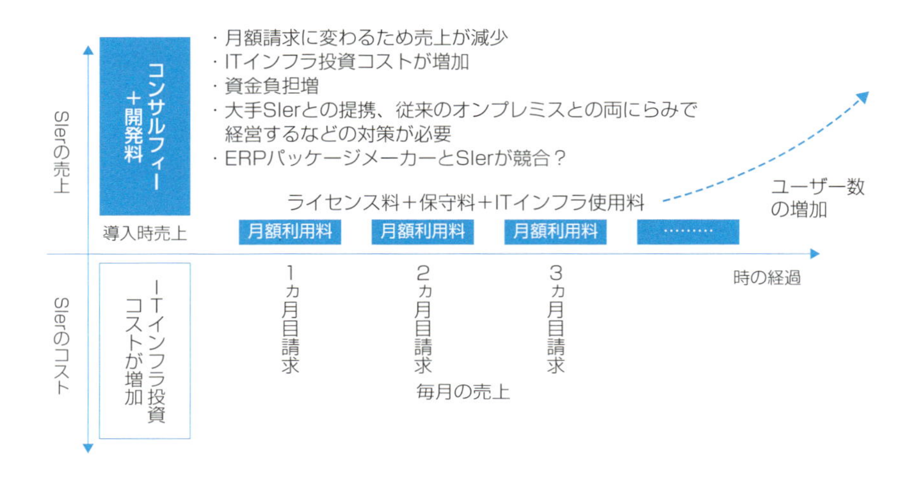

130 プロジェクト受注時の見積原価と実際原価が乖離している！

ワンポイント

- 要件定義で実現機能が確定➔この時点で再見積もりすべき
- 業務要件の見積もりが受注金額に反映されていない
- 原価見積の内訳とプロジェクト管理基準に食い違いがある

◎ 業務要件の見積もりが受注金額に反映されていない

RFP（Request For Proposal：**提案依頼書**）の提出時点や受注時点、もしくはプロジェクトが開始して要件定義が確定した時点で、それぞれ原価見積もりを行っていますが、要件定義が確定した時点での原価見積もり結果が、実行予算書に反映していない可能性があります。

契約上、要件がFIXした時点で見積もりに変更が生じた場合は、その結果を

反映する契約にしておかなければなりません。

また、要件定義が確定した後の追加要望や変更管理が行われておらず、その分が実際原価の増加原因となり、乖離が発生するケースや、プロジェクト人件費計上時の単価設定の問題、技術的な問題の解決に予想外にコストがかかっている場合、要員のスキルアンマッチなどが原因で、見積原価と実際原価に乖離が生じるケースがあります(図1)。

◎ 原価見積の内訳とプロジェクト管理基準に食い違いがある

プロジェクト管理基準がプロジェクト開始後に決まり、例えば、納品ドキュメントが変更になったり、テスト基準が細かく定義されていて工数がかかる、コードや項目名のネーミングを基準に合わせる、共通部品の作成など、当初の見積原価の内訳の中に含まれていなかった作業が発生して、実際原価が増加する場合があります。

これらは変更管理で発生した追加機能や仕様変更などと一緒に、追加原価として請求する必要があります。特に、スケジュール遅れの原因になる場合がありますので、きちんと管理していくべきです。

当プロジェクトで対応しない場合は、次期プロジェクトへの要望として申し送り管理をしておきましょう(図2)。

図1 見積原価と実際原価の乖離原因はいろいろ考えられる

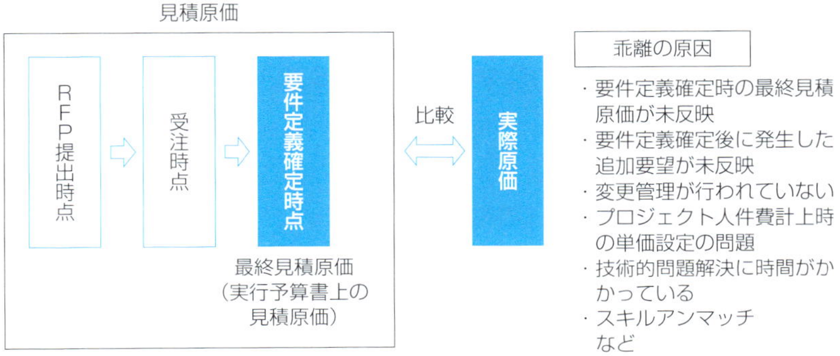

図2　顧客のプロジェクト管理基準との相違による実際原価増要因

SIerの見積もり基準

顧客のプロジェクト管理基準（標準）

原価増の要因

- 納品ドキュメントが変更になった
- テスト基準が細かく見積もりより作業工数がかかる
- コードや項目名のネーミング規約があり、変更作業が発生
- 共通部品の作成工数が見積もりに含まれていなかった

原価増を避けるには

- 見積時点でプロジェクト管理基準を確認しておく
- 追加原価について請求するか、次期プロジェクト要望事項として申し送りする

131 顧客との納品・検収が計画通りに進まない！

ワンポイント

- マイルストーンの共有と役割分担の明確化
- 納品・検収の条件と方法の明確化

◎ マイルストーンの共有と役割分担の明確化

スケジュールが想定通りに進んでいるかどうかの重要なチェックポイントであるマイルストーンを定め、SIer側とお客様の間であらかじめ共有し、それぞれの役割分担を明確にしておく必要があります。

特に、スケジュールの確定、要件定義の完了、スコープおよび実現機能の確定、最終投資額の決定、ITインフラ環境設定完了、プロトタイプの実施＆レビュー完了、Add-onプログラムの完成、システムテストの実施＆レビュー、ユーザー受入れテストの実施＆レビュー、移行リハーサルの実施＆レビュー、ユーザートレーニングの実施完了などのマイルストーンは重要です（図1）。

◎ 納品・検収の条件と方法の明確化

顧客企業の担当者が多忙で検収ができない、といった理由で納品・検収作業が、計画通りに進まないことがあります。いつ誰が、どんな方法で何をチェックするのか、顧客側とSIer側で納品ドキュメントや検収条件を明確にしておくことが重要です。

また、チェック結果のエビデンスや課題などをまとめ、関係者にフィードバックして、改善をしていかなければなりません。

さらに、権限管理をどの時点で設定し、どのような方法で設定内容に問題がないかどうかをチェックするのかについても明らかにしておく必要があります。ユーザーのプロジェクトメンバーは、現場の業務担当から外してもらい、プロジェクト専属の社員として参画していただき、SIerと協力しながら、プロジェクトを計画通りに進めていくのが良いでしょう（図2）。

図1 マイルストーンを明確にし、顧客とSIer間で共有

図2　顧客と納品・検収条件を明確にする

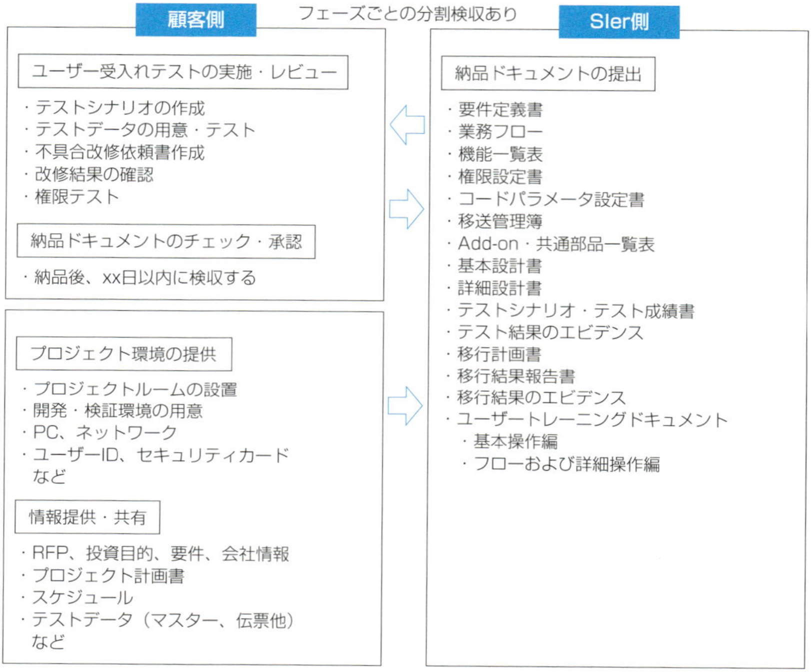

顧客側

フェーズごとの分割検収あり

SIer側

顧客側		SIer側
ユーザー受入れテストの実施・レビュー ・テストシナリオの作成 ・テストデータの用意・テスト ・不具合改修依頼書作成 ・改修結果の確認 ・権限テスト 納品ドキュメントのチェック・承認 ・納品後、xx日以内に検収する	⇦ ⇨	納品ドキュメントの提出 ・要件定義書 ・業務フロー ・機能一覧表 ・権限設定書 ・コードパラメータ設定書 ・移送管理簿 ・Add-on・共通部品一覧表 ・基本設計書 ・詳細設計書 ・テストシナリオ・テスト成績書 ・テスト結果のエビデンス ・移行計画書 ・移行結果報告書 ・移行結果のエビデンス ・ユーザートレーニングドキュメント 　・基本操作編 　・フローおよび詳細操作編
プロジェクト環境の提供 ・プロジェクトルームの設置 ・開発・検証環境の用意 ・PC、ネットワーク ・ユーザーID、セキュリティカード 　など 情報提供・共有 ・RFP、投資目的、要件、会社情報 ・プロジェクト計画書 ・スケジュール ・テストデータ（マスター、伝票他） 　など	⇨	

132 プロジェクト全体を理解している社員が不足している！

ワンポイント

- 自分の守備範囲以外も理解する必要がある
- プロジェクト全体として必要なタスクを見えるようにする

自分の守備範囲以外も理解する必要がある

システム構築プロジェクトでは、多くのメンバーが参画すればするほど、自分が担当した部分はよく分かっていても、他の担当者が担当している部分は分からなくなります。そのため、顧客ニーズへの対応案を考える際に、「プロセス間のつながりがどうあるべきか」「ERPパッケージのどの部分に影響するか」「どの機能を活用することで解決できるのか」などが分からない場合があります。

ERPシステムは、リアルタイムの全体最適化を目指しますので、問題解決のためには、他のプロセスとのつながり、特にシステムアプローチが重要になってくるので、参画するメンバーは、他のプロセスについても理解できるように取り組んでいく必要があります。

プロジェクト全体として必要なタスクを見えるようにする

多くのメンバーが参画するプロジェクトでは、プロジェクト計画書のようなプロジェクト全体を理解できるドキュメントが必要です。しかも、確定した情報となっていなければなりません。

もし、変更が生じた場合は、その変更内容をプロジェクトメンバーに周知し、変更による影響を調査して対応策を講じていく必要がでてきます。

例えば、次のような情報を共有していくことが大切です。

①プロジェクトの目的・ゴール
②プロジェクト体制、会議体、プロジェクト規約・基準(書式、ルール)
③スコープ(対象範囲：会社、業務、プロセス、使用モジュール)
④全体スケジュール、詳細スケジュール
⑤要件定義内容、業務フロー、コード・パラメータ定義内容、移行計画など

133 顧客が多岐にわたり、守備範囲が広すぎる！

ワンポイント

- 顧客ニーズを理解するための時間が必要
- ターゲットの業種業態を絞る、パートナーを活用する

⊙ 顧客ニーズを理解するための時間が必要

SIerは、多くの業種業態の顧客と付き合っていますが、その業種業態の違いによって顧客ニーズやソリューションの提案内容が異なってきます。また、業界特有の用語がありますので理解するための時間が必要です。

・メーカー(医薬、化学、プラント、組立、生活用品、工事、部品など)
・卸(商社、鮮魚、野菜、花、米など)
・小売(ネット販売、スーパー、家、車、薬、家電、衣料、雑貨など)
・サービス(金融、保険、医療、物流、レンタル、警備、保守、ITなど)

このようにSIerの社員の守備範囲が広くなってきていますので、分からないことをQ＆Aリストにして、事前にその業種業態の専門家などからレクチャーを受けるなど、提案する前の準備も必要になってきます(図1)。

◎ ターゲットの業種業態を絞る、パートナーを活用する

SIerとして特長を持つために、提案要請があった場合にすべてに対応するのではなく、あえてターゲットの業種業態を絞る戦略もあります。経営資源を集中させることで、社員が身に付けるべき知識やノウハウを絞る込むことができますので、より専門的で、顧客ニーズに応えた対応が期待できます。

もし、ターゲットでない顧客からの提案要請があった場合は、パートナーを活用するとか、JVで提案するなど、他社の経営資源を利用して対応するのも1つです。

ターゲットを絞る場合は、マーケットの動向や顧客ニーズ、自社の強みなどを考慮して十分に分析する必要があります(図2)。

図1　SIerの顧客が多種にわたり守備範囲が広い

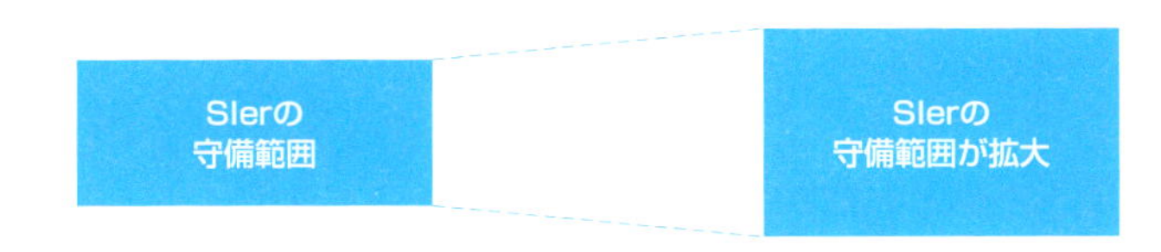

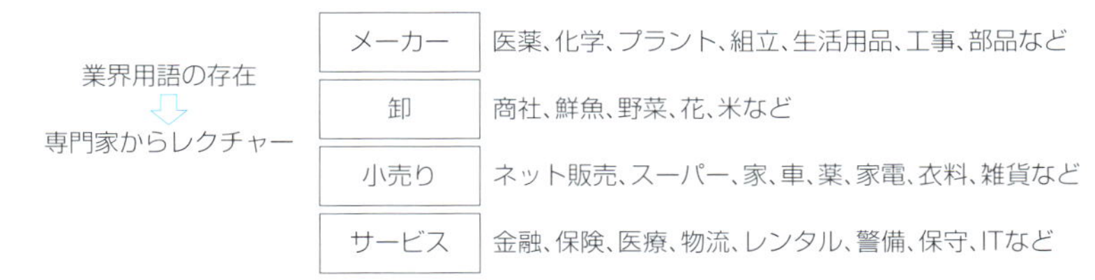

図2　ターゲットを絞る

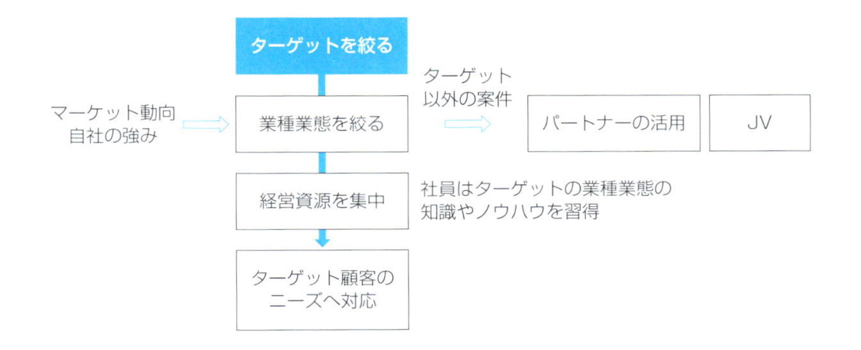

134 納品後に不具合が発生した！

ワンポイント

- 保守契約を結んでおく
- 標準プログラムの問題か、Add-onプログラムの問題か

保守契約を結んでおく

納品・検収後に発生したプログラムなどの不具合は、瑕疵担保期間内であれば、SIerの責任で改修する必要があります。プロジェクトの完了時に品質保証引当金を計上しておき、これを使って改修対応します。

瑕疵担保期間が過ぎている場合は別途、見積もりをした上で、対応方法を顧客と協議して進める形にします。一般的にERPパッケージを納品した場合は、保守契約を締結しますので、保守契約の範囲で対応することになります(図1)。

標準プログラムの問題か、Add-on プログラムの問題か

発生した不具合が標準プログラムにあるのか、Add-onしたプログラムにあるのかによって対応が異なってきます。

SIerが契約する保守契約の中身は、大きく2つに分かれます。ERPパッケージそのものの保守料とSIerの保守料の2つです。

標準プログラムの不具合であれば、ERPパッケージメーカーが対応しますし、SIerが納品したAdd-onプログラムの不具合であれば、SIerが対応することになります。

どちらの場合でも、SIerが一次受付窓口になり、切り分けします。ERPパッケージメーカーとのやり取りもSIerが行います。ERPパッケージの不具合の場合は、現象の再現確認やエビデンスの提供、開発元とのやり取りが発生するので、改修プログラムが提供されるまで時間がかかることがあります(図2)。

図1　不具合対応

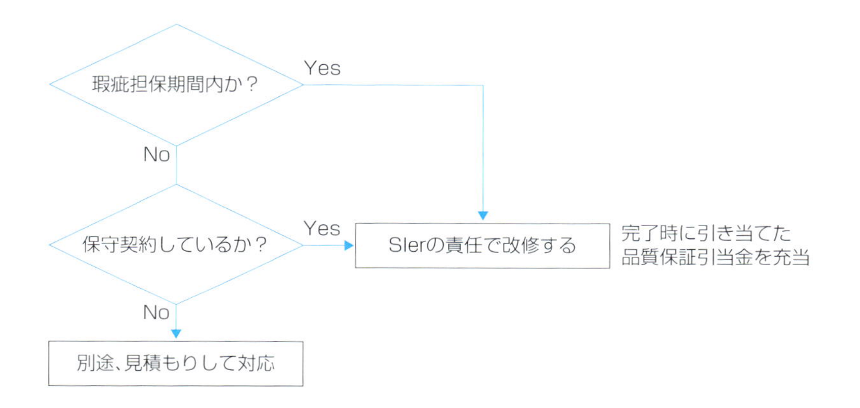

図2　標準プログラムに不具合があった場合

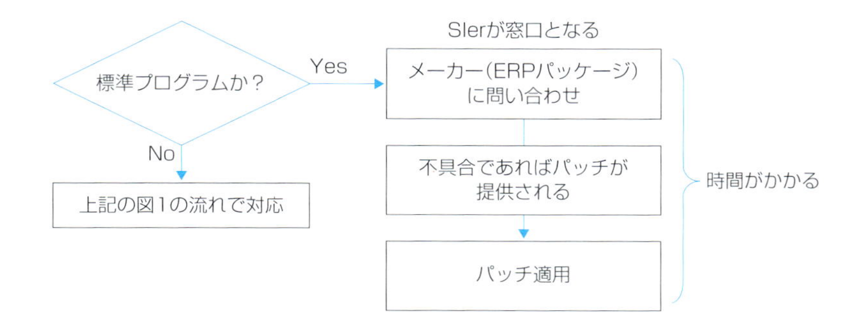

135 複数パッケージの取り扱いで要員が分散してしまう！

ワンポイント

- 主力ERPパッケージに要員を多く配置
- 不足分を外部パートナーで補う
- パートナー会社間の情報連携が重要

主力ERPパッケージに要員を多く配置

SIerは、一般的に複数のERPパッケージを取り扱っています。主力のERPパッケージのほかに、品揃えとしてほかのERPパッケージも用意しています。当然ですが、売れ筋のERPパッケージ要員を多く抱えています。

しかし、複数のERPパッケージを扱っていることで、要員が分散してしまい、受注時にタイミング良く社員を配置できない場合が出てきます。

1人のERPパッケージ導入コンサルタントが複数のERPパッケージを担当できればベストですが、数が少ないのが現状です。今後、このマルチERPコンサルタントをいかに育てていくが、SIerにとって大きな課題となっています。

不足分を外部パートナーで補う

プロジェクトの受注ができた場合、要員計画を立案しますが、自社の社員を手配できない場合は、外部のSIerを活用して対応することになります。プロジェクトは元請のSIerが窓口となり、その中に今回のERPパッケージに詳しい外部のSIer要員に参画してもらうことで補完します。

逆に、他のSIerが受注したプロジェクトに自社の社員が参画する場合もあり、ERPパッケージを扱っているパートナー会社間で情報の連携を深めておくことが重要です。

136 プロジェクトマネージャが不足している！

ワンポイント

- プロジェクトマネージャの役割は大きい
- PMはERPパッケージの導入経験が必要
- プロジェクトマネージャは問題解決の連続
- 時間をかけて育てていく

プロジェクトマネージャの役割は大きい

プロジェクトマネージャ(PM)の役割は、プロジェクトの収支管理とプロジェクトを計画通りに推進することです。

プロジェクトがスタートすると、例えば、プロジェクトの予実管理、定例会議、トップへの報告、スケジュール変更対応、要件を確定するための意思決定サポート、要員の手配·配置、勤怠管理、備品などの発注管理、作業実績管理などの日々発生する業務のほかに、プロジェクトが進行する中でいろんな問題が出てきて、その1つ1つを素早く解決していくという問題解決の連続です。

また、問題の解決を先延ばしにすればするほど、新しい問題や課題を抱えることになります(図1)。

PMにはERPパッケージの導入経験が必要

いろんな問題が出てきた時の対応案は、すぐ出てくるものではなく、過去の経験値が有効な場合があります。この経験値は、ERPパッケージの導入経験から導き出されることが多く、プロジェクトマネージャとなる人は、ERPパッケージの導入経験を持っていたほうがうまく立ち回ることができると考えます。

例えば、導入経験を持つことで、同じプロジェクトのメンバーなどとのネットワーク作りが可能ですし、日々発生する現場の問題を正しく認識し、計画通り進んでいるのかいないのかといった場面での判断力が身に付きます。

プロジェクトマネージャにERPパッケージの導入を経験させ、時間をかけて育て増やしていくしかありません(図2)。

図1 プロジェクトマネージャの役割は大きい

プロジェクトマネージャの役割

- プロジェクトの収支管理
- プロジェクトを計画通りに推進させること

主なタスク
・プロジェクト予実管理
・定例会議
・トップへの報告
・スケジュール変更対応
・要件を確定するための意思決定サポート
・要員の手配・配置
・作業実績管理
・勤怠管理
・備品等の発注管理
など

プロジェクトマネージャは
問題解決の連続

図2 PMは、ERPパッケージ導入経験者が候補

時間をかけて育てていく

ERPパッケージの導入経験者

プロジェクトマネージャ

・ERPパッケージを使った場合のプロジェクトの進め方を理解している
・発生する問題・課題の重要さ、大きさを理解できる
・解決策のヒントを多く持っている
・ERPパッケージ導入コンサルなどとのネットワークを持っている

137 パートナーライセンスには、どんな種類があるのか？

ワンポイント

- SAPの場合は、4種類のビジネスパートナーがある
- Microsoftの場合は、4種類のメンバーレベルがある

SAPの場合は4種類のビジネスパートナーがある

現在、SAPの場合、次の4種類のビジネスパートナーが用意されており、SAP社から専任アドバイザーのサポート、販売サポート、ツールの提供、イノベーションパックの提供などのサービスを受けることができます。

①ソリューションの構築(Build)
②ソリューション販売(Sell)
③ソリューションのサービス(Service)
④ソリューションの運用(Run)

また、パートナーとして、次の2種類のモデルがあります。

①SAP PartnerEdge(基本料金がかかる)
②SAP PartnerEdge Open Ecosystem(基本料金は無料)

パートナーになるための条件のほか、継続的にパートナーを維持していくためのコストがかかります(図1)。

Microsoftの場合は、4種類のメンバーレベルがある

Microsoftのビジネスパートナーは、現在、次の4種類のパートナーレベルが用意されています。パートナー会への参加やMicrosoftからのプリセール

スサポート、社内使用ライセンスの提供、VisualStudioサブスクリプション、Microsoft Office365のデモテナント、製品サポートなどの特典を受けることができます。

①Goldコンピテンシー
②Silverコンピテンシー
③サブスクリプション
④コミュニティ

無料のコミュニティから初めて、有料のレベルにアップしていくことができます。例えば、Goldコンピテンシーパートナーは、技術力や品質が最高のものを提供できるパートナーに与えられるもので、顧客企業に対するアピールになります(図2)。

図1　SAP社のビジネスパートナーの種類と受けられるサポート例

受けられるサポート例
・SAP社から専任アドバイザーのサポート
・販売サポート
・ツールの提供
・イノベーションパックの提供など

2種類のモデル

SAPのビジネスパートナー 4種類	有料 SAP PartnerEdge ·SAP社と直接提携 ·すべてのソリューションの再販が可能	無料 SAP PartnerEdge Open Ecosystem ·販売代理店と提携 ·ソリューションポートフォリオの一部の再販が可能
ソリューションの構築(Build)	○	○
ソリューションの販売(Sell)	○	○
ソリューションのサービス(Service) SIer向け	○	○
ソリューションの運用(Run)	○	―

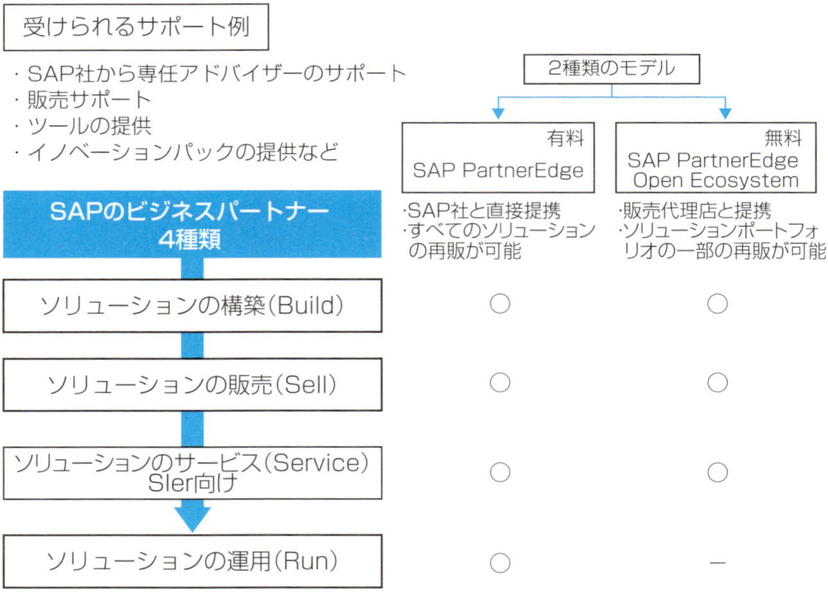

図2 Microsoft社のビジネスパートナーの種類とサービス内容

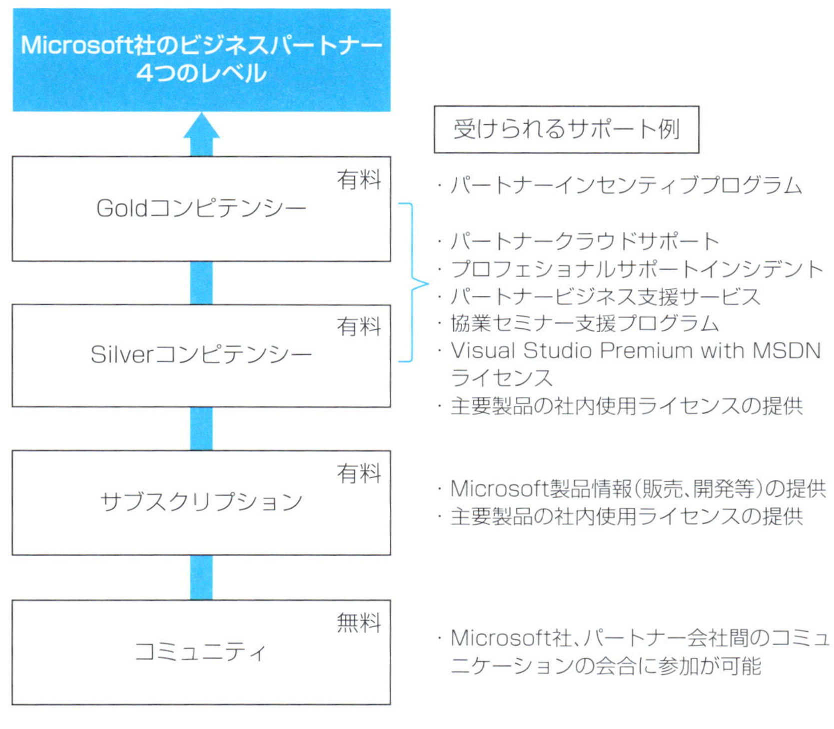

Column 「今ここを生きる」ことにベストを尽くしたい

様々な心理学で共通に言われることの1つは、「今、ここを生きる」ことの重要性です。人は誰しも過去の失敗や不幸に囚われ、また未来への不安に惑います。しかし、誰も過去や未来を生きることはできず、今を精一杯生きることしかできません。

過去の経験からの学びを得ることは重要と思いますが、一旦その過程を経たならば、今に集中するよう、自分の気持ちを切り替えることが大切です。また未来の不安には、ある程度の準備をした後は、やはり、今にベストを尽くせるよう自分を勇気付けたいと思います。

138 パッケージのアップデートが頻繁で、維持管理が大変！

ワンポイント

- テンプレート完成時のバージョンを保管する
- 大幅なバージョンアップ時は、テンプレートを作り直す

テンプレート完成時のバージョンを保管する

SIerがERPパッケージのテンプレートを開発し、これを販売しているケースがあります。顧客にそのまま使ってもらえれば、短期間で納入することができます。

また、業種業態特有の機能を追加したり、テンプレートに沿った業務フローやパラメータ設定書、利用マニュアルなどを添付することで、納入後、顧客自身で運用管理していける形になっています。顧客がERPパッケージを本格的に導入する前の事前調査用としても利用することができます。

Dynamics 365の場合、ERPパッケージのアップデートが年に数回あります。このアップデートが発行されるたびにテンプレートに適用すると、その適用後の動作確認が、その都度必要で、テンプレートの維持管理が大変になります。

テンプレート完成時のバージョンを保管しておき、出荷時にまとめてアップデートをかけ、アップデート後の動作確認をするなど、テンプレートの管理に工夫が必要です。

大幅なバージョンアップ時は、テンプレートを作り直す

ERPパッケージの場合、数年に一度、大幅なバージョンアップが行われてきました。今後、大幅なバージョンアップが発生する場合は、元のテンプレートの設定値情報をExcelや紙などに記録し、最新バージョンで環境を構築した後、ExcelからのImportやマニュアルによるパラメータ設定などを行い、テンプレートを作り直す必要が出てくるかもしれません。

Add-onプログラムについても動作確認を行い、場合によっては作り直しになる可能性があります。テンプレートビジネスを行っていく場合は、このような作業が必要になることを考慮しておく必要があります。

139 メンバーがプロジェクトから離れ、保守サービスが十分にできない！

ワンポイント

- 保守のためのドキュメントを残す
- 保守管理体制を構築する

保守のためのドキュメントを残す

運用開始後に発生する保守サービスは、主に顧客からの問い合わせ対応です。問い合わせの内容によっては、パラメータの変更やマスターのメンテナンスが必要になる場合があります。

その時、ERPパッケージを導入した時のメンバーが、すでにプロジェクトを離れていて対応できない場合が考えられます。 離れる際には、保守用ドキュメントを残し、十分な引き継ぎを行っておかなければなりません。業務フローやワークフローの変更、パラメータの変更、マスターメンテナンス、ユーザーに対する権限割り当て内容の変更など多岐にわたります。

これらのドキュメントのバージョン管理をしていくことで、システム構築時のメンバー以外の保守要員でも保守サービスができるようにドキュメントを整備していく必要があります(表1)。

保守管理体制を構築する

ERPシステムの保守は、例えばプロセス、ワークフロー、コード・区分、パラメータ、ユーザーメニュー、権限設定、使用標準プログラム、Add-onプログラム、ユーザーID、操作マニュアル、マスターメンテナンスなど広範囲にわたります。

1つの部署ですべての保守ができないので、管理責任部署との連携が重要になります。ヘルプデスクの中に保守部隊を用意するか、保守専門のチームを用意して対応していくのが良いでしょう。

SIerがヘルプデスクや保守専門チームの窓口となる場合は、顧客の管理責任部門と連携した組織を構築しておく必要があります(図1)。

表1 ERPパッケージの保守に必要なドキュメント

帳票名称	利用目的	管理者	バージョン	作成・改訂日
要件定義書	業務要件に沿って実現した機能を理解する	プロセス		
業務フロー	各業務のプロセスと担当を管理する	プロセス		
ワークフロー定義書	各ワークフローの流れと承認権限者を管理する	内部統制		
コード・区分定義書	使用するコードや区分を定義する	データマネジメント		
パラメータ設定書	ERPパッケージの設定したパラメータの内容を明確にする	情シス		
ユーザーメニュー管理簿	ユーザー、ユーザーグループ(タイプ)別のメニューを設定・管理する	内部統制		
権限設定・管理表	ユーザー、ユーザーグループ(タイプ)別の権限を設定・管理する	内部統制		
使用標準プログラム一覧表(トランザクション)	使用するERPパッケージ標準のプログラム(トランザクション)を管理する	情シス		
Add-onプログラム一覧表	Add-onしたプログラムのIDおよびバージョンを管理する	情シス		
ユーザーID管理表	ERPパッケージを使用するユーザーのIDを管理する	運用管理		
移送管理簿	プログラムの変更時に移送番号を発番し、移送内容を管理する	運用管理		
操作手順書	プログラムの1つ1つの操作方法や共通的に使用する機能の操作方法を明確にする	プロセス		
マスターメンテナンス手順書	各マスターのメンテナンス手順を管理する	データマネジメント		
申し送り書	次期プロジェクトなどで対応する要望事項を忘れないように記録しておく	事務局		

図1 ERPパッケージシステムの保守管理体制の構築例

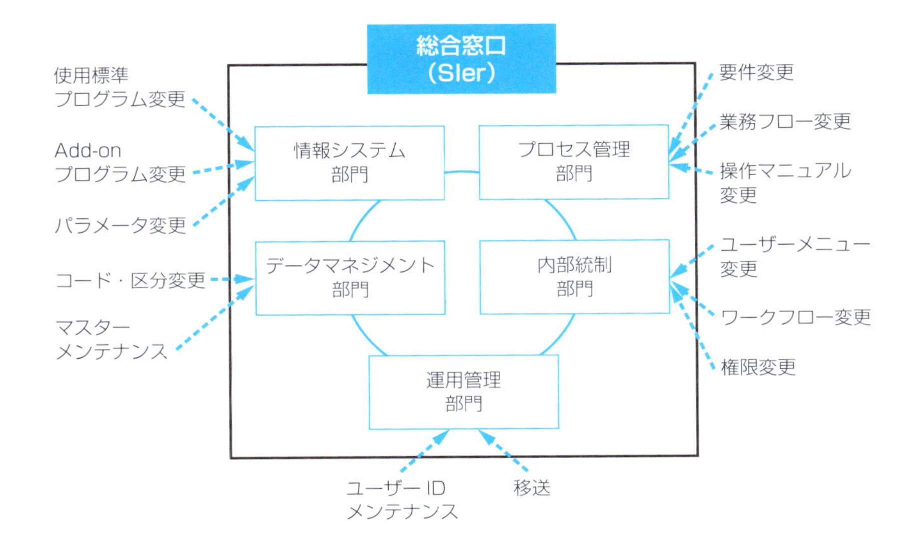

140 海外案件のプロジェクト管理と保守が難しい！

ワンポイント

- 1つのプロジェクト体制
- 場合によっては通訳を入れて会議する
- 会議時間の調整（時差を意識）
- 情報システム部門で担当するか現地のSIerに依頼するか

◎1つのプロジェクト体制

プロジェクトが国内と海外に分かれていて、同時に進行していく場合があります。例えば、本社がアメリカ、情報システム部門がベルギー、開発がフィリピン、導入先が日本といったケースで、言語の問題や文化の違いからいろんな問題ができてきます。

プロジェクトの主導権をどこが持って進めていくかにもよりますが、役割と進め方を共有して、1つのプロジェクトとして進めていくことが大事です。

重要な会議で双方の意見を正しく伝えるために、通訳を入れたほうがいいケースもあります。翻訳のため、会議時間が2倍になりますが、誤解を少なくすることができます。

また時差を考慮して、開催日時を決める必要があります。開催日時は、例えば、日本時間の何日何時からという形で連絡する必要があります。

◎ 情報システム部門で担当するか現地のSIerに依頼するか

ローカルルールの開発やパラメータの設定作業を行う際、それを導入する国のSIerに依頼する場合があります。理由は、その国の法制度を熟知しており、実績を持っている場合が多く、任せたほうが安心というところにあります。

上記の例では、導入先が日本ですので、例えば消費税や減価償却計算などの部分を日本側で担当します。運用が開始された後の保守は、依頼元の情報システム部門がメインとなり、必要な時にだけ、スポットで現地のSIerを利用するのも1つの方法です。

141 保守の一次窓口担当と実際の担当の振り分けが大変！

ワンポイント

- 一次受付窓口担当者がキーマン
- 調査は分担して行う
- 記録を残す、開発部門などにフィードバックする

一次受付窓口担当者がキーマン

ユーザーと保守契約をしている場合、SIerの中にヘルプデスクを設置して対応します。このヘルプデスクが窓口となって、問い合わせ番号を発番し、一次受付を行います。

問い合わせ内容がソフトウェア、ハードウェア、ネットワーク、データベース、業務アプリケーションなどのどれに関するものなのかを正確に把握して、対応にふさわしい担当者をアサインします。この振り分け方次第で、対応レスポンスが変わってくるので、一次受付担当者は重要な役割を担っています。

回答に時間がかかると、お客様の業務に影響を及ぼす恐れがありますので、迅速、かつ、適切な対応が必要です。一次受付窓口の担当者は、システム全般について広く理解している必要があります(図1)。

記録を残す、開発部門などにフィードバックする

ユーザーからの問い合わせの中に、システム改善や新しい価値を生み出すためのヒントが隠されています。ユーザーからのシステムトラブルなどに関する情報を、マイナス情報として捉えるのではなく、プラス情報と考え蓄積していくことが大事です。

そのためには、問い合わせの内容を管理し、問い合わせの内容と対応結果の記録を残しておく必要があります。その記録を定期的に分析して、分析結果を開発部門などにフィードバックすることで、トラブルの減少や新サービス、新商品開発へとつなげていかなければなりません(図2)。

図1　一次受付窓口担当者はキーマン

問い合わせ内容を切り分ける

一次受付窓口　幅広い知識が求められる　迅速な対応が可能なヘルプデスク体制の確立が必要

- ソフトウェアの問題？……ソフトウェア専門担当者へ調査依頼
- ハードウェアの問題？……ハードウェア専門担当者へ調査依頼
- ネットワークの問題？……ネットワーク専門担当者へ調査依頼
- データベースの問題？……データベース専門担当者へ調査依頼
- 業務アプリケーションの問題？……業務アプリケーション専門担当者へ調査依頼

図2　問い合わせ情報をプラス情報と捉え活用していく

問い合わせ結果と対応履歴を残す（蓄積）

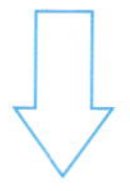

- よくある質問、Q&Aリストへ反映
- 再発の防止・機能改善へ繋げる
- 新しい製品、サービスの提供のヒントを得る

5　SIerの悩み解決

142 保守要員のローテーションが難しい！

ワンポイント

- キャリアパスの一環で考える
- 定期的に異動させる仕組みにする
- 保守記録を残す、共通部品の使い方などのドキュメント化

◎ キャリアパスの一環で考える

システムが本番稼働して運用が始まると、システムの運用維持管理の仕事が出てきます。顧客がデータセンターなどの中に運用管理部門を設置する場合や、SIerが社内に設置する場合などがあります。

日々の運用監視や夜間のバッチジョブの管理、バックアップなどの作業のほかに、マスターやパラメータの改廃および小規模の追加開発などの、システム自体のメンテナンス作業があります。

システムを構築した時の一部のメンバーが残って担当するケースや、システム全般について一通り理解するために、新入社員などが配属される場合があります。プログラマーやSEがキャリアを積み重ねていくための最初のステップとして保守業務を担当するのも良いでしょう。

◎ 定期的に異動させる仕組みにする

同じ顧客の保守担当を長く続けるのではなく、キャリアパスの一環として、複数の現場の運用管理に携わることで様々な方法を学ぶことができます。その現場で身に着けた技術やノウハウを自分自身に蓄積していくことで、自身の成長を感じながら、新たなステージにステップアップしていくことができます。

会社の方針として、定期的に現場を異動させることで、保守要員のローテーション化を進めていくことが重要です。

その場合、次の保守要員に業務を引き継げるよう、日々の保守記録や、共通部品の使い方などをドキュメント化して残しておくことが大切です。

143 Add-onしたプログラムのメンテナンス要員確保が難しい！

ワンポイント

- 開発時に保守しやすい作り方にしておく
- 困った時、開発時のメンバーなどに相談できる仕組みを作る

開発時に保守しやすい作り方にしておく

Add-onプログラムに変更が生じた場合、開発したメンバーが残っているとは限りません。そのため、Add-onプログラムの変更は、別の要員が担当することになるので、特定の開発者ではなく、どの保守要員でもメンテナンスできるように開発時に保守しやすい形で作成しておく必要があります。その上で、保守要員を配置していくのが良いでしょう。

開発指針に基づき、基本設計書として、プログラムの目的とアウトプットの関係や、実行方法、実行時期、ファイル構造、項目定義、フローチャート、処理手順、計算式、変数や汎用モジュールの使い方、変更履歴などを明確にしておきます。

また、開発時のテストケースやテスト結果のエビデンスを残しておくことで改修時の参考になります(図1)。

困った時、開発時のメンバーなどに相談できる仕組みを作る

保守担当者がどうしても改修箇所や改修方法を見つけられない時などのために、社内掲示板やメール、Skype、LINEなどで、当時の開発メンバーなどに相談できる体制を作っておくのも良いでしょう。

特に、Q&Aの形で社内掲示板に投稿し、それに対して知っているメンバーが答えてくれる仕組みを持っておくことで、メンバー間で情報を共有できると共に、協力して作業を進めていくことが可能になります。

また履歴として残るので、過去、同じ悩みや問題を抱えたケースがあれば、

それを参考に対応することができ、同じことを調査するコストの削減や作業効率のアップ、顧客に対する回答レスポンスを高めることにつながります(図2)。

図1　保守することを意識してAdd-onプログラムを設計する

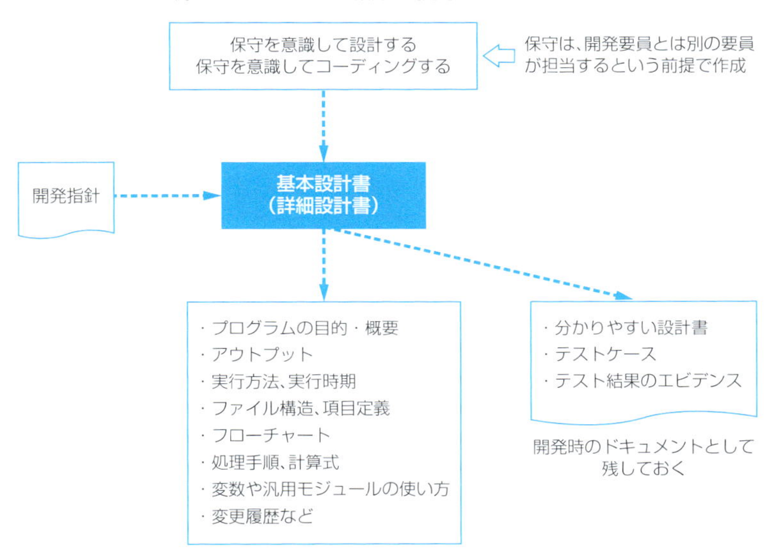

図2　メンバー同士のサポート体制の確立

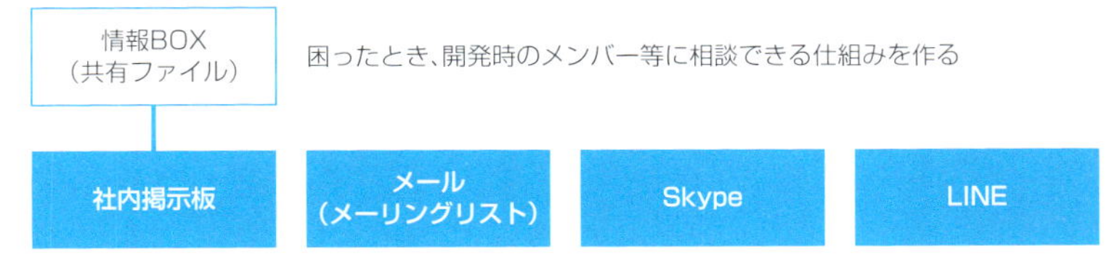

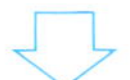

・同じことを調査するコストの削減
・作業効率のアップ
・顧客に対する回答レスポンスの向上

144 SIerの力だけでは、サービスを完結できない！

ワンポイント

- 多くの協力者が必要
- 多くの会社の協力が必要

⊙ 多くの協力者が必要

ERPパッケージを導入するためには、SIerの力だけでサービスを完結することはできません。プロジェクトにかかわる多くのメンバーの協力が必要です。

具体的には、プロジェクトオーナー、プロジェクトマネージャ、プロジェクトリーダー、事務局、インフラ構築担当、各業務担当、モジュールコンサルタント、SE、プログラマー、テスト担当、トレーナー、マニュアル作成担当、移行担当などがスケジュールに従って、責任持って役割を遂行することで、初めて導入できるパッケージです。

またプロジェクトは、かかわるメンバー全員がゴールを共有し、同じ方向に向かって進んでいかなければなりません。これらをうまくコーディネートしていくのがSIerの役割の1つです(図1)。

⊙ 多くの会社の協力が必要

SIerのほかに、ERPパッケージの提供会社、ハードメーカー、ネットワーク提供会社、OS、データベースおよびミドルソフトウェアの提供会社、Officeなどのツール提供会社、コンサルタント、SE、プログラマー提供会社、運用開始後の業務委託会社など多くの会社が導入に向けて協力し合って進めていくことになります。そのため、コミュニケーションの取り方や情報共有の仕組み作りがとても重要になってきます。関係会社間の役割とミッションを明確にしながら、会社の垣根を越えて取り組んでいくことで、計画的なERPパッケージの導入および運用管理が可能になります(図2)。

図1 ERPパッケージの導入・運用管理にいろんな人がかかわっている

図2 ERPパッケージの導入・運用管理にいろんな会社がかかわっている

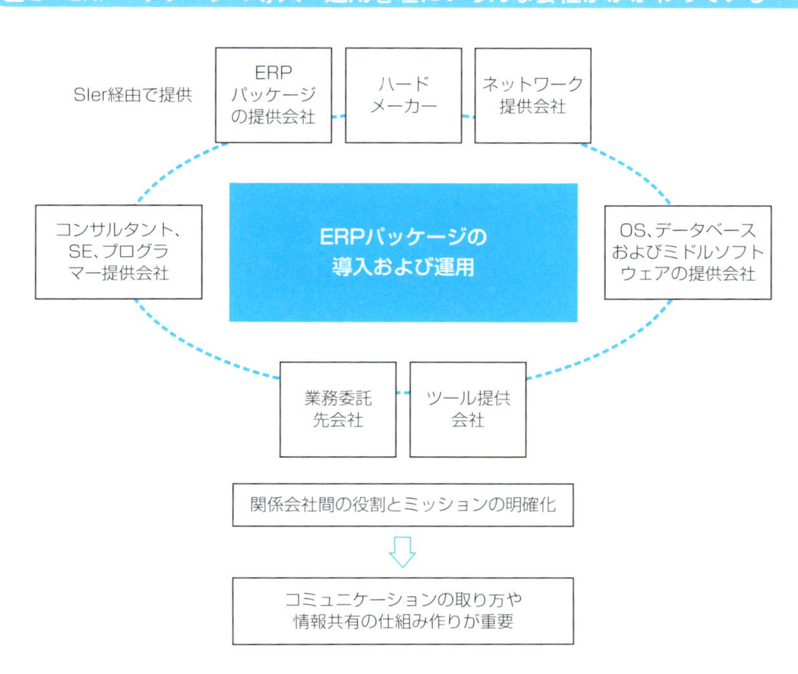

145 パートナーランキングのアップに苦労している！

ワンポイント

- 上位にランクされているSIerは顧客からの信頼が厚い
- 社員のモチベーションを高める仕掛けが必要

◎ 上位にランクされているSIerは顧客からの信頼が厚い

顧客がERPパッケージの導入に際し、ERPパッケージのパートナーランキングを見て、どのSIerに見積もりを依頼するかを決めている場合があります。

当然ですが、パートナーランキングの上位にいるSIerは、顧客からの信頼が厚く、見積もり依頼を受ける確率が高いことになります。そこで、SIerは、いかにパートナーランキングをアップさせるかということに苦労しています。

例えば、Dynamics 365の場合は、ERPパッケージに関係する試験（インストール、環境設定、ロジコンサル、会計コンサルなど）の合格者数やホームページでの事例発表件数などがポイントとして加点され、定期的に公表されます（図1）。

◎ 社員のモチベーションを高める仕掛けが必要

試験合格者数を増やすために、社内の評価の仕組みと連動させ、例えば今期の個人目標に資格試験合格を推奨して、合格した場合、評価に加点するとか、お祝い金を出すとか、対象の資格試験合格と昇進が連動しているなど、社員のモチベーションアップにつながる仕掛けを用意しているSIerもあります。

また、試験合格のために予想問題・解答集を作成したり、試験対策の勉強会を開催しているところもあります。さらに外部へ事例発表を行った部やプロジェクトチームを社内で表彰し、評価につなげているSIerもあります。

事例発表は、顧客の了承や目に見える導入効果が求められるので、資格試験合格者数よりハードルが高く、パートナーランキングの評価の点数も高くなっています（図2）。

図1　上位にランクされているSIerは、提案依頼される確率が高い

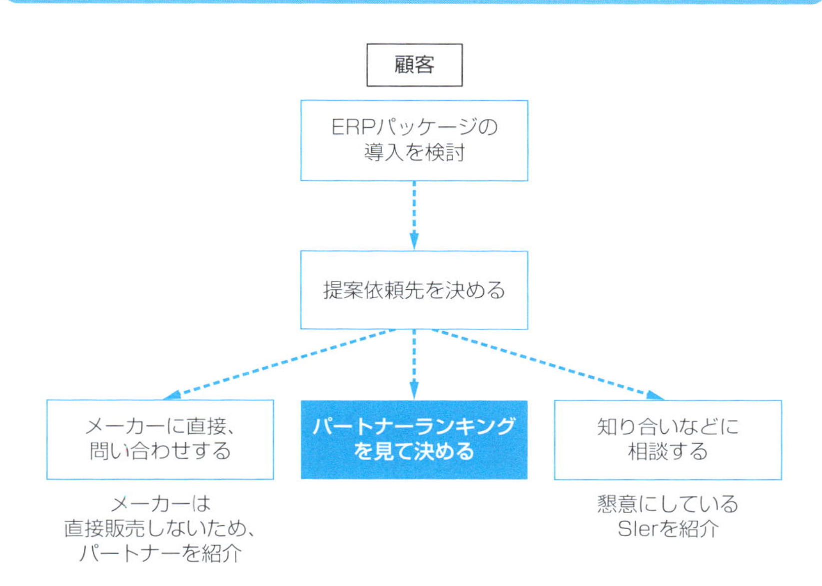

図2　社員のモチベーションアップにつながる仕掛けを用意

Dynamics 365の場合　パートナーランキングは、試験合格者数と事例発表数等で決まる

試験合格者数

- インストール
- 環境設定
- ロジコンサル
- 会計コンサルなど

事例発表数

合格者数アップ ↑ 今期の個人目標

- 想定問題・解答集の作成
- 試験勉強会の開催

事例件数アップ ↑ 部、プロジェクトの目標

- 顧客の了承（信頼）
- 導入効果の見える化

146 どうすればERPパッケージの導入コンサルタントになれるか？

ワンポイント

- 一通りの経験が必要
- 主体的な資格取得で自らの成長を図る

◎ 一通りの経験が必要

著者の場合は、20代～30代に簿記を勉強し、それに加えてコンピュータを覚え、オペレータ、プログラマー、システムエンジニアを経験した後、プロジェクトリーダー、プロジェクトマネージャを経験していきました。

その後、40代後半からSAPのトレーニングを受け、FI/CO/PSのコンサルタントとして、全国のERPパッケージ導入プロジェクトに参加し、プロジェクトの立ち上げから、要件定義、開発、テスト、権限設定、移行、運用開始後の保守などに従事してきました。

また50代後半からは、Microsoft社のDynamics 365(当時は、Dynamics AX)のトレーニングを受け、SAP同様にプロジェクトの立ち上げから導入・保守の仕事にも従事してきました。

結果的にトータルで約40年という歳月をかけて一通りの経験をしてきたことになります。著者の場合は、時間がかかり過ぎですが、実際には、5年から10年あれば、一通りの経験が可能だと考えます(図1)。

◎ 主体的な資格取得で自らの成長を図る

会社や仲間から勧められたものを目指すのも1つの方法ですが、自分の成長のために自ら学ぶという姿勢を持ち続けることも大切です。そのために資格取得を目指すのも良いでしょう。ERPパッケージのコンサルを目指す場合は、幅広い業務知識と会社全体の仕組みを理解しておく必要があります。

そのためにふさわしい資格として、例えば中小企業診断士があります。会社のすべての業務にかかわる資格であり、幅広い知識が身に付きます。試験科目として、経済学、財務・会計、企業経営理論、運営管理(オペレーション、マネジメント)、経営法務、経営情報システム、中小企業経営・中小企業政策などがあり、対象分野が広いものになっています。

これらを知識として習得することで、ERPシステムがどうあるべきかが分かるようになっていくと考えます。特に、ERPシステムの構築時に、顧客ニーズの実現のための対応案や、解決策の提示が求められ、このような場面で役立ちますのでお勧めです(図2)。

図1　ERPパッケージ導入コンサルタントとして経験しておきたい業務

必要な業務知識と経験したい業務

- 業務知識(ロジ、生産、会計)
- 運用管理
- PG、SE
- プロジェクトリーダー
- プロジェクトマネージャー
- ERPパッケージの導入経験
(要件定義、開発、テスト、権限設定、移行など)

経験するための時間が必要

図2　主体的な資格取得で自らの成長を図る

・幅広い業務知識と会社全体の仕組みを理解する資格取得を目指す

例
中小企業診断士

試験科目

- 経済学
- 財務/会計
- 企業経営理論
- 運営管理
(オペレーション、マネジメント)
- 経営法務
- 経営情報システム
- 中小企業経営/中小企業政策

ERPシステムがどうあるべきかが分かる

ERPシステム構築時の要件定義などで力を発揮

147 マルチパッケージ担当コンサルの育成をどうすればよいか？

ワンポイント

- 基幹業務プロセスを理解する
- 1つのパッケージを理解すれば、他も理解できるようなる
- ロジ系を目指すか生産管理系を目指すか会計系を目指すか

基礎知識の共有

会社の基幹業務プロセスは、例えばメーカーであれば、1物を作る➡2それに必要な原材料を調達する➡3代金を支払う➡4作った製品を在庫として管理する➡5在庫品を販売する➡6出荷・納品する➡7請求する➡8代金を回収する➡9これらを会計帳簿に記帳する➡10財務諸表などを作って利益を管理する➡11税金を納税する、といったフローになっています。

このような業務プロセスは、どの会社にも共通して必要なもので、コンサルの業務知識として身に付ける必要があります。特に業界用語や社会のインフラ(送金、決済など)の仕組みも基礎知識として理解しておくのが良いでしょう(図1)。

1つのパッケージを理解すれば、他も理解できるようなる

SAPであっても、Dynamics 365であっても、基幹業務プロセスは同じで、これを前提にパッケージ化されています。ですから、1つのERPパッケージを理解すれば、別なERPパッケージも理解できるようになります。

著者は、SAPから理解しましたが、Dynamics 365を理解する際に「SAPはこのようにして実現しているから、Dynamics 365も実現できる機能を持っているはずだ」と考え、ある程度、想像しながら理解していきました。

最初からマルチパッケージ担当を目指すのではなく、まず、どちらか(ほかのERPパッケージでも同じ)を理解して、ある程度、1人でお客様と会話ができるようになったら、別のERPパッケージを覚えるといった方法でマルチパッ

ケージ担当コンサルを育成していくのも1つの方法です。

どちらの場合もメーカー系のERPパッケージの研修(トレーニング)を受講することをお勧めします。パッケージの作りの全体的な考え方や詳細な機能について理解することができます(図2)。

ロジ系を目指すか生産管理系を目指すか会計系を目指すか

ERPパッケージのコンサルタントを目指す場合、大きく4つの分野があります。

①ロジスティクス系(購買、在庫、販売)
②生産管理系(MRP、製造、原価計算)
③会計系(財務会計、管理会計、固定資産)
④BI系(多次元分析)

自分自身の専門分野をどこにするのかを決めて、目指す方向へ進んでいくのが良いでしょう。また、それぞれのERPパッケージの使い方やパラメータの設定方法などについて、現場を離れると忘れがちになるので、定期的に別のERPパッケージを担当するなどの工夫が必要です(図3)。

図1　基礎知識として基幹業務プロセスを理解する

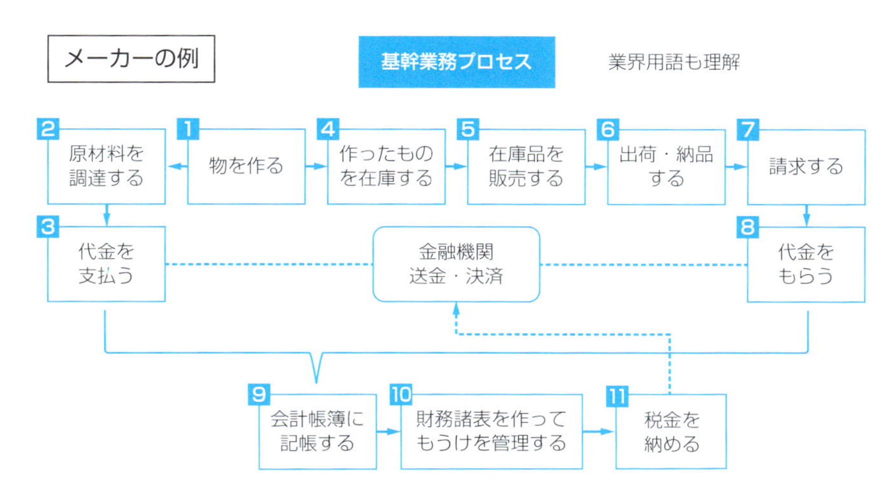

図2　マルチパッケージ担当コンサルタントを育てる

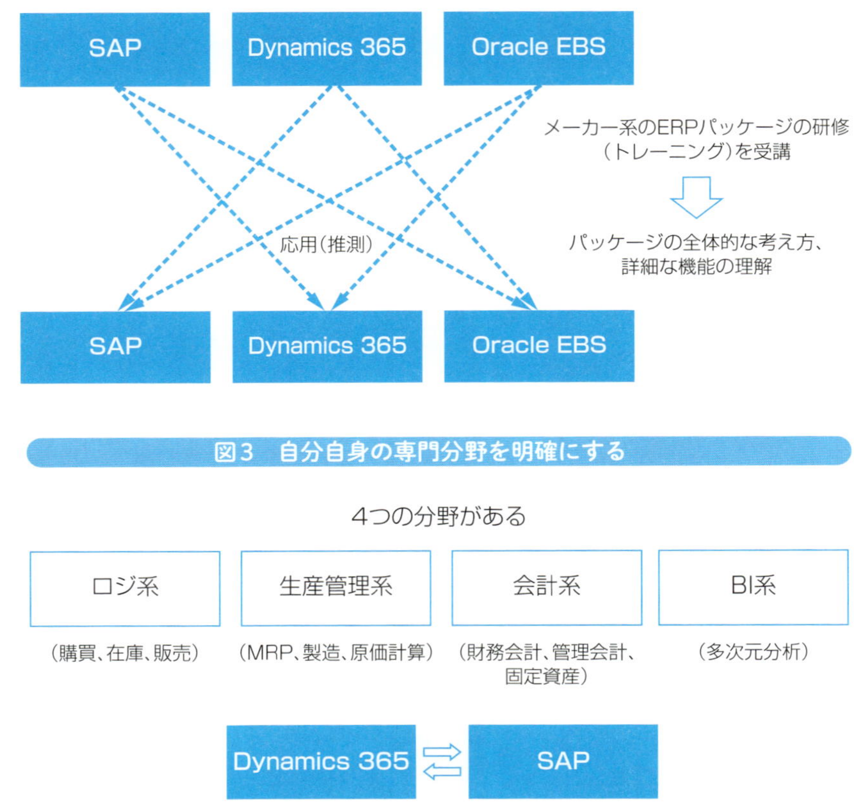

148 パートナー会社のキープはどうすれば可能か？

ワンポイント

- 対等の立場で信頼関係を構築していく
- お互いの強み弱みを補完する
- ネットワーク作りが重要

対等の立場で信頼関係を構築していく

複雑・多岐にわたるIT業界で、SIerが単独ですべてのサービスを提供していくことは困難です。新しい技術やパッケージの登場で、その情報収集や技術習得のための投資が伴います。

同じ考えを持つSIer同士が協力して、対等な立場で新しいことにチャレンジしていくことで、これからのIT業界に必要な存在として生き抜いていくことが可能になると考えます。そのためには、顧客満足という共通の目的に向けて互恵関係を図り、お互いの信頼関係を構築していくことが重要になってきます（図1）。

お互いの強み弱みを補完する

営業力のあるSIerや、ERPパッケージのロジ系に強いSIerとか、生産管理に強いSIer、会計分野に強いSIerなど、それぞれの特色を生かし、弱いところを補完しながら協力してやっていく必要があります。

例えば、共同でテンプレートを開発するとか、SIerが行っている社外向けトレーニングにそれぞれの社員を無料で参加できるようにするとか、共通の勉強会の開催などで、それぞれの得意分野を相手にも理解してもらい、実際に案件が発生した場合、分担して共同で提案することも可能になります。

また日ごろから、社員同士の交流があれば、どちらかのSIerが受注したプロジェクトに一緒に参加した場合、お互い面識があるのでやりやすいはずです。このようなネットワーク作りも大切です（図2）。

図1　顧客とSIerの信頼関係の構築

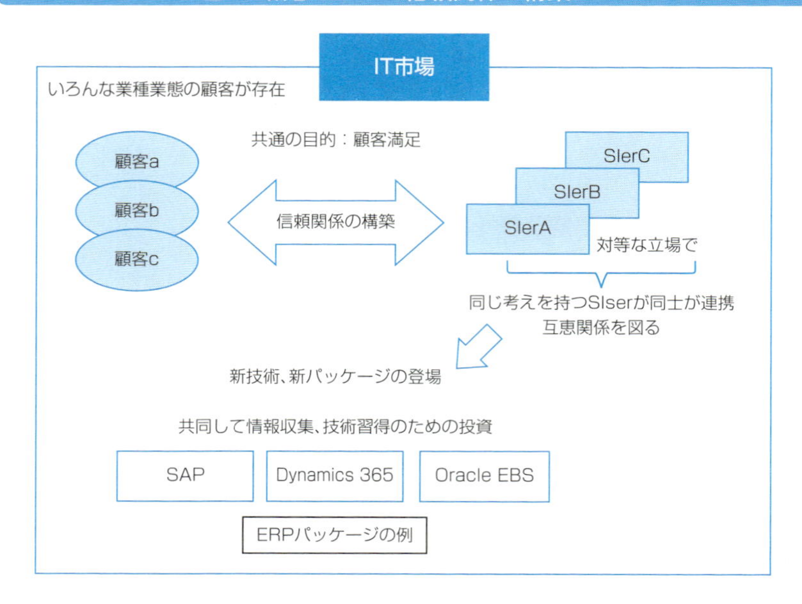

図2　SIer間の強みをさらに強くし、弱みを補完する

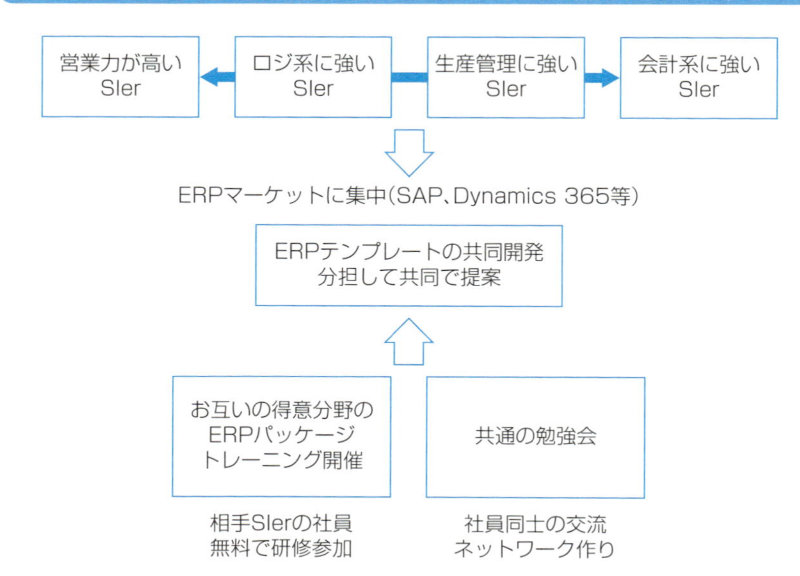

149 ハード販売からサービス提供型へシフトすべきか？

ワンポイント

- サービスの比重が高いSIerが多い
- 労働集約型から付加価値提供型へ

サービスの比重が高いSIerが多い

今では考えられないですが、ハードウェアが高額だった時代に、あるSIerが実績作りやターゲットの業界の横並び導入展開を狙って、システム開発の案件をソフトウェア代金1円で入札して問題になったことがありました。

オープンな技術が使えるようになってからは、逆にハードウェアの価格が下がり、受注額に対して、ソフトウェアが占める割合が高くなってきました。メーカー系、コンサル系、ユーザー系、独立系などのSIer自身のバックボーンによっても異なりますが、例えばメーカー系のF社の2017年3月期の売上割合を見ると、サービスの売上63%、ハードウェアなどの売上37%と、ほぼ6割がサービスによる売上となっています。つまり、ハードウェアを買っていただき、サービス売上も充実させていくという流れになってきています。

労働集約型から付加価値提供型へ

個別にシステム開発を行う場合は、相当な数のSEやプログラマーが必要になります。機能数や開発プログラムの総本数と1本当たりの生産性から割り出した工数を基に、必要なSEやプログラマーの数を割り出します。

その要員の確保や確保した要員の担当業務の割り振り、スケジュール管理、出来上がったソフトウェアの品質チェック作業など、プロジェクトに参加する人数が多ければ多いほど大変です。こうした労働集約型の方法を変えていく必要があります。

例えば、要件定義からソースプログラムを生成するツールの活用や、パッケージ化による付加価値提供型のサービスへ切り替えるのも1つの方向です。

150 安定収益確保が難しくなってきたが、どうすればいいか?

ワンポイント

- 継続して売上計上できるビジネスへシフト
- サービスメニューの見直し・再構築が必要

継続して売上計上できるビジネスへシフト

システム開発中心のSIerは、IT投資意欲のある経済環境の中では、継続的に案件があり、受注拡大が期待できますが、基本的に請負ビジネスですので資金負担が大きく、完了するまで売上を計上できないなど安定的収益確保が難しいビジネスです。

安定的な収益源を確保するためには、例えば、パッケージ提供、ITインフラ提供、業務受託、運用保守サービスなどによる、価値提供料、使用料、手数料、安心料などにより対価をいただくビジネスにシフトしていく必要があります。

また、仕組み化して収益を獲得できるサービス提供のために、サービスメニューの見直し・再構築が必要な時代になって来ています(図1)。

サービスメニューの見直し・再構築が必要

SIerとして、何を収益源として経営していくのかをはっきりしなければなりません。会社のサービスメニューを考える時、キャッシュの入出に注目した**PPM**(Product Portfolio Management:**製品ポートフォリオマネージメント**)を使って見直ししてみるもの良いでしょう。市場の成長率と自社の市場占有率の関係をマトリックスで表します。

「金のなる木」から得た資金を使って、「問題児」を「花形製品」に変えていきます。市場が成熟すると「花形製品」は「金のなる木」へ、「金のなる木」はやがて「負け犬」となり、市場から撤退する商品になります(図2)。

図1　サービスメニューの見直し・再構築が必要

納品・検収で一旦終わり、
システム開発の場合、完成するまで
お金がもらえない、資金負担が大きい

- ハードウェアの販売
- ソフトウェアの販売
- システム開発ビジネスなど

<

継続して繰返し売上計上が可能な
ビジネス

- 業務受託サービス
- 運用保守サービス
- クラウドサービス
- パッケージ提供
- ITインフラ提供

安定収益ビジネスの比重を高めていく

労働集約型 ⇒ 仕組み化
- 価値提供料
- 使用料
- 手数料
- 安心料を得られるビジネスへ

図2　SIer自身の現状の商品構成を見直す

PPM

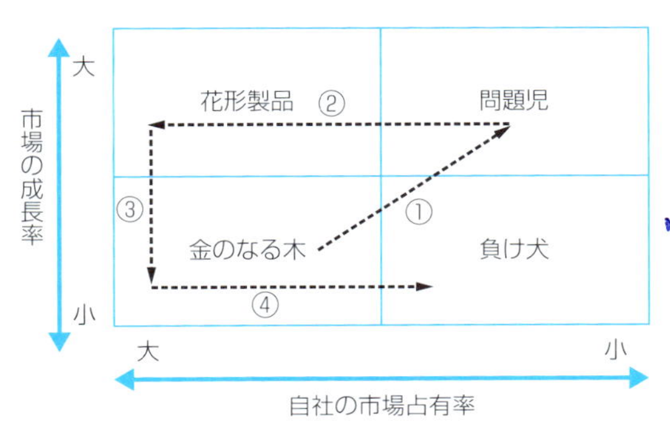

意味
「問題児」………競争激化
「花形製品」……成長期待
「金のなる木」…成熟・安定利益
「負け犬」………衰退

説明
①「金のなる木」から得た資金を「問題児」へ投入
②「問題児」を「花形製品」に変えていく
③「花形製品」は、市場の成熟に伴い、やがて「金のなる木」へ
④「金のなる木」は、やがて「負け犬」となり市場から撤退

おわりに

会社において、社員および関係者が行っているすべての作業(プロセス)は、利益とキャッシュの増加につながっていなければなりません。

そのためにマネジメントシステムが必要であり、その中心にあるのがERPシステムと言えます。

リアルタイムに経営成績および財政状態がどうなっているかを把握することで、取るべき方向が定められ、経営戦略、経営戦術となり、PDCAサイクルが日々、繰り返されています。つまり、ERPシステムはリアルタイムで会計システムと連動しているものでなければなりません。

本書で見てきた、ERPシステムの悩みを解決して、使いこなしていくための視点を整理すると、以下のようなERPシステムの目指すべき方向が見えてきます。

- **ERPシステムを構築(再構築)する場合は、まず、業務改善、プロセス改善を行うこと。**
- **1つのインフラ上でシンプルなERPシステムにすること。**
- **自前で作る➡世の中に存在するサービスを利用する方向へ(クラウド化)。**
- **パッケージを利用する場合は、標準機能を使いこなすこと(Add-onしない)。**
- **マスター、プロセスを組織として管理していくこと。**
- **全体観を持つ社員を育てていくこと。**

なお、本書の執筆のきっかけとなったのは、前職で同僚だった友人の池上裕司氏(本書監修者、心理カウンセラー、SAPコンサルタント)からの出版社の紹介でした。

池上氏は、心理カウンセラーの本(『心理カウンセラーのための図解の技術』秀和システム刊)を執筆した経験から長年、SAPとDynamics 365 for operationsの導入コンサルタントを行ってきた私なら、きっと社会に役立つERPの本が書けると励まし、たくさんのアドバイスをしてくれました。

また、情報提供していただいた前職、株式会社エヌティ・ソリューションズの社員の皆さん、ならびに原稿のチェックやいろんな角度から適切なアドバイスしてくれたアレグス株式会社の社員、関係者のすべての皆さんに感謝いたします。

参考文献

『SAP 会社を、社会を、世界を変えるシンプル・イノベーター』日経BPビジョナリー経営研究所 編/日経BP社
『在庫が減る！利益が上がる！会社が変わる！』村上悟ほか 著/中経出版
『よくわかる内部統制』太陽ASG監査法人 編著/税務研究会出版局
『テキスト　国際会計基準』桜井久勝 編著/白桃書房
『J-SOX対応　IT統制監査実践マニュアル』NPO日本システム監査人協会 編/森北出版
『経営学の基本がすべてわかる本』土方千代子ほか 著/秀和システム
『ISO 27001　2013の仕組みがよ〜くわかる本』打川和男 著/秀和システム
『図解IT担当者のためのSAP ERP入門』廣崎敬一郎 著/秀和システム
『クライエントの気付き・納得感が上がる　心理カウンセラーのための図解の技術』池上裕司 著/秀和システム

参考Webサイト
https://support.sap.com/ja.html
https://docs.microsoft.com/ja-jp/dynamics365/
https://technet.microsoft.com

索 引

I

J

K

L

M

O

P

Q

R

S

T

U

V

W

あ

い

う

え

お

か

き

く

け

こ

さ

し

す

せ

そ

た

ち

つ

て

と

な

に

の

は

ひ

ふ

著者紹介

村上 均（むらかみ ひとし）

1950年生まれ、岩手県立久慈高等学校、中央大学商学部卒。会計事務所のコンピュータ部門でプログラミングやシステム開発等のSEを経験。その後、SIerに移籍し、SAPのFI(財務会計)/CO(管理会計)/PS(プロジェクト)の導入コンサルタント、Microsoft Dynamics 365 for operationsの導入コンサルタントとなる。大原簿記学校非常勤講師、中小企業大学東京校非常勤講師なども経験。現在は、(株)エヌティ・ソリューションズ取締役を経て、アレグス(株)代表取締役。
SAP FI/CO認定コンサルタント、Dynamics 365認定コンサルタントのほか、中小企業診断士、公認システム監査人などの資格を持つ。

著書

『第一種・高度情報処理用語辞典』(共著)経林書房

所属団体等

日本システム監査人協会正会員
公益財団法人 さいたま市産業創造財団専門家
派遣事業専門家登録

執筆者への連絡先

murakami.hitoshi@live.jp

監修者紹介

池上 裕司（いけがみ ゆうじ）

1951年生まれ。東北大学・理学部化学科卒業。国際基督教大学大学院・行政学研究科卒業。外資系企業の幅広い部門で実務とプロジェクトに関わった後、SIerに転じ、SAPのSD(販売管理)コンサルタントとして、様々な会社のSAP導入プロジェクトに参画。また、その過程で多くのビジネスパーソンが職場や家庭で直面する問題や苦しさを自身で体験し、乗り越えてきた経験を元に、多くの人の心理相談にも応じてきた。その後、川崎市内の心療内科にて、5年間で450人、延べ時間で4500時間を越える、幅広い分野のカウンセリングを行う。カウンセラーとしては極めて珍しい、「ITコンサルタント出身の心理カウンセラー」であり、図解を使ったカウンセリングを得意とする。現在は、アレグス(株)取締役。
SAP SD認定コンサルタント、PMP、上級心理カウンセラー（JADP)。

著書

『クライエントの気付き・納得感が上がる 心理カウンセラーのための図解の技術』秀和システム

●図版作成　　　　　株式会社 三共社

●カバーデザイン　成田 英夫(1839DESIGN)

図解入門 よくわかる

最新 SAP&Dynamics 365

発行日　2017年 11月 25日　　　第1版第1刷
　　　　2019年　8月 30日　　　第1版第3刷

著　者　村上　均
監修者　池上　裕司

発行者　斉藤　和邦
発行所　株式会社　秀和システム
　　　　〒104-0045
　　　　東京都中央区築地2丁目1−17　陽光築地ビル4階
　　　　Tel 03-6264-3105（販売）　Fax 03-6264-3094
印刷所　三松堂印刷株式会社

ISBN978-4-7980-5114-7 C3055

定価はカバーに表示してあります。
乱丁本・落丁本はお取りかえいたします。
本書に関するご質問については、ご質問の内容と住所、氏名、電話番号を明記のうえ、当社編集部宛FAXまたは書面にてお送りください。お電話によるご質問は受け付けておりませんのであらかじめご了承ください。